Imperativo do fortalecimento da competitividade industrial no Brasil

Imperativo do fortalecimento da competitividade industrial no Brasil

EVIDÊNCIAS EM NÍVEL DE EMPRESAS

Paulo N. Figueiredo
Mauricio C. Pinheiro
Bernardo Cabral
Felipe Queiroz
Fernanda Perin
Rubia Wegner

FGV EDITORA

Direitos desta edição reservados à Editora FGV
Rua Jornalista Orlando Dantas, 37
22231-010 | Rio de Janeiro, RJ | Brasil
Tels.: 0800-021-7777 | 21-3799-4427
Fax: 21-3799-4430
editora@fgv.br | pedidoseditora@fgv.br
www.fgv.br/editora

Impresso no Brasil | *Printed in Brazil*

Coordenação editorial e copidesque: Ronald Polito
Revisão: Sandro Gomes dos Santos e Marco Antonio Corrêa
Capa: Estúdio 513
Projeto gráfico de miolo e diagramação: Ilustrarte Design e Produção Editorial

Ficha catalográfica elaborada pela
Biblioteca Mario Henrique Simonsen/FGV

Imperativo do fortalecimento da competitividade industrial no Brasil: evidências em nível de empresas / Paulo N. Figueiredo...[et al.]. - Rio de Janeiro : FGV Editora, 2018.
284 p.

ISBN: 978-85-225-2098-5

1. Concorrência. 2. Concentração industrial. 3. Aprendizagem organizacional. 4. Empresas – Inovações tecnológicas. I. Figueiredo, Paulo N. (Paulo Negreiros). II. Fundação Getulio Vargas.

CDD – 338.6048

Sumário

Listas de figuras, tabelas, quadros e boxes

Lista de figuras

Introdução

Capítulo 1

Capítulo 2

Capítulo 3

Capítulo 4

Capítulo 5

Capítulo 6

Capítulo 7

Lista de tabelas

Capítulo 2

Lista de quadros

Capítulo 2

Capítulo 3

Lista de boxes

Prefácio

A inovação é a mais importante área de análise surgida recentemente no radar dos economistas que se dedicam ao estudo do desenvolvimento econômico contemporâneo. Pesquisadores acadêmicos, empresários e formuladores de políticas públicas ligadas à inovação inevitavelmente se defrontam com complexas relações de causalidade com a evolução da tecnologia, com descobertas científicas, com o ambiente institucional e cultural vigente e com inúmeras outras variáveis determinantes da competitividade e capacidade de inovar das economias modernas.

Nesse sentido, estudos comparativos internacionais têm sido pouco conclusivos no tocante à definição de roteiros de políticas públicas de inovação. Igualmente, diversas são as práticas empresariais e os modelos institucionais presentes nos países mais avançados no desenvolvimento de tecnologias produtivas, e no aumento da produtividade e da competitividade de seus setores produtivos.

Este livro nos ajuda a destrinchar esse complexo emaranhado de relações causais e a compreender o fenômeno da inovação de forma mais nítida e estruturada. Da mesma forma, nos ajuda a tentar responder à questão que há séculos vem desafiando a ciência econômica, qual seja, elencar os fatores determinantes do crescimento econômico das nações e entender por que alguns países são mais ou menos ricos que outros.

Os mercantilistas no século XVI, por exemplo, afirmavam que a riqueza de uma nação estava fundamentalmente nos saldos comerciais externos e no acúmulo de ouro e de reservas. Os fisiocratas no século XVIII, por sua vez, associavam a riqueza à propriedade fundiária da terra e à extensão geográfica das nações, daí inclusive ter se desenvolvido tão fortemente o esquema colonial que prevaleceu no mundo. Já no âmbito da chamada escola clássica, temos contribuições fundamentais como as de Adam Smith, no final do século XVIII, que apontou a presença de fatores de produção múltiplos, com destaque para a especialização do trabalho como origem do aumento da produtividade e do resultante desenvolvimento econômico. Ao longo do século XX, diversos autores, como Joseph Schumpeter e Robert Solow, apesar de utilizarem metodologias diferentes, passaram a colocar o progresso técnico e a inovação como elementos centrais para explicar o crescimento e o diferencial de renda entre os países.

A importância desses fatores para o crescimento da produtividade e do desenvolvimento é hoje praticamente consensual. Diversos estudos têm apontado que empresas mais inovadoras investem mais, pagam melhores salários, possuem maior capacidade de acessar mercados estrangeiros, entre outros fatores.

Não à toa, os países mais desenvolvidos se destacam nos indicadores habitualmente utilizados para a mensuração do grau de inovação de suas economias, como o investimento em P&D, o número de pesquisadores empregados, o volume de concessão de patentes, entre outros fatores.

Em relação ao Brasil, nos encontramos atualmente em uma posição intermediária, bem acima da média latino-americana, mas bem abaixo da média dos países mais desenvolvidos, e sem qualquer sinal de convergência. Apesar de termos avançado nos dados de publicações científicas ao longo dos últimos 20 anos, o investimento empresarial em relação ao PIB (1,28% em 2015) ainda está num nível bastante inferior à média dos países da OCDE (2,38%). Chama ainda a atenção o fato de que, enquanto em países como Japão, Coreia do Sul e China cada dólar público alavanca até quatro dólares privados em investimentos em P&D, no Brasil, a relação é de um para um.

Como bem salientado na obra, é nas empresas que as atividades de inovação ocorrem. É fundamental, portanto, entendermos melhor a dinâmica e os determinantes da inovação nesses agentes, tanto para a melhoria das estratégias empresariais quanto para que possamos formatar melhores e mais eficazes políticas públicas. E esta obra, com uma metodologia abrangente, envolvendo aspectos quantitativos e qualitativos, nos joga luz sobre insumos fundamentais para o processo de inovação, como a capacidade tecnológica, que envolve um estoque de recursos baseados em conhecimento, como capital humano, capital físico, capital organizacional e os mecanismos de aprendizagem nas empresas.

Um importante resultante da leitura dos textos incluídos no livro é que existe uma enorme diversidade de situações e de fatores concorrendo para explicar as diferentes trajetórias de evolução dos setores científicos, tecnológicos e de inovação no mundo. Para deflagrar um processo virtuoso de inovação, não há modelo ou prescrição únicos para países, para setores e nem mesmo para empresas. Trata-se de um tema absolutamente imbricado com as circunstâncias específicas de cada situação. Os autores relacionam a competitividade com o conjunto de instituições, políticas e fatores que impactam a produtividade de uma nação de forma diferenciada. Contudo, fica claro o papel primordial do governo como agente deflagrador de eficiência e eficácia no processo de inovação.

Os autores fazem distinção entre os níveis de capacidade tecnológica em estágios, e, no nível básico, a empresa é capaz de realizar atividades operacionais básicas para manter seu negócio, e, no avançado, ela é capaz de empreender modificações complexas, com alto uso de P&D e engenharia. Ou seja, é preciso se movimentar da capacidade de operar para a capacidade de inovar. Essa distinção é fundamental, uma vez que não é possível tratar grupos tão distintos de empresas de maneira igual. Afinal, os estímulos a grupos tão díspares têm de ser diferentes. Essa é uma lição muito valiosa aos formuladores de políticas públicas.

É de se louvar a excelente descrição dos processos de aprendizado nesta obra, com destaque para os interorganizacionais, que envolvem interação com agentes externos, como fornecedores, clientes, instituições de pesquisa e consultorias. A gestão da capacidade tecnológica não é mais apenas uma função de âmbito interno, evidenciado em um laboratório bastante verticalizado, mas sim uma capacidade de estabelecer e manter parcerias de alto valor agregado com agentes externos.

No caso brasileiro, um fato fundamental para acelerar o ritmo de elevação da capacidade tecnológica é a promoção de maior inserção global. O Brasil ainda é um país bastante fechado e que, em geral, não tem perseguido posições de liderança comercial e, principalmente, tecnológica no mercado global, entendendo que a proteção é suficiente para o desenvolvimento de suas indústrias. Nos falta o *fitting in*, que é a capacidade de inserção nas cadeias globais de valor, interagindo com a fronteira tecnológica e com parceiros internacionais por meio de mais abertura comercial com o exterior.

Os exemplos da Coreia do Sul e do Japão demonstram que a existência de grandes conglomerados industriais competitivos se deu após décadas de aprendizado, que tiveram início a partir de atividades menos complexas, como comercialização, representação, montagem, manutenção e fabricação. Em ambos, o processo foi demorado, árduo e não facilmente reproduzível. Isso porque envolveram décadas de acumulação de capacidades tecnológicas e de inserção nas cadeias globais de valor, que, aos poucos, foram permitindo melhorar níveis de produtividade, eficiência e competitividade internacional, e este último, como objetivo de longo prazo, nunca deixou de ser perseguido.

Igualmente importante é evitar a incorreta percepção de que a competitividade está sempre associada a setores de alta intensidade tecnológica. Exemplos contrários são dados por países como Canadá, Suécia e Austrália, onde setores de alta intensidade em recursos naturais são capazes de implementar inovações complexas, trazendo mais dinamismo para a economia de seus países.

A equipe coordenada pelo professor Paulo Figueiredo, no âmbito do Programa de Pesquisa sobre Aprendizagem Tecnológica e Inovação Industrial do Brasil, da Ebape/FGV, traz uma luz importante para essas e outras questões que vêm interessando contingentes crescentes de economistas, empresários, cientistas e formuladores de políticas públicas.

É, portanto, com grande alegria que apresento esta obra, recomendando sua leitura. Estou seguro de que ela trará enorme contribuição e impacto para o avanço do conhecimento na área e para a melhoria das estratégias empresariais e das políticas de governo.

MARCOS CINTRA
Professor titular da
Escola de Administração de Empresas
de São Paulo da Fundação Getulio Vargas (Eaesp/FGV)
Presidente da Finep — Empresa Brasileira de Inovação e Pesquisa

O desafio brasileiro é dual: elevar o nível de renda por habitante e diminuir a brecha que nos separa dos países mais industrializados. O primeiro objetivo visa a evitar a mutilação da pessoa humana pelo espectro da pobreza. O segundo é um requisito de poder nacional e um antídoto para o ressentimento e frustração oriundos da inferioridade econômica.

ROBERTO CAMPOS
(1917-2001)
Temas e sistemas, 1969. p. 54.

Introdução

Por que estudos sobre competitividade industrial e acumulação de capacidades tecnológicas para inovação são tão importantes para a economia brasileira? Embora o Brasil tenha conseguido crescer e alcançado, há algumas décadas, o *status* de economia de renda média, não conseguiu avançar para a condição de país de renda alta. Especificamente, é tipicamente uma economia de renda média. Está estacionado nessa condição há mais de 50 anos. Países que estão presos na assim chamada *armadilha da renda média* são países que, de um lado, possuem custos de produção altos que os impedem de competir com as economias exportadoras de baixo custo e, de outro, ainda não têm uma capacidade tecnológica para inovação suficientemente alta para enfrentar as economias avançadas, além de experimentar um crescimento econômico persistentemente lento. Como escapar dessa armadilha da renda média?

Evidências de pesquisa mostram que países que conseguiram escapar, de maneira sustentável, da armadilha da renda média, ao longo dos últimos 50 anos, obtiveram um considerável aumento de ganhos de produtividade na economia. Suas economias também alcançaram forte presença no mercado internacional, por meio de significativo fortalecimento do desempenho exportador da indústria. Em outras palavras, tais países obtiveram relevante aumento de sua competitividade industrial. Obviamente, o aumento da competitividade industrial de um país depende da combinação de vários fatores e envolve esforços sistêmicos. Não obstante, as evidências existentes sugerem que grande parte do fortalecimento dessa competitividade industrial é explicada pela acumulação de capacidades tecnológicas para inovação, em nível da indústria e suas empresas. Isso porque é no âmbito da indústria e de suas empresas, com o apoio de demais organizações, que o processo de inovação ocorre, ou seja, é em nível da indústria, em sentido amplo, que são exercidos os riscos e custos inerentes ao processo de inovação e se dá a transformação de conhecimento em riqueza. Ademais, o desempenho econômico de um país depende, em grande parte, da *performance* de suas empresas, em termos de capacidade para inovação e para competir no mercado global. Por isso, a diminuição da brecha entre economias de renda alta e economias que estão estagnadas em nível de renda média depende, em grande parte, da aceleração do processo de acumulação de capacidades tecnológicas para inovação em nível da indústria.[1]

Neste livro, enfatizam-se as *capacidades tecnológicas* como insumo primário às atividades inovadoras em nível de empresas e, consequentemente, ao fortalecimento da competitividade, medida em termos de produtividade e desempenho exportador. As capacidades tecnológicas envolvem um estoque de recursos baseados em conhecimento e constituem um ativo estratégico de empresas e países. Esse ativo estratégico ou estoque de recursos reside em dimensões específicas, que podem ser observadas tanto do ponto de vista de empresas ou indústrias quanto de países. Da perspectiva das empresas, a primeira dimensão na qual a capacidade tecnológica armazena-se inclui os profissionais (capital humano), envolvendo engenheiros, cientistas, técnicos, operadores e gestores; a segunda dimensão abrange os sistemas técnico-físicos (capital físico), representados por laboratórios, hardware, bancos de dados, software etc.; a terceira dimensão inclui o sistema organizacional (capital organizacional), que envolve processos e rotinas organizacionais, procedimentos, processos de produção e gerenciais, os quais armazenam, de maneira intrínseca e idiossincrática, parte considerável da capacidade tecnológica das empresas.

Neste livro, distingue-se entre capacidades tecnológicas voltadas à *operação (ou produção)* e à inovação. As *capacidades tecnológicas operacionais (ou*

[1] Bell e Figueiredo (2012b:14-40); Lee (2013); Figueiredo (2018).

de produção) referem-se àquelas que permitem às empresas usar ou adotar tecnologias e sistemas de produção existentes, ou seja, são os recursos necessários para realizar atividades de produção de bens ou serviços com dado grau de eficiência. Já as *capacidades tecnológicas inovadoras* possibilitam às empresas implementar diferentes tipos e graus de atividades inovadoras, estando relacionadas com os recursos necessários para gerir e gerar mudanças tecnológicas, em termos de inovações em processos, produtos, sistemas técnico-físicos, serviços e na organização.

Assim, empresas ou países podem acumular capacidades tecnológicas que lhes permitem usar ou operar passivamente, por décadas, ainda que eficientemente, tecnologias e sistemas de produção existentes. No entanto, também podem acumular capacidades tecnológicas por meio das quais podem *alterar tecnologias e sistemas de produção existentes* e/ou *criar tecnologias e sistemas de produção novos para o mundo.* Com base nessa capacidade inovadora, empresas de economias emergentes podem desafiar líderes incumbentes, de economias avançadas, e assumir posição de liderança tecnológica e comercial no mercado global. Decisões relativas à acumulação desses dois tipos de capacidade tecnológica estão no coração das opções estratégicas de desenvolvimento industrial de um país. No entanto, *diferentes ações empresariais e políticas públicas são necessárias para a acumulação de cada um desses tipos de capacidade tecnológica.*

A acumulação de tais capacidades, particularmente as capacidades para inovação, exige esforços deliberados, dispendiosos e eficazes em *processos de aprendizagem tecnológica* por parte de empresas e governos. Esses processos envolvem diversas práticas ou mecanismos para a identificação e aquisição de conhecimentos técnicos externos à organização, a absorção de conhecimento adquirido externamente, assim como a criação interna de conhecimento tecnológico. Como demonstrado amplamente por evidências na literatura relacionada, a acumulação de capacidades tecnológicas e as subjacentes aprendizagens são fontes perenes de inovação, competitividade e crescimento em nível de empresas, indústrias e países. Especificamente, a acumulação de capacidades para inovação, com alto grau de novidade e adição de valor, e os processos subjacentes de aprendizagem constituem insumos fundamentais para a implementação de atividades inovadoras com diversos níveis de novidade e complexidade. Tais atividades inovadoras, em nível da indústria, são essenciais *para o crescimento sustentável de empresas e sua competitividade no mercado global* (Figueiredo, 2018).

Alinhando-se à perspectiva da literatura relevante internacional, a noção sobre inovação adotada neste livro transcende as perspectivas limitadas que a equiparam somente a atividades altamente complexas derivadas de esforço científico em sofisticados laboratórios de Pesquisa e Desenvolvimento (P&D). Assim, uma ampla ideia de inovação abrange a implementação de mudanças em produtos/serviços, processos e sistemas organizacionais e gerenciais, que incluem imitação duplicativa, imitação criativa, até as mais sofisticadas ações de design e desenvolvimento à base de engenharia de classe mundial, P&D e atividades patentárias. Essa perspectiva ampliada é particularmente importante para o contexto de economias em desenvolvimento e emergentes, em que grande parte das empresas se encontra ainda em estágios intermediários para capacidades tecnológicas para inovação. Assim, é desejável — e necessário — que um grande número de empresas desenvolva capacidades tecnológicas para avançar para níveis de inovação fortemente baseados em P&D e atividades patentárias.

No entanto, para que se tenha uma real noção dos níveis de capacidades tecnológicas acumulados por empresas ou setores industriais, é necessário o uso de *proxies* adequados. Neste livro, adota-se uma abordagem para o exame de capacidades tecnológicas, principal insumo para atividades inovadoras, que se alinha à perspectiva abrangente de inovação mencionada. Assim, para examinar as *capacidades tecnológicas em nível de empresas*, emprega-se uma *escala* de *níveis* de capacidades para funções ou atividades tecnológicas específicas. Essa perspectiva baseada em *níveis* de capacidades tecnológicas é importante para entender como e até que ponto empresas e setores industriais estão se movendo ao longo de um gradiente de atividades inovadoras em áreas específicas. Ao adotar essa abordagem, *também se avança para além da empresa como unidade de observação*, para captar acumulação de capacidades para funções ou áreas específicas. Seu uso permite captar nuanças, detalhes e dinâmicas que não seriam apreendidos por estudos baseados em desenhos agregados e/ou com a utilização de *proxies* convencionais. Assim, um dos principais objetivos de políticas públicas que se guiem pelo tipo de conhecimento obtido com este livro pode perfeitamente ser o de que o Brasil busque evoluir para um elevado nível patentário e de concentração de atividades de P&D. Contudo, para que se caminhe nessa direção, é indispensável entender o *processo* e as precondições pelas quais as empresas se movem ao longo desse amplo espectro de atividades inovadoras e das subjacentes capacidades tecnológicas.

Alguns desafios e oportunidades para acumulação de capacidades tecnológicas para inovação

Ao longo das últimas três décadas, têm emergido novas evidências e explicações sobre a natureza do processo de acumulação de capacidades tecnológicas e de inovação em nível de empresas e indústrias de economias emergentes. Há vários desafios e oportunidades. De fato, o processo de inovação e as atividades tecnológicas ficaram mais complexos. Algumas atividades tecnológicas tornaram-se de difícil imitação e de engenharia reversa. No entanto, a acumulação sustentada de capacidades tecnológicas para inovação pode conduzir empresas de economias emergentes à obtenção de liderança tecnológica e comercial, com repercussões econômicas significativas para seus países. Comentam-se brevemente a seguir alguns dos desafios e oportunidades relativos ao processo de acumulação de capacidades para inovação:

(1) A fronteira internacional da inovação tecnológica não é uma linha de chegada a ser atingida, nem mesmo um alvo que se move. É um horizonte a ser explorado por novos entrantes, especialmente empresas de economias emergentes, ávidas por alcançar posições competitivas no mercado global. Assim, elas podem acumular capacidades e seguir trajetórias distintas daquelas trilhadas anteriormente por líderes globais. No entanto, a busca pelo alcance de posição competitiva na fronteira tecnológica de inovação e a obtenção de liderança industrial envolvem um processo árduo, arriscado e que demanda investimentos deliberados em aprendizagem tecnológica por parte das empresas e governos.

(2) A emergência de novas tecnologias, como robotização inteligente, internet das coisas (IoT), *big data*, computação em nuvem, inteligência artificial, biotecnologia, materiais avançados, nanotecnologia, novos modelos de produção, manufatura 4.0 e *smart factories*, assim como a imbricação entre manufatura e serviços, oferece novas oportunidades para acumulação de capacidades tecnológicas e inovação. Contudo, também impõe novos desafios em termos de renovação de capacidades tecnológicas, especialmente para empresas e países que ainda estão distantes da fronteira internacional de inovação. Logo, sem a acumulação de capacidades tecnológicas para inovar nessas novas

tecnologias, empresas e países correm o risco de se tornar seus meros usuários passivos (Figueiredo, 2018).

(3) Nos últimos 20 anos, as atividades inovadoras têm se tornado cada vez mais interdependentes. Especificamente, o processo de inovação passou a ser cada vez mais fragmentado e organizacionalmente decomposto, tanto em nível intrafirma, como no caso das Empresas Multinacionais (EMNs), quanto em nível intraindustrial e internacional. Assim, foi-se o tempo em que empresas individuais eram autossuficientes em capacidade tecnológica para implementar atividades inovadoras. Na verdade, o processo de inovação é crescentemente marcado por esforços colaborativos. De um lado, a fragmentação do processo de inovação impõe novos desafios às empresas em termos de integrar e coordenar suas atividades inovadoras com uma variedade de parceiros externos; de outro, aprofunda internamente parcelas estratégicas de capacidades tecnológicas inovadoras. Esse processo colaborativo também impõe novos desafios aos gestores públicos no tocante à identificação e avaliação de atividades inovadoras e seus atores-alvo de políticas públicas. Ademais, tem proliferado uma perspectiva mais compreensiva das atividades inovadoras, que transcende as noções convencionais centradas tão somente em P&D e seus produtos, as atividades patentárias. Isso abre oportunidade para uma gestão mais abrangente do processo de inovação, que objetiva obter benefícios da combinação de múltiplas formas e níveis de atividades inovadoras, assim como variadas fontes para inovação.

(4) Nos últimos 20 anos, várias EMNs passaram a realocar e *descentralizar suas atividades inovadoras*, incluindo P&D, para economias emergentes. Esse processo tem aberto oportunidades para a emergência de empresas locais médias e pequenas, com alta capacidade inovadora para fornecer subsidiárias de EMNs. Há também oportunidades para universidades e institutos públicos e privados de pesquisa para a construção de vínculos de conhecimento com a rede de EMNs.[2]

- Finalmente, é importante ressaltar que as indústrias e empresas estudadas neste livro são, em sua maioria, intensivas em recursos natu-

[2] Laursen e Salter (2006:131-150); Bell e Figueiredo (2012a:24-109, 2017:416-431).

> rais. Cabem, neste estágio, alguns comentários sobre esse tema (Figueiredo, 2018). Países que são ricos em recursos naturais e de renda média, como o Brasil, enfrentam continuamente um suposto dilema: devem abraçar uma rota baseada na especialização em recursos naturais ou se diversificar para longe dos recursos naturais. No passado, a escolha tinha se inclinado fortemente para o último. Buscava-se estimular setores de manufatura por meio de uma estratégia de substituição de importações à custa de seus setores de recursos tradicionais. Após o *boom* de *commodities* da última década e o aumento da dependência das *commodities* de países ricos em recursos naturais, a questão é mais uma vez importante na agenda política. Há fortes indícios de que países ricos em recursos naturais e de renda baixa e média vão continuar a tentar se afastar de suas vantagens naturais e incentivar o investimento em setores industriais não relacionados com recursos naturais.

Obviamente, não se sugere aqui menor ênfase na indústria manufatureira. Pelo contrário, devem-se envidar todos os esforços para o fortalecimento da indústria de transformação em função dos reconhecidos benefícios que gera ao desenvolvimento econômico. Entretanto, não se podem negligenciar a grande importância e o enorme peso das indústrias intensivas em recursos naturais em países ricos em recursos naturais, como é o caso do Brasil. A história está repleta de experiências positivas de países que têm sido capazes de usar seus recursos naturais como um motor de crescimento e desenvolvimento, como Estados Unidos, Canadá, Austrália, Nova Zelândia, Noruega, Suécia e Finlândia. Em suma, não se sustenta a tese simplista de que a exploração dos recursos naturais afeta o desenvolvimento econômico negativamente. O que parece diferir no desencadeamento de um círculo vicioso ou virtuoso são as respostas em termos de políticas internas para lidar com os riscos e as potencialidades dos recursos naturais.

As indústrias intensivas em recursos naturais podem promover o desenvolvimento econômico quando combinadas a esforços para acumular capacidades tecnológicas para inovar em torno desses recursos. A exploração da riqueza dos recursos naturais torna-se um caminho viável para o desenvolvimento quando complementada por investimentos em habilidades, aprendizagem, conhecimento, educação e capacidade para inovação. Na verdade, quando associadas a esforços de inovação e dinamismo tecnológico, as atividades de recursos naturais podem oferecer a possibilidade de: crescimento da produtividade comparável à manufatura; aumento da competitividade *vis-à-vis* os países produtores com salários muito mais baixos; e aumento nas dotações de recursos naturais próprios.[3]

Por exemplo, as indústrias de petróleo, mineração, florestas e celulose oferecem oportunidades para inovações complexas, várias delas baseadas em ciência, que demandam recursos humanos altamente qualificados, bem como uma base sólida de engenharia e P&D, tanto em nível de empresas produtoras quanto de redes de fornecedores, assim como universidades e institutos de pesquisa, além de diversificação para produtos de alto valor que podem conduzir à criação de indústrias novas para a economia do país, levando à renovação da estrutura industrial nacional. Essa interpretação mais ampla é importante para os formuladores de políticas públicas. Isso porque as recentes mudanças nas condições mundiais fornecem aos países ricos em recursos uma nova "janela de oportunidades" para usar a abundância de recursos naturais para impulsionar o crescimento e o desenvolvimento. Mudanças na demanda por recursos naturais e em bases de conhecimento possibilitam o aumento das oportunidades de inovação nessas indústrias.

Contexto institucional de implementação do estudo subjacente a este livro

O estudo subjacente a este livro foi realizado no âmbito do Programa de Pesquisa sobre Aprendizagem Tecnológica e Inovação Industrial do Brasil, da Escola Brasileira de Administração Pública e de Empresas (EBAPE) da Fundação Getulio Vargas (FGV), sob a coordenação do professor Paulo N. Figueiredo. Criado em outubro de 1999, seu propósito é gerar uma contribuição fundamental para a compreensão do processo de desenvolvimento tecnológico e inovação na indústria brasileira, suas causas e impactos na competitividade industrial e crescimento econômico do Brasil. Esse progra-

[3] Há uma vasta literatura sobre o tema. Ver, por exemplo: Bell e Figueiredo (2012a, 2012b); Dantas et al. (2013:1-20); Andersen et al. (2015); Figueiredo e Piana (2017:1-13).

ma de pesquisa reconhece que a acumulação de capacidades tecnológicas, especialmente para inovação, representa insumo fundamental ao alcance e/ou fortalecimento da competitividade industrial. Por conseguinte, torna-se uma das fontes vitais ao crescimento industrial e econômico. Os objetivos do programa são:

- Realizar avanços significativos na fronteira internacional da pesquisa e do conhecimento sobre o processo de acumulação de capacidades tecnológicas, suas causas e suas consequências para a competitividade industrial e crescimento econômico, no contexto de economias emergentes, especialmente no Brasil.
- Implementar pesquisa de ponta, em nível internacional, para gerar novas evidências empíricas e explicações sobre o papel da acumulação de capacidades inovadoras no aprimoramento da *performance* competitiva de empresas e indústrias de economias emergentes, particularmente no Brasil.
- Gerar e disseminar, de forma sistemática, recomendações práticas baseadas em novas evidências, explicações e análises robustas, para gestores governamentais e empresariais, voltadas para o desenho, execução e aprimoramento e/ou reorientação de políticas públicas e estratégias empresariais relacionadas com a inovação e a competitividade da indústria brasileira.

Esse Programa de Pesquisa centra-se em um modelo baseado na implementação de pesquisa de ponta, em nível internacional, sobre o tema anteriormente mencionado. Os resultados gerados pelos projetos implementados no âmbito desse Programa de Pesquisa têm contribuído, de um lado, para gerar avanços significativos na literatura internacional sobre gestão da inovação tecnológica. De outro lado, têm contribuído para a geração de novas evidências, explicações e recomendações práticas que servem de potenciais insumos para tomadores de decisão, em nível da indústria e do governo, envolvidos no desenho, redesenho e implementação de políticas relativas ao desenvolvimento tecnológico e industrial no Brasil. Dessa forma, cria-se um círculo virtuoso entre pesquisa, ensino e recomendações práticas para gestores. Em paralelo, de outro lado, geram insumos para ensino de excelência na FGV. Esse modelo é representado pela figura 1.

Figura 1. **Modelo do Programa de Pesquisa em Aprendizagem Tecnológica e Inovação Industrial no Brasil, da Ebape/FGV**

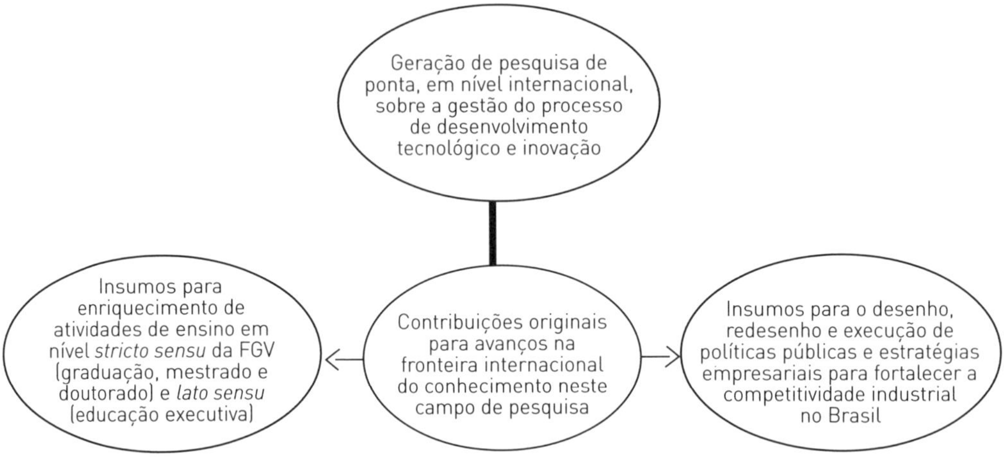

Adicionalmente, esse Programa de Pesquisa oferece amplas oportunidades para jovens pesquisadores, dos alunos de graduação interessados em iniciar um aprendizado na atividade de pesquisa neste campo aos alunos da pós-graduação, em nível de mestrado e doutorado, assim como pesquisadores em nível de pós-doutorado, interessados em aprimorar suas habilidades de pesquisa e ampliar seus conhecimentos na área de desenvolvimento tecnológico e inovação industrial.

Ao longo de seus 18 anos de existência, foram implementados mais de 20 estudos no seu âmbito. A grande maioria dos projetos de pesquisa tem sido realizada à base de extensivos trabalhos de campo, de cobertura de longo prazo, e de evidências qualitativas e quantitativas de primeira mão coletadas diretamente de empresas e de organizações do sistema de apoio ao sistema de inovação via trabalhos de campo. Isso tem possibilitado a realização de análises com adequado grau de detalhe, profundidade e dinamismo (exame sistemático de mudanças ao longo do tempo e sob regimes industriais distintos). As pesquisas têm sido patrocinadas, principalmente, por agências de fomento à pesquisa, tanto nacionais quanto internacionais.

Esse tipo de esforço de pesquisa é importante para o Brasil por várias razões. A despeito dos intensos e relevantes esforços de políticas públicas empreendidos no Brasil ao longo dos últimos 50 anos e, mais especificamente, a partir do fim da década de 1990, tais iniciativas apresentam algumas importantes limitações. A primeira é que seu *foco tende a recair, em grande parte, no lado da oferta da infraestrutura científico-tecnológica*. Em muitos casos, a ênfase inclina-se a ser mais científica do que tecnológica. Menor ênfase parece ter sido dada a ações que objetivam *a criação e a acumulação de capacidades tecnológicas para inovação em nível da indústria e de empresas*, ou seja, no lado da demanda. A segunda limitação é que, a despeito do arcabouço robusto de programas de apoio à inovação em diversos setores industriais, incluindo modalidades variadas de financiamento, *muito pouco (ou quase nada) tem sido feito em termos de avaliação da eficácia desses esforços no tocante à extensão do aumento da capacidade inovadora e da competitividade em nível da indústria*.

Por outro lado, tem havido no Brasil, tanto no âmbito do governo, da indústria e da academia quanto dos setores da sociedade concernidos com a problemática do desenvolvimento industrial, *uma profusão de interpretações divergentes e entendimentos* ora por demais estreitos, ora equivocados sobre o processo de inovação e competitividade industrial. É importante mencionar que a proliferação de conceitos, interpretações e terminologias limitados, e mesmo equivocados, deturpa o desenho de estratégias de ação e compromete o alcance de uma convergência de esforços e de uso de recursos orientados à inovação industrial.

Estrutura do livro

Este livro está organizado da seguinte forma: o capítulo 1 apresenta a perspectiva sobre competitividade industrial aqui adotada e chama atenção para a importância de seu fortalecimento no Brasil por meio da acumulação de capacidades tecnológicas para inovação. O capítulo 2 descreve os principais aspectos do desenho e método de estudo dos quais deriva este livro. Os capítulos 3 a 7 contêm a aplicação prática do desenho e método do estudo em cinco indústrias de grande importância para a economia brasileira: mineração, petróleo e gás, sucroenergética, celulose e papel e siderurgia. Esses capítulos incluem recomendações práticas específicas relativas a cada uma dessas indústrias. O capítulo 8 apresenta as discussões e conclusões do livro, bem como algumas recomendações práticas finais.

Referências

ANDERSEN, A. D. et al. *Natural resources, innovation and development.* Aalborg: Aalborg University Press, 2015.

BELL, M.; FIGUEIREDO, P. N. Building innovative capabilities in latecomer emerging market firms: some key issues. In: AMANN, E.; CANTWELL, J. (Ed.). *Innovative firms in emerging market countries.* Nova York; Londres: Oxford: Oxford University Press, 2012a. p. 24-109.

____. Innovation capability building and learning mechanisms in latecomer firms: recent empirical contributions and implications for research. *Canadian Journal of Development Studies*, v. 33, n. 1, p. 14-40, 2012b.

DANTAS, E. et al. The emerging opportunities for innovation in natural resource-based industries in Latin America: only potential or being realised? *Technological Learning and Industrial Innovation Working Paper Series*, v. 1, p. 1-20, 2013.

FIGUEIREDO, P. N. *Gestão da inovação:* conceitos, métricas e experiências de empresas no Brasil. Rio de Janeiro: LTC, 2015. v. 2.

____. *Insumos para ações estratégicas orientadas ao fortalecimento da competitividade industrial no Brasil.* Brasília, DF: ABDI/FGV, 2018.

____. Micro-level technological capability accumulation in developing economies: insights from the Brazilian sugarcane ethanol industry. *Journal of Cleaner Production*, n. 167, p. 416-431, 2017.

____; PIANA, J. Innovative capability building and learning linkages in knowledge-intensive service SMEs in Brazil's mining industry. *Resources Policy*, n. 54. p. 1-13, 2017.

LAURSEN, K.; SALTER, A. Open for innovation: the role of openness in explaining innovation performance among U.K. manufacturing firms. *Strategic Management Journal*, n. 27, p. 131-150, 2006.

LEE, K. *Schumpeterian analysis of economic catch-up:* knowledge, path-creation, and the middle-income trap. Cambridge: Cambridge University Press, 2013.

CAPÍTULO 1

O que é competitividade? Quais são seus determinantes? Como medi-la?

1.1 O que é competitividade?

Em 1960, o Brasil tinha renda *per capita*, medida em dólares corrigidos pela Paridade do Poder de Compra (PPC), superior à Coreia do Sul. Nos 20 anos seguintes, o padrão de vida dos países evoluiu de modo semelhante (figura 1.1). O que se seguiu foi um crescimento substancial do padrão de vida sul-coreano, enquanto a renda *per capita* brasileira ficou praticamente estagnada. Em 2016, a renda *per capita* da Coreia do Sul era de US$ 37.490, quase o triplo da observada no Brasil (US$ 14.985).

Examinando o comportamento do Produto Interno Bruto (PIB) *per capita* dos países ao longo do tempo, nota-se que a estagnação do Brasil e a ascensão da Coreia do Sul não são fenômenos isolados. Na figura 1.1, percebe-se que o México, embora tenha renda *per capita* um pouco superior à do Brasil, também falhou em se aproximar dos países mais desenvolvidos. Por outro lado, o Japão possuía renda *per capita* similar à do México em 1960 e, por volta de 1990, já tinha padrão de vida comparável ao da Alemanha. Por sua vez, China e Índia estão se aproximando rapidamente dos países com renda intermediária. Como explicar essas diferenças? E como elas se relacionam com o conceito de competitividade?

Figura 1.1

Renda *per capita* — comparações internacionais (1960-2016)

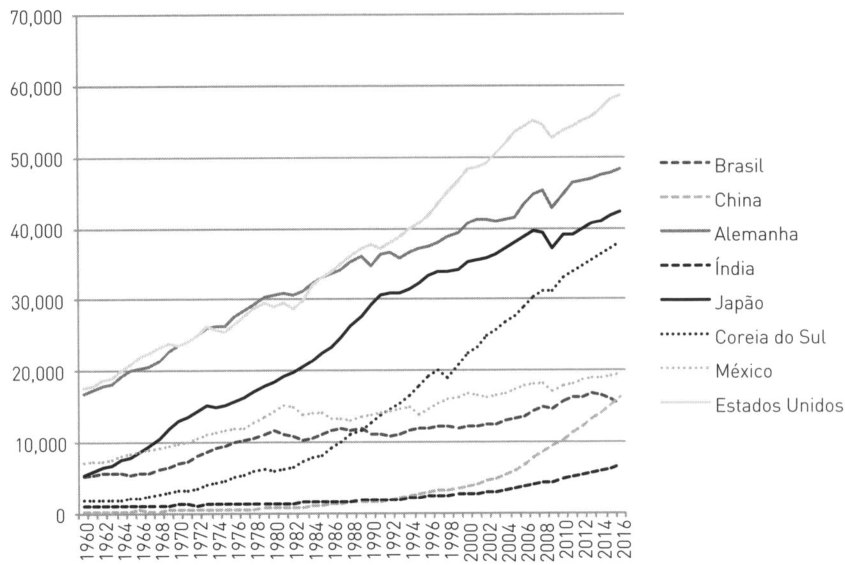

Fonte: The Conference Board.

A estagnação experimentada pelo Brasil, México e outros países é o que a literatura de desenvolvimento econômico chama *armadilha da renda média*. Trata-se da situação em que países superam os estágios iniciais de desenvolvimento econômico, mas não conseguem alcançar as economias avançadas, ficando estagnados em níveis médios de renda (Kharas e Kohli, 2011:281-289). No entanto, isso não é uma inevitabilidade, como a comparação entre Brasil e Coreia do Sul deixa claro.

Do ponto de vista das empresas, o conceito de competitividade tem significado bastante claro. Basicamente, diz respeito à capacidade de concorrer no mercado, ou seja, de superar os concorrentes na preferência dos consumidores (CNI, 2016). A generalização do conceito para determinado setor é mais ou menos imediata e usualmente reflete a competitividade média das empresas que o compõem. Entretanto, existe enorme controvérsia quanto à aplicação do conceito de competitividade para países.

Essa controvérsia tem muito a ver com diferentes visões sobre o processo de desenvolvimento econômico. De um lado, há autores que acreditam que a competitividade dos países é construída por meio do aproveitamento das vantagens comparativas em cada estágio de desenvolvimento, ou seja, que a estrutura industrial ideal é endógena e depende da abundância relativa de fatores de produção. De outro, existem autores que advogam que a competitividade dos países é justamente construída a partir do afastamento de suas vantagens comparativas, usualmente na direção de setores industriais.[1] Obviamente, entre essas duas visões polares há uma infinidade de posicionamentos intermediários. No entanto, a referência a esses casos ajuda a organizar as ideias e facilita o entendimento dos pontos levantados ao longo deste livro.

A despeito das divergências, há cada vez mais consenso de que, do ponto de vista de um país, competitividade diz respeito à capacidade de manter e, no caso de países em desenvolvimento, aumentar o padrão de vida de seus habitantes.[2] Tomando a renda *per capita* como uma boa aproximação do padrão de vida de um país — e existe bastante controvérsia a esse respeito —, a definição de competitividade pode ser recolocada em termos da capacidade de aumentar a renda *per capita* de maneira sustentável.

No fim das contas, a divergência é, na verdade, uma discordância sobre quais seriam os determinantes mais relevantes da competitividade dos países, a qual é refletida no modo como a competitividade é medida e no tipo de prescrição de política pública, assuntos que serão abordados mais adiante neste capítulo.

1.2 Competitividade como acumulação de fatores e aumento da produtividade

Para autores que defendem que o processo de desenvolvimento econômico deve ser baseado na exploração das vantagens comparativas dos países, o aumento da competitividade pode ser conseguido pela acumulação de fatores de produção ou pelo aumento da produtividade. Entretanto, a evidência empírica disponível indica que a maior fonte de disparidades entre os países é justamente a diferença de produtividade entre eles. "Produtividade não é tudo, mas no longo prazo é quase tudo." Com essa frase, o economista Paul Krugman conseguiu resumir com muita propriedade a importância dos ganhos

---

[1] Para um debate a esse respeito, ver: Lin e Chang (2009:483-502).

[2] Para referências, ver: Unido (2013).

de produtividade para garantir o aumento do padrão de vida das sociedades (Krugman, 1994a).

Basicamente, países com a mesma quantidade de fatores de produção por trabalhador poderão ter padrões de vida distintos se diferirem na eficiência com que combinam esses fatores. A propósito, essa eficiência depende de diversos aspectos: instituições, disponibilidade e qualidade da infraestrutura, ambiente macroeconômico e de negócios, entre outros. Nesse ponto, os conceitos de produtividade e competitividade entrelaçam-se. Por exemplo, o Fórum Econômico Mundial, que divulga o *Relatório de competitividade global*, o mais popular e influente diagnóstico sobre a competitividade dos países, define competitividade como um conjunto de instituições, políticas e fatores que determinam o nível de produtividade de um país (WEF, 2016:4).

No referido diagnóstico, o Fórum Econômico Mundial apresenta o Índice de Competitividade Global (ICG). Nele, os determinantes da competitividade são separados em 12 pilares, que, por sua vez, são classificados em três grandes grupos: (*i*) requerimentos básicos (instituições, infraestrutura, ambiente macroeconômico, saúde e educação primária) mais relevantes para países em estágios iniciais de desenvolvimento, em que o mais importante é acumular fatores de produção; (*ii*) estimuladores de eficiência (educação superior e treinamento, eficiência no mercado de bens, eficiência no mercado de trabalho, desenvolvimento do mercado financeiro, capacidade de absorção tecnológica, tamanho do mercado) mais relevantes para economias em estágios intermediários de desenvolvimento, que precisam melhorar o modo como combinam seus fatores de produção; (*iii*) inovação e sofisticação nos negócios, cuja relevância é mais acentuada para países desenvolvidos.

Ademais, os indicadores variam em uma escala que começa em um (pouco competitivo) e termina em sete (muito competitivo) e são compilados em um indicador — o próprio ICG —, que sintetiza as informações contidas nos 12 pilares. O indicador para o Brasil era 4,07 (66º de 125 países) em 2006 e atingiu 4,06 em 2016 (81º de 138 países). Praticamente não houve mudança, o que implicou queda no *ranking* de países, principalmente nos pilares ligados a instituições, saúde e educação primárias, educação superior e treinamento, eficiência do mercado de bens, eficiência do mercado de trabalho, sofisticação de negócios e inovação (figura 1.2).

Figura 1.2

ICG para Brasil, 2006 e 2016 (*ranking*)

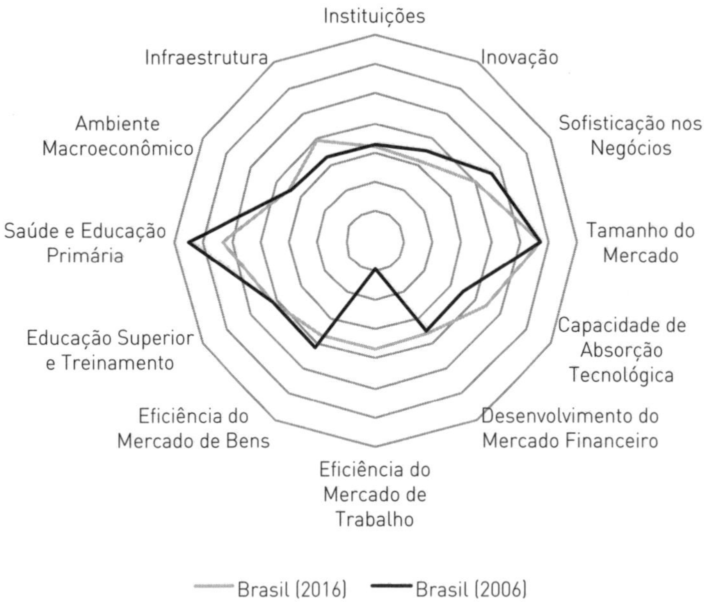

Fonte: WEF (2016).

1.3 Competitividade como mudança estrutural

Por outro lado, há autores que defendem que a estrutura da economia também é importante para determinar a competitividade de um país. Em particular, grande relevância tem sido dada ao papel da indústria manufatureira, uma vez que ela poderia gerar: (*i*) maior valor agregado do que as outras atividades econômicas; (*ii*) maior exploração de economias de escala; (*iii*) maiores efeitos multiplicadores sobre o restante da economia e maiores possibilidades de engajamento em cadeias globais de valor; (*iv*) maiores oportunidades tecnológicas e inovação, além de efeitos de transbordamento para outros setores. Por conta disso, o deslocamento de economias em desenvolvimento na direção da indústria aumentaria a capacidade exportadora dos países, o que poderia impulsionar seu crescimento de forma sustentável e sem restrições no balanço de pagamentos.

Nesse sentido, a Organização das Nações Unidas para o Desenvolvimento Industrial (Unido) define competitividade industrial como a capacidade dos países de aumentar sua presença nos mercados internacionais e domésticos, em termos do desenvolvimento de setores e atividades industriais com maior valor agregado e conteúdo tecnológico (Unido, 2013:7). Alinhando-se a essa visão, é divulgado de forma periódica o *Relatório de desempenho competitivo industrial*; nesse caso, a análise sobre competitividade abrange somente a indústria de transformação. Para a análise da competitividade da indústria, foi criado o Índice de Desempenho Competitivo Industrial (IDCI), que aborda três dimensões: (*i*) a capacidade de um país produzir e exportar bens manufaturados; (*ii*) o nível de dependência ou aprimoramento tecnológico; (*iii*) o impacto do país na economia mundial.

No tocante à composição desse índice, sua primeira dimensão é composta por dois indicadores: valor adicionado *per capita* da indústria manufatureira e exportações *per capita* da indústria. A segunda dimensão também abrange dois indicadores: intensidade da industrialização (que, por sua vez, é a composição da proporção do valor adicionado das indústrias de alta e média tecnologia no valor adicionado da indústria e da proporção do valor adicionado da indústria em relação ao PIB) e qualidade das exportações (que envolve a participação das exportações das indústrias de alta e média intensidade tecnológica no total das exportações industriais e a proporção das exportações da indústria no total das exportações). Por fim, a terceira dimensão é calculada como a composição da participação do país no PIB mundial da indústria e no comércio mundial de produtos manufaturados.

1.4 As duas visões são necessariamente antagônicas?

No período mais recente, foi desenvolvida uma série de indicadores que tentam avaliar em que medida a estrutura da economia, ou melhor, das exportações, está se movendo na direção de produtos industriais mais sofisticados ou complexos.[3] Talvez o mais famoso seja o *Atlas da complexidade econômica* (Hausmann et al., 2011). Em grandes linhas, a complexidade econômica é medida como uma combinação da diversidade e da ubiquidade dos produtos exportados pelos países. Tipicamente, há evidências de que países que possuem cestas de exportação mais diversas e com produtos mais exclusivos — usual-

[3] Para uma resenha sobre o tema, ver: Gaglio (2015).

mente associadas a bens mais sofisticados — tendem a crescer mais. Em outras palavras, a complexidade parece estar associada à competitividade de um país.

Aparentemente, trata-se de abordagem similar à adotada em indicadores como o IDCI, uma vez que relaciona competitividade à estrutura (de exportação) da economia. No entanto, é necessário contextualizar um pouco melhor o vínculo entre complexidade e competitividade.

Muitos autores argumentam que, embora a especialização dos países em setores ou produtos nos quais têm vantagem comparativa seja um motor importante do desenvolvimento econômico, algumas das atividades decorrentes da divisão internacional do trabalho não podem ser importadas e, portanto, os países necessitam desenvolvê-las localmente.[4] Exemplos dessas atividades — que esses autores denominam capacidades — são direitos de propriedade bem definidos, regulação adequada, infraestrutura, habilidades específicas da mão de obra, ambiente de negócios propício, entre outras.

Produtos que exigem mais capacidades para serem produzidos estariam acessíveis para poucos países. Países com mais capacidades produziriam potencialmente uma gama mais ampla de produtos. Então, a competitividade de um país residiria na diversidade das capacidades que não podem ser transacionadas internacionalmente (Hausmann e Hidalgo, 2011:309-342). Em última análise, isso explicaria por que, embora o comércio internacional tenha diminuído a distância entre os países em termos de renda, persiste uma diferença importante entre eles.

Assim, as medidas de complexidade nada mais seriam do que indicadores indiretos do domínio dessas capacidades. Usando uma metáfora, é como se cada produto fosse constituído por peças de Lego e cada país fosse uma caixa com várias dessas peças. Países são capazes de produzir, de forma competitiva, somente os produtos para os quais possuem as capacidades necessárias para tal, assim como crianças apenas podem construir modelos cujas peças de Lego têm. Nesse sentido, as medidas de complexidade usadas nessa literatura e apresentadas no *Atlas da complexidade econômica* são, na verdade, indicadores da diversidade e da exclusividade das capacidades produtivas dos países. É como inferir que tipos de peça as crianças têm na caixa pelos tipos de modelo que elas montam. Novamente, e isso é importante frisar, o que explicaria a competitividade dos países, ou seja, sua habilidade de

[4] Ver, por exemplo: Hidalgo e Hausmann (2009:10570-10575).

transformar fatores de produção em riqueza, seria o estoque de capacidades. Como esse estoque está relacionado com a cesta de produtos exportados, esta é usada para inferir indiretamente a competitividade dos países. A figura 1.3 ilustra esse ponto.

Figura 1.3

Relação entre países, capacidades, produtos e competitividade

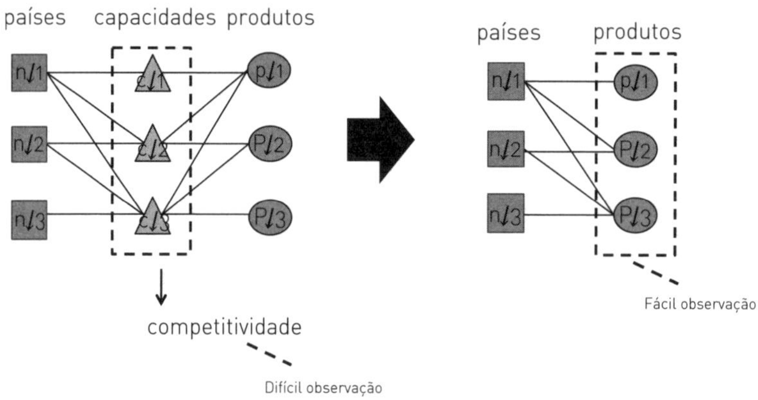

Fonte: Adaptada de Hidalgo e Hausmann (2009).

Nota-se que, em grande medida, os exemplos de capacidades citados anteriormente são potencialmente capturados por indicadores como o ICG. A diferença é que o ICG tenta inferir o nível dessas capacidades diretamente, pela percepção de especialistas, enquanto o indicador de complexidade o faz de modo indireto, pelo exame dos produtos exportados pelos países. Não por acaso, ambos são bastante correlacionados entre si. Ademais, as evidências disponíveis apontam que o indicador de complexidade do *Atlas da complexidade econômica* é capaz de explicar melhor o crescimento dos países do que, por exemplo, o ICG, ou seja, é capaz de medir melhor a competitividade dos países.

Adicionalmente, essa abordagem não é incompatível com a consideração da importância do comércio entre países para a construção da competitividade. Para tanto, basta supor — e há evidências de que isso é verdade — que a competitividade e a cesta de produtos exportados de um país dependem também do acesso adequado a insumos intermediários que podem ser transacionados internacionalmente. Nesse sentido, as medidas de complexidade indicariam não apenas o domínio de capacidades não transacionáveis de um país, mas também seu acesso a insumos intermediários transacionados no comércio internacional.

Diante disso, assim como ocorreu com o ICG, percebe-se que o Brasil perdeu terreno (figura 1.4). Note-se que esse também foi o caso de boa parte dos países desenvolvidos ocidentais. Por sua vez, países orientais, como Japão, Coreia do Sul e China, ou possuem complexidade alta, ou aumentaram significativamente sua complexidade no período examinado.

Figura 1.4

Complexidade econômica — comparações internacionais

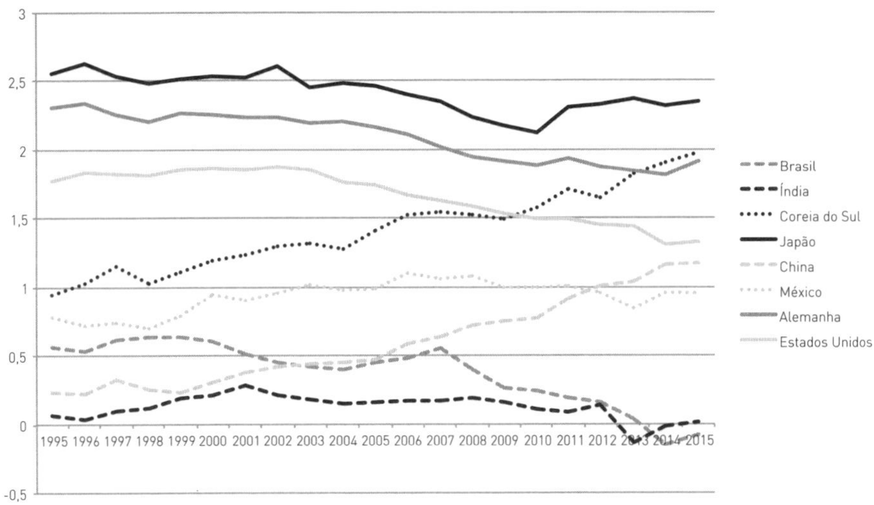

Fonte: Hausmann et al. (2011).

Assim, as duas visões sobre o processo de desenvolvimento econômico e, portanto, os dois modos de medir a competitividade dos países podem ser conciliados e não são necessariamente antagônicos. Entretanto, vale salientar que, no caso da visão estruturalista, ao menos no modo como foi interpretada neste texto, o desenvolvimento do setor industrial não deveria ser perseguido como um fim em si mesmo, mas encarado como um modo de atingir o objetivo final de aumentar a competitividade da economia. Nesse sentido, mostra-se interessante explorar que tipos de política podem ser usados para esse fim.

1.5 Competitividade e políticas públicas

Para efeito de organização das ideias, classificam-se as políticas de desenvolvimento produtivo na indústria de acordo com duas dimensões: quanto ao seu tipo — provisão de bens públicos ou intervenções no mercado — e quanto à sua transversalidade — vertical (limitada a alguns poucos setores) ou horizontal (de alcance setorial mais amplo) (figura 1.5). Prover educação de qualidade, garantir direitos de propriedade e reduzir a burocracia nos negócios são exemplos de políticas horizontais na provisão de bens públicos, enquanto criar universidades de engenharia, por exemplo, implica a provisão de bens públicos, mas de natureza vertical, pois atende a determinados setores (eletrônicos, por exemplo), mas não a outros (agricultura, por exemplo).

Nesse ponto, cabe a distinção entre setores e atividades. Atividades são ações que potencialmente perpassam diversos setores e normalmente não são atividades-fim das empresas (inovação, por exemplo). Por sua vez, no quadrante inferior direito, são classificadas políticas que distorcem os preços relativos de setores específicos (subsídios e proteção comercial para determinados setores, por exemplo). Finalmente, há intervenções de mercado que buscam atingir determinadas atividades (subsídios para P&D, subsídios para treinamento de mão de obra, subsídios para investimento em capital, por exemplo) e não determinados setores (quadrante inferior esquerdo).

Do ponto de vista da nomenclatura, a política industrial é definida como eminentemente seletiva, ou seja, é associada principalmente às políticas verticais, mas também pode incluir medidas horizontais de intervenção no mercado (área cinza da figura 1.5). Ainda, dentro do que se definiu como política industrial, alguns autores fazem a distinção entre política industrial leve (quadrante superior direito, associado a bens públicos, e quadrante inferior esquerdo, que altera preços relativos de atividades, em particular de P&D) e política industrial pesada (quadrante inferior direito, associado a intervenções que distorcem preços relativos de setores).[5] A provisão horizontal de bens públicos recebe a denominação política de competitividade.

[5] Ver, por exemplo: Harrison e Rodríguez-Clare (2010: v. 5, p. 4039-4214).

Figura 1.5

Classificação das políticas públicas

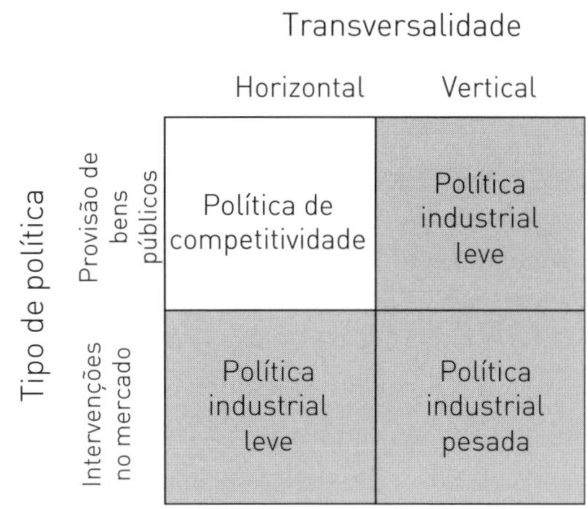

Fonte: Adaptada de Pagés (2010).

Verifica-se que a classificação proposta tem ligação com as visões e os indicadores de competitividade expostos na seção anterior. Por exemplo, o ICG (e outros indicadores semelhantes) captura em grande medida fatores alcançados por políticas de competitividade e por alguns tipos de política industrial leve (inovação, por exemplo). Por sua vez, o IDCI, ao menos na interpretação mais usual da visão estruturalista, avalia em que medida a economia está se movendo na direção de setores, por assim dizer, mais desejáveis do ponto de vista da competitividade — a princípio, mais associados a políticas industriais pesadas. No entanto, assim como foi possível compatibilizar as duas visões, entende-se que essa dicotomia não necessariamente existe.

Assim, cabe a pergunta: em que circunstâncias ações de política de desenvolvimento industrial seriam justificadas? A resposta refere-se à correção de falhas de mercado e provisão de bens públicos, com balanço a ser feito com relação às falhas de governo. Se não há falhas de mercado significativas (ou se elas são inferiores às falhas de governo), não há espaço para política industrial. A esse respeito, as próximas seções identificam algumas falhas de mercado que teoricamente justificariam o uso de política de desenvolvimento industrial e, se for o caso, qual tipo de política seria mais adequado.

1.6 Encadeamento, externalidades e complexidade

A ideia de externalidades associadas ao encadeamento entre os setores é de longa data entre os estruturalistas, como Albert Hirschman. Muitas vezes, essa virtude da indústria é colocada apenas em termos de que ela demanda muitos insumos de outros setores, dinamizando, dessa forma, a economia como um todo. Ao longo das décadas, diversas expressões foram usadas para capturar a mesma ideia, como setor estratégico, dinâmico e estruturante — esta bastante empregada atualmente.

Em outras palavras, muitos seguidores de Hirschman associam o encadeamento e, portanto, a necessidade de ação do governo a muitas entradas na matriz insumo-produto. Setores com muitos encadeamentos — a indústria seria um deles —, por si só, justificariam algum tipo de política industrial. Entretanto, a abordagem de Hirschman pressupõe a presença de externalidades relacionadas com o tamanho do mercado. Um setor gera encadeamento para trás (a montante) apenas quando permite que setores localizados mais a montante na cadeia de produção estabeleçam-se com uma escala mínima viável. A força do encadeamento de um setor deve ser medida pela probabilidade de ele puxar outros setores para além dessa escala, ou seja, não basta demandar muito, tem que demandar a ponto de, pela redução dos custos proporcionada pelo aproveitamento das economias de escala, viabilizar competitivamente outros setores. O argumento para o encadeamento para a frente (a jusante) é similar (Krugman, 1994b:39-58).

As economias de escala jogam papel central no argumento. Em última análise, é necessário que as empresas se tornem competitivas (em termos de custo) para que as externalidades se materializem e a intervenção do governo seja justificada. Segundo o próprio Hirschman, a estratégia correta seria fomentar — por meio de políticas industriais pesadas — alguns poucos setores com potencial de encadeamento e, então, se mover para outros setores para corrigir os desequilíbrios eventualmente gerados pela primeira onda de investimentos, e assim sucessivamente.

Entretanto, salienta-se que a estratégia de forçar o encadeamento tem custos em relação à competitividade da economia, principalmente quando atinge insumos intermediários. Esses custos — acesso a insumos intermediários mais caros ou de menor qualidade — manifestam-se em caso de sucesso da política em capturar as externalidades e tornar os setores encadeados competitivos. Tal preocupação não é sem razão, dada a evidência empírica disponível, que indica que políticas que forçam o encadeamento para trás podem ter impactos negativos substanciais na produtividade dos setores a jusante (Kashani, 2005:1998-2009; Blonigen, 2016:1635-1659). Em termos práticos, mesmo na presença de externalidades, é preciso calibrar a política de encadeamento para que ela não seja muito agressiva, sob pena de os custos superarem os benefícios (Veloso, 2006:747-772; Baldwin e Venables, 2015:123-131).

Além disso, dado que os serviços têm se tornado insumos intermediários importantes na produção industrial, a questão do encadeamento (e das políticas públicas relacionadas com essas externalidades) cada vez mais deve envolver também o setor de serviços. Nesse sentido, as evidências empíricas indicam que barreiras à importação de serviços têm impacto substancial na produtividade da indústria (Beverelli, Fiorini e Hoekman, 2017:166-182).

Recentemente, as externalidades resultantes de encadeamentos têm sido exploradas de forma um pouco diferente por Ricardo Hausmann e outros economistas. Resumidamente, determinados produtos estariam relacionados entre si, de modo que a produtividade em determinado produto seria maior se o país já tivesse alcançado alta produtividade em um produto próximo. Vários fatores poderiam explicar a proximidade entre produtos — intensidade semelhante de fatores de produção, nível similar de sofisticação tecnológica e compartilhamento da cadeia de suprimentos — e certos produtos pertenceriam a áreas mais densas do espaço de produção (ou seja, haveria muitos produtos próximos de si) (Hidalgo et al., 2007:482-487).

Neste ponto, vale a pena analisar a seguinte metáfora: o espaço de produtos seria como uma floresta, em que determinadas áreas são mais espessas, com árvores mais próximas umas das outras. Se os empresários forem pensados como macacos, as áreas mais densas no espaço de produção seriam aquelas em que haveria mais flexibilidade e chances de diversificação. É como se os habitantes pudessem pular de árvore em árvore, criando um dinamismo maior do que entre as áreas mais esparsas, nas quais cada macaco tem que ficar em sua árvore.

Nesse contexto, tudo mais constante, países que alteram sua estrutura produtiva na direção de áreas mais densas do espaço de produção e, portanto, mais sujeitas ao aproveitamento das externalidades tenderiam a crescer mais. Usualmente, essas áreas mais densas estariam associadas a produtos mais sofisticados ou cuja produtividade é mais alta. Desse modo, países que restringem sua estrutura produtiva a regiões do espaço de produção mais afastadas desses produtos mais sofisticados e de maior produtividade, usualmente produzidos pelos países ricos, teriam mais dificuldade de convergir para os níveis de renda das nações mais avançadas.

Assim, a política pública deveria tentar posicionar os países o mais próximo possível da cesta de exportação dos países ricos (Hausmann, Hwang e Rodrik, 2007:1-25). No entanto, é preciso contextualizar bem essa afirmação. Ela não significa necessariamente que a política pública deve proteger setores mais sofisticados ou forçar o encadeamento local da produção. Voltando à metáfora da floresta, não adianta transferir os habitantes para áreas mais densas da floresta se eles não tiverem habilidades suficientes para saltar de uma árvore para outra. Nesse sentido, neste capítulo aponta-se que as medidas de complexidade usadas na literatura e apresentadas no *Atlas da complexidade econômica* são, na verdade, indicadores da diversidade e da exclusividade das capacidades produtivas dos países.

Por óbvio, com uma proteção alta o suficiente ou com uma política de conteúdo local suficientemente agressiva, sempre é possível mover a estrutura da economia na direção dos produtos mais sofisticados. O que não se consegue — e a experiência brasileira é rica em exemplos assim — é que a produção seja feita de forma competitiva em termos globais. Não por acaso, as medidas de complexidade (e outras similares) são sempre calculadas a partir da cesta de exportação dos países, para refletir suas vantagens comparativas reveladas. Acumular capacidades tecnológicas de modo a poder se deslocar na direção de espaços mais densos de produção aumenta a competitividade do país. Induzir a economia na direção de produtos mais sofisticados, sem o acúmulo das capacidades produtivas necessárias, não.[6] Vale salientar que, embora boa parte da literatura dê ênfase à complexidade na indústria, não se trata de atributo exclusivo desse setor. Em particular, há evidências de que a complexidade dos serviços (passíveis de serem exportados) é maior do que a dos bens industriais (Stojkoski, Utkovski e Kocarev, L. 2016:e0161633).

1.7 Externalidades no aprendizado, inovação e economias de aglomeração

Um dos argumentos mais antigos para justificar a necessidade de políticas de apoio ao setor industrial é o de indústria nascente. Um dos pré-requisitos para a validade desse argumento é a presença de externalidades no aprendi-

[6] Confirma esse entendimento a evidência de que as externalidades associadas à exploração de um espaço mais denso de produtos manifestam-se mais fortemente se as empresas são mais produtivas. A esse respeito ver: Poncet e De Waldemar (2013:579-605).

zado dinâmico, ou seja, diminuição do custo marginal de produção de cada firma com o volume produzido por todas as empresas ao longo do tempo (*learning by doing*).[7] Como as firmas pioneiras não internalizam a redução de custos que sua produção irá proporcionar para as demais no futuro, existe a possibilidade de que, se o custo inicial de produção for suficientemente alto, a economia não produza esse bem sem intervenção do governo.

Nesse caso, prover proteção para o setor que apresenta aprendizado dinâmico faz sentido econômico se o aprendizado é rápido o suficiente (o que reduziria o custo da política). Cabe lembrar que, mesmo quando a proteção é a escolha ótima, deve ser diminuída ao longo do tempo, na medida em que os custos das empresas reduzirem, e eliminada quando esgotadas as possibilidades de aprendizado (Miravete, 2003:761-790; Melitz, 2005).

As externalidades associadas ao aprendizado dinâmico têm sido recorrentemente relacionadas aos *spillovers* de conhecimento. Nesse sentido, talvez o argumento mais robusto em favor de apoiar a indústria — que, por exemplo, fez parte do suporte intelectual às iniciativas do governo Obama nesse plano (Sperling, 2012) — seja o de que determinados setores exibem externalidades locais, normalmente associadas a atividades de inovação. Essa economia do conhecimento, cujo exemplo mais emblemático é o Vale do Silício, na Califórnia, é caracterizada pelo extraordinário dinamismo em termos de inovação e tecnologia, com transbordamentos que escapam da apropriação individual pelas empresas. Como tal, configura-se um caso típico em que o estímulo da política pública se justifica em relação à eficiência econômica. As externalidades da inovação são um dos poucos pontos consensuais no debate entre as diferentes correntes de pensamento econômico. É um argumento válido, com copiosas evidências empíricas. Na hora de pensar políticas públicas para abordar o problema, porém, o embate de diferentes enfoques é retomado.

O fato de a inovação ter impacto positivo importante na produtividade das empresas não justifica, por si só, a existência de políticas públicas de fomento a essa atividade. Essa justificativa deriva, antes, de em muitas circunstâncias haver externalidades que impedem as empresas de se apropriarem completamente dos ganhos obtidos com a inovação, o que as leva a investir menos nessa atividade do que seria desejável do ponto de vista da sociedade. Assim, há espaço para políticas públicas; pesquisa em ciência de base é claramente um

---

[7] Para referências, ver: Melitz (2005:177-196).

exemplo no qual é desejável a participação do governo. Também há espaço para externalidades e, portanto, para políticas públicas, com relação aos investimentos em inovação no âmbito das empresas. Esse é o caso, principalmente, nos setores menos concentrados, em que os benefícios da inovação tendem a ser mais difusos (Rezende, 2013:355-372).

Com isso, muitos economistas argumentam que, se o aspecto positivo das economias de aglomeração está na inovação, faz mais sentido incentivar diretamente essa atividade, em vez de proteger os setores pretensamente mais intensivos em inovação. Segundo a terminologia adotada neste livro, deveriam ser implementadas políticas "industriais" leves (e não pesadas).

Reforça este ponto o fato de que a literatura econômica sugere que um dos principais motores da inovação é a pressão competitiva dos rivais.[8] Assim, políticas industriais pesadas, que implicam proteção excessiva e por tempo ilimitado, tendem a reduzir os ganhos com transbordamentos de conhecimento, à medida que diminuem os incentivos para investimento em inovação. De fato, a proteção excessiva de determinado setor pode levá-lo a se desenvolver usando tecnologias ou modos de produção defasados, com pouco potencial de geração de externalidades. Desse modo, fica claro que políticas industriais pesadas não necessariamente levam ao aumento do bem-estar na presença de externalidades dinâmicas de aprendizado (Rodríguez-Clare, 2007:43-57; Sauré, 2007:104-117). Nessas circunstâncias, embora possam se desenvolver, os setores contemplados pela política industrial acabam não proporcionando ganhos de produtividade expressivos para a economia. Experiências fracassadas no Brasil, como a Lei de Informática (décadas de 1970 e 1980), sugerem atenção redobrada para que o país não volte a incorrer em tais erros.

1.8 Seguindo adiante

Antes de avançar para o próximo capítulo, convém definir mais precisamente o que se entende por inovação. Segundo o *Manual de Oslo*, inovação é a "implementação de um produto (bem ou serviço) novo ou significativamente melhorado, ou um processo, ou um novo método de marketing, ou um novo

[8] Ver, por exemplo: Aghion e Griffith (2005).

método organizacional nas práticas de negócios, na organização do local de trabalho ou nas relações externas".

Dessa forma, como mostrado na figura 1.6, uma ampla ideia de inovação abrange a implementação de mudanças em produtos, serviços, processos ou sistemas organizacionais e gerenciais — da iniciação à adaptação menor, seguindo até os estágios mais avançados. As atividades incluem imitação duplicativa, imitação criativa e as mais sofisticadas ações de *design* e desenvolvimento à base de engenharia e P&D (figura 1.6). Ainda, podem ter *graus de novidade* que variam de novas para a empresa a novas para a economia, como também para o mercado internacional.

Figura 1.6

Escala de tipos e graus de inovação

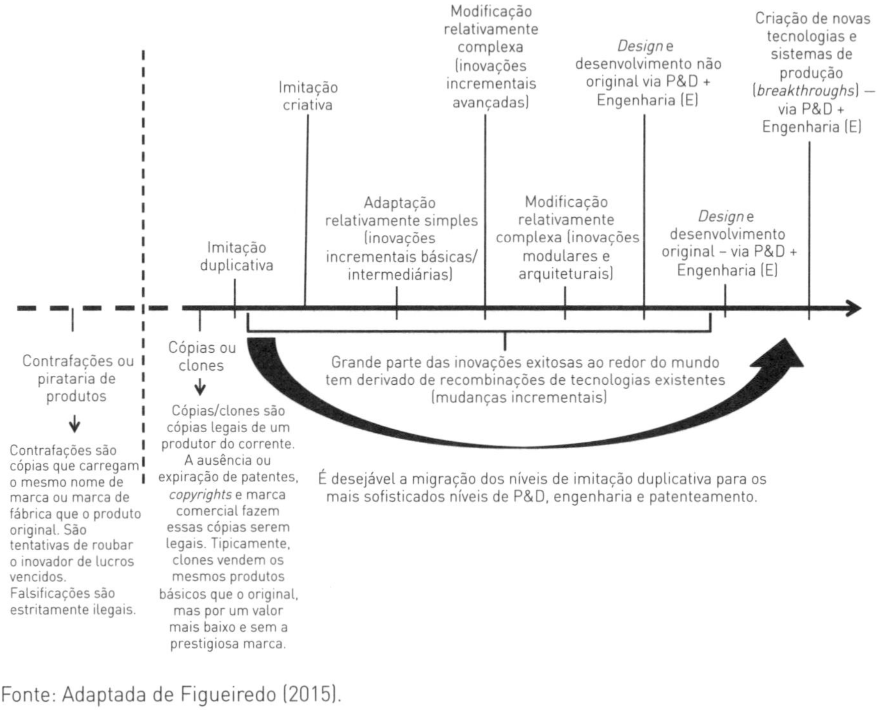

Fonte: Adaptada de Figueiredo (2015).

Muitas vezes, a inovação é reduzida ou limitada às atividades altamente complexas derivadas de esforço científico em sofisticados laboratórios de P&D. Entretanto, a ênfase em relacioná-la à P&D é alvo de ampla crítica na literatura, principalmente porque os dados de P&D apresentam apenas (parte dos) insumos para a inovação, mas nenhum produto (Kleinknecht e Mohnen, 2002). Ademais, patentes são prevalentes apenas em alguns setores industriais de países tecnologicamente avançados.

A visão de inovação deste livro é abrangente e não se limita à alta tecnologia de fronteira, podendo derivar de uma forte base de engenharia nas empresas — como é típico, por exemplo, das indústrias de máquinas alemãs, líderes globais em vários segmentos — e até mesmo do chão de fábrica, de uma sólida ferramentaria capaz de fazer modificações básicas em produtos e processos. Inovação é entendida, assim, como um *processo* e não como evento isolado, muito menos linha de chegada (Figueiredo, 2015).

Para empresas originárias de economias emergentes, é rara a incidência de laboratórios de P&D, ainda que atividades inovadoras sejam realizadas (Bell e Figueiredo, 2012). Nessas economias, grande parte das atividades inovadoras não se origina de P&D, tampouco se relaciona a atividades patentárias. De fato, ao longo das últimas décadas, grande parte das inovações mais importantes, mesmo nos países desenvolvidos, teve origem em recombinações de tecnologias existentes, realizadas por engenheiros e técnicos especializados em áreas diversas que não o laboratório de P&D, como também nas áreas de engenharia e de produção. Em muitos casos, essas atividades de inovação menos sofisticadas podem ser um ponto de partida e/ou precondição para avanços na direção de atividades de P&D de classe mundial. Várias empresas iniciam suas atividades tecnológicas com base em imitação duplicativa para poder avançar ao outro extremo do espectro da figura 1.6.

Frisa-se, porém, que a ênfase nesse espectro de estágios de atividades inovadoras e da capacidade tecnológica subjacente não significa, de alguma forma, negligenciar as etapas superiores de P&D e os *rankings* patentários. É exatamente o contrário. O problema é que a visão, por vezes predominante, de enfatizar somente o desenvolvimento de capacidades nos estágios superiores fracassa exatamente por dar pouca atenção à massa crítica das fases anteriores, que compõem o tipo de tecido produtivo em que é possível surgirem com mais frequência os expoentes de fronteira.

No Brasil, não é diferente: coexistem poucas empresas inovadoras mais intensivas em atividades sofisticadas de P&D e outras, mais numerosas, que inovam pela transformação de tecnologias já existentes em novos produtos. A evidência no país também mostra que setores mais intensivos em P&D usualmente são mais inovadores. No entanto, há setores normalmente considerados, de acordo com classificações convencionais, de baixa ou média intensidade tecnológica que possuem alta incidência de inovação.

Há também um grande número de estudos que examinam as implicações econômicas dos vários tipos de inovação. Inovações em nível das empresas e suas redes em vários setores da economia são a base da produtividade e do crescimento.[9] Assim, há amplas evidências que indicam que empresas que inovam mais, e de maneira eficaz, obtêm melhor desempenho competitivo e crescimento de longo prazo.[10] Considerando que o processo de inovação é colocado em prática primordialmente pelas empresas, a taxa de crescimento da produtividade e o crescimento econômico de países dependem, em última análise, de empresas inovadoras.

Por fim, neste capítulo argumenta-se que a competitividade de um país pode ser vista como um processo de acumulação de capacidades, em especial de capacidades que não podem ser transacionadas no mercado internacional. De modo análogo, a inovação pode ser analisada como decorrente de árduo processo de acumulação de capacidades tecnológicas (Canêdo-Pinheiro et al., 2015). Estas representam um conjunto de recursos que empresas acumulam e envolvem: capital humano (profissionais e suas qualificações formais e informais), sistemas técnico-físicos (*software*, *hardware*, laboratórios, bancos de dados, entre outros) e sistemas organizacionais (rotinas, procedimentos, normas, sistemas gerenciais etc.). Assim, é possível combinar as duas abordagens e analisar a competitividade das empresas como resultado, entre outras coisas, da acumulação das capacidades tecnológicas. O próximo capítulo explicará como isso pode ser feito na prática.

Referências

AGHION, P.; GRIFFITH, R. *Competition and growth*: reconciling theory and evidence. Cambridge, Londres: MIT Press, 2005.

BALDWIN, R.; VENABLES, A. J. Trade policy and industrialisation when backward and forward linkages matter. *Research in Economics*, v. 69, p. 123-131, 2015.

---

9 Para uma revisão crítica desses vários estudos, ver: Bell e Figueiredo (2012).

10 Para evidências a esse respeito com dados brasileiros, ver: Canêdo-Pinheiro et al. (2017:211-240).

BELL, M.; FIGUEIREDO, P. N. Building innovative capabilities in latecomer emerging market firms: some key issues. In: AMANN, E.; CANTWELL, J. (Ed.). *Innovative firms in emerging market countries*. Nova York; Londres: Oxford: Oxford University Press, 2012. p. 24-109.

BEVERELLI, C.; FIORINI, M.; HOEKMAN, B. Services trade policy and manufacturing productivity: the role of institutions. *Journal of International Economics*, v. 104, p. 166-182, 2017.

BLONIGEN, B. Industrial policy and downstream export performance. *Economic Journal*, v. 126, p. 1635-1659, 2016.

CANÊDO-PINHEIRO, M. et al. *A urgente necessidade do fortalecimento da competitividade industrial brasileira*: reflexão inicial sobre o papel da produtividade e da acumulação de capacidades tecnológicas inovadoras. Rio de Janeiro: s.n., 2015. (Technological Learning and Industrial Innovation Working Paper Series; 1).

____ et al. Inovação tecnológica e produtividade no Brasil. In: BONELLI, R.; VELOSO, F.; PINHEIRO, A. C. (Org.). *Anatomia da produtividade no Brasil*. Rio de Janeiro: Elsevier, 2017. p. 211-240.

CNI. Confederação Nacional da Indústria. *Competitividade Brasil 2016*: comparação com países selecionados. Brasília, DF: 2016.

FIGUEIREDO, P. N. *Gestão da inovação*: conceitos, métricas e experiências de empresas no Brasil. 2. ed. Rio de Janeiro: LTC, 2015.

GAGLIO, C. *Measuring country competitiveness*: a survey of exporting-based indexes. Valbonne: Gredeg, 2015. (Gredeg Working Paper Series; 2015-42).

HARRISON, A.; RODRÍGUEZ-CLARE, A. Trade, foreign investment, and industrial policy for developing countries. In: RODRIK, D.; ROSENZWEIG, M. (Ed.). *Handbook of development economics*. Amsterdã: North-Holland, 2010. v. 5, p. 4039-4214.

HAUSMANN, R.; HIDALGO, C. A. The network structure of economic output. *Journal of Economic Growth*, v. 16, p. 309-342, 2011.

____; HWANG, J.; RODRIK, D. What you export matters. *Journal of Economic Growth*, v. 12, p. 1-25, 2007.

____ R. et al. *The atlas of economic complexity*: mapping path to prosperity. New Hampshire: Puritan, 2011.

HIDALGO, C. A.; HAUSMANN, R. The building blocks of economic complexity. *Proceedings of the National Academy of Sciences*, v. 106, p. 10570-10575, 2009.

____ et al. The product space conditions the development of nations. *Science*, v. 317, p. 482-487, 2007.

KASHANI, H. A. State intervention causing inefficiency: an empirical analysis of the Norwegian continental shelf. *Energy Economics*, v. 33, p. 1998-2009, 2005.

KHARAS, H.; KOHLI, H. What is the middle-income trap, why does countries fall into it, and how can it be avoided? *Global Journal of Emerging Market Economies*, v. 3, n. 3, p. 281-289, 2011.

KLEINKNECHT, A.; MOHNEN, P. A. (Org.). *Innovation and firm performance*: econometric explorations of survey data. Basingstoke: Palgrave, 2002.

KRUGMAN, P. *The age of diminished expectations*. Cambridge, Londres: MIT Press, 1994a.

____. The fall and rise of development economics. In: RODWIN, L.; SCHÖN, D. A. (Org.). *Rethinking the development experience*: essays provoked by the work of Albert O. Hirschman. Washington: Brookings Institution, 1994b. p. 39-58.

LIN, J.; CHANG, H-J. Should industrial policy in developing countries conform to comparative advantage or defy it? A debate between Justin Lin and Ha-Joon Chang. *Development Policy Review*, v. 27, p. 483-502, 2009.

MELITZ, M. J. When and how should infant industries be protected? *Journal of International Economics*, v. 66, p. 177-196, 2005.

MIRAVETE, E. J. Time-consistent protection with learning by doing. *European Economic Review*, v. 47, p. 761-790, 2003.

PAGÉS, C. (Ed.). *The age of productivity*: transforming economies from bottom up. Nova York: Palgrave MacMillan, 2010.

PONCET, S.; DE WALDEMAR, F. S. Product relatedness and firm exports in China. *World Bank Economic Review*, v. 29, p. 579-605, 2013.

REZENDE, L. Política industrial para inovação: uma análise das escolhas setoriais recentes. In: BACHA, E.; BOLLE, M. B. (Org.). *O futuro da indústria no Brasil*: desindustrialização em debate. Rio de Janeiro: Civilização Brasileira, 2013. p. 355-372.

RODRÍGUEZ-CLARE, A. Clusters and comparative advantage: implications for industrial policy. *Journal of Development Economics*, v. 82, p. 43-57, 2007.

SAURÉ, P. Revisiting the infant industry argument. *Journal of Development Economics*, v. 84, p. 104-117, 2007.

SPERLING, G. *Remarks by Gene Sperling before the Conference on the Renaissance of American Manufacturing*. 2012. Disponível em: <https://obamawhitehouse.

archives.gov/sites/default/files/administration-official/sperling_-_renaissance_of_american_manufacturing_-_03_27_12.pdf>. Acesso em: maio 2018.

STOJKOSKI, V.; UTKOVSKI, Z.; KOCAREV, L. The impact of services on economic complexity: service sophistication as route for economic growth. *PloS One*, v. 11, n. 8, p. e0161633, 2016.

UNIDO. United Nations Industrial Development Organization. *The industrial competitiveness of nations*: looking back, forging ahead. Viena: 2013.

VELOSO, F. M. Understanding local content decisions: economic analysis and an application to the automotive industry. *Journal of Regional Science*, v. 46, p. 747-772, 2006.

WEF. World Economic Forum. *The global competitiveness report 2016-2017*. Geneva: 2016.

CAPÍTULO 2

Competitividade industrial brasileira e o papel das capacidades tecnológicas inovadoras: a necessidade de uma investigação criativa

Como argumentado no capítulo anterior, grande parte do alcance e do fortalecimento da competitividade industrial brasileira depende de esforços eficazes de acumulação de capacidades tecnológicas para inovação e aumento de produtividade em nível de empresas. Nesse sentido, este capítulo objetiva descrever o desenho e o método adotados na pesquisa subjacente a este livro, relativa ao papel da acumulação de capacidades tecnológicas em nível de empresas no fortalecimento da competitividade de indústrias selecionadas no Brasil.

2.1 Por que os estudos e abordagens existentes não são suficientes?

Durante os últimos anos, diversos estudos com o objetivo de examinar a relação entre inovação e competitividade industrial no Brasil emergiram. Não obstante seus méritos e abordagens, eles contêm algumas limitações quanto aos métodos e *proxies* adotados, como (Bell e Figueiredo, 2012; Figueiredo, 2015):

(1) Há forte tradição de examinar questões relacionadas com a inovação industrial e competitividade a partir de uma perspectiva macro ou agregada, geralmente à base de dados derivados de *surveys* de inovação. A despeito dos méritos dessa abordagem, perde-se a oportunidade de

captar detalhes e nuanças importantes sobre o processo de desenvolvimento tecnológico e suas implicações para a competitividade em nível de setores industriais e suas empresas. Como se sabe, quanto mais se agrega, mais se escondem detalhes importantes do processo de inovação industrial.

(2) Especificamente, os chamados *surveys* de inovação, amplamente utilizados em diversos países, ainda que sejam muito relevantes para fornecer uma perspectiva agregada, possuem importantes e inerentes limitações, tais como: (*i*) insuficiência para captar as capacidades tecnológicas que possibilitam a implementação das atividades inovadoras; (*ii*) desenho centrado em um ponto específico no tempo, que, por conseguinte, não capta o *processo* de acumulação de capacidades tecnológicas e suas fontes; (*iii*) limitados em termos do estudo sobre o processo, causas e consequências da acumulação de capacidades tecnológicas em nível de empresas e indústrias. Assim, há no Brasil uma relativa escassez de estudos baseados em evidências primárias em nível de empresas, que possam gerar insumos para o desenho e implementação de políticas públicas e ações corporativas mais eficazes relativas ao desenvolvimento industrial.

(3) Há também o uso de *proxies* ou medidas inadequadas para examinar atividades inovadoras, como é o caso de indicadores de gastos em P&D, número de laboratórios e estatísticas de patentes. Esses indicadores, ainda que clássicos, têm sérias limitações: (*i*) representam apenas uma pequena fração (quando muito) das reais atividades inovadoras; (*ii*) negligenciam importantes atividades inovadoras de natureza incremental, derivadas de esforços de engenharia e experimentações diversas. Esses esforços, por sua vez, de um lado, são precondições para avançar para níveis mais sofisticados de inovação e, de outro, geram grande impacto positivo na produtividade.

(4) Ademais, tende-se a enxergar a inovação basicamente como *produto* ou resultado direto da oferta de certos insumos, como laboratórios de P&D e capital humano, representado pelo número de mestres e doutores ou, ainda, publicações científicas. Adicionalmente, há limitações inerentes à dependência na percepção dos gestores, que excluem as nuanças que as próprias empresas fazem sobre suas atividades de inovação, ao foco em um momento específico do tempo e não em processos que evoluem dinamicamente, ou à fixação num determinado fator, como capital físico ou humano, sem avaliar como o conjunto amplo de recursos interage ao longo do tempo.

No intuito de contribuir para superar algumas dessas limitações de estudos e abordagens existentes, este livro objetiva contribuir para avançar na pesquisa sobre a natureza e dinâmica da acumulação de capacidades tecnológicas em nível de empresas industriais no Brasil, suas fontes e impactos na competitividade. Ao abordar, simultaneamente, empresas que operam na mesma indústria (ou setor industrial) e diferentes setores industriais, o objetivo vai além de fazer uma mera "radiografia" (ou *snapshot*) de cada uma das indústrias estudadas e suas principais empresas. Um exame em profundidade serve tanto para orientar estratégias empresariais quanto para formular políticas de competitividade e produtividade no âmbito setorial e nacional. Para isso, o livro apoia-se em uma base analítica e metodológica robusta que examina o relacionamento entre variáveis relevantes do processo de inovação industrial e seus reflexos na competitividade. As duas seções subsequentes descrevem sucintamente os elementos dessa base.

À luz dos temas abordados no capítulo anterior e considerando as lacunas retromencionadas, a pesquisa subjacente a este livro examina duas questões: a primeira refere-se *a até que ponto e como* empresas de um conjunto de setores industriais no Brasil têm acumulado capacidades tecnológicas, tanto para atividades operacionais quanto para inovação; a segunda objetiva explicar *como* esse processo de acumulação de capacidades tecnológicas tem influenciado o alcance e o fortalecimento (ou enfraquecimento) da competitividade industrial. A motivação para contribuir com a geração de novas evidências e explicações sobre a relação entre acumulação de capacidade tecnológica e competitividade industrial no Brasil relaciona-se não apenas à situação preocupante na qual esta se encontra, mas também às limitações dos estudos e abordagens existentes.

2.2 Base analítica do livro

A base analítica que dá sustentação a este livro envolve o exame da relação entre a acumulação de capacidades tecnológicas (para atividades de produção e inovação), os mecanismos subjacentes de aprendizagem (fontes para acumulação de capacidades tecnológicas) e os impactos gerados em termos de competitividade, à luz de mudanças na moldura institucional. O modelo, representado na figura 2.1, e as evidências empíricas que o substanciam são importantes para avançar em direção a um novo entendimento sobre a relação entre as questões aqui estudadas, como também para a geração de um claro esclarecimento às autoridades públicas sobre as diferenças e semelhanças entre as empresas, no que diz respeito às causas e aos resultados da formação de capacidade de inovação e competitividade. Isso é importante para adaptar suas políticas e estratégias de negócios.

O conjunto de relações representado na figura 2.1 será analisado como um conjunto de setores industriais e suas principais empresas. Adicionalmente, serão consideradas as ligações, de natureza tecnológica, das empresas estudadas com fornecedores e organizações de apoio à inovação, como universidades e institutos de pesquisa. Esclarece-se, a seguir, o significado dos elementos do modelo analítico apresentado na figura 2.1 Assim, a pesquisa tem foco especial nos *inputs*, isto é, nos fatores que levam a inovar, e não apenas no *output*, a inovação em si.

A: *Acumulação de capacidades tecnológicas. Capacidades tecnológicas* são definidas aqui como os recursos (base de conhecimento) para gerir e gerar mudanças tecnológicas. Envolvem o capital humano, que não se limita a cientistas com PhD, mas inclui engenheiros, técnicos, operadores e gestores; o capital físico, representado por laboratórios, *hardware*, bancos de dados, *software* etc.; e o capital organizacional, que inclui processos organizacionais, procedimentos e rotinas. Com relação às capacidades tecnológicas, será feita distinção entre aquelas voltadas à *operação (ou produção)* e à *inovação.*

As *capacidades tecnológicas operacionais (ou de produção)* referem-se àquelas que permitem às empresas usar ou adotar tecnologias e sistemas de produção existentes, ou seja, são os recursos necessários para realizar atividades de produção de bens ou serviços com dado grau de eficiência. Já as *capacidades tecnológicas inovadoras* possibilitam às empresas implementar diferentes tipos e graus de atividade inovadora, estando relacionadas com os recursos necessários para gerir e gerar mudanças tecnológicas, em termos de inovações em processos, produtos, sistemas técnico-físicos, serviços e na organização.

Dessas capacidades, provém a diferença, por exemplo, entre uma empresa capaz de manufaturar um *smartphone* e outra que, além de fabricar, pode desenvolver o *software* do aparelho móvel, entre uma empresa que monta automóveis e outra capaz de projetá-los e desenvolvê-los, ou entre um país com capacidade tecnológica para lançar foguetes, como a Índia, e outro que não tem a mesma capacidade, como o Brasil. Reitera-se que é importante distinguir entre uma operação avançada tecnologicamente, como no caso de uma empresa que *opera* maquinário ou sistema de produção de última geração, e atividades que *alteram, inovam* ou *criam* novas tecnologias e sistemas de produção. A realização de cada uma dessas atividades tecnológicas implica a acumulação de *capacidades distintas* em nível de empresas e indústrias. Consequentemente, os investimentos empresariais — e as políticas públicas — relativos ao desenvolvimento de capacidades tecnológicas operacionais e de inovação são significativamente diferentes.

Figura 2.1

Modelo analítico do livro

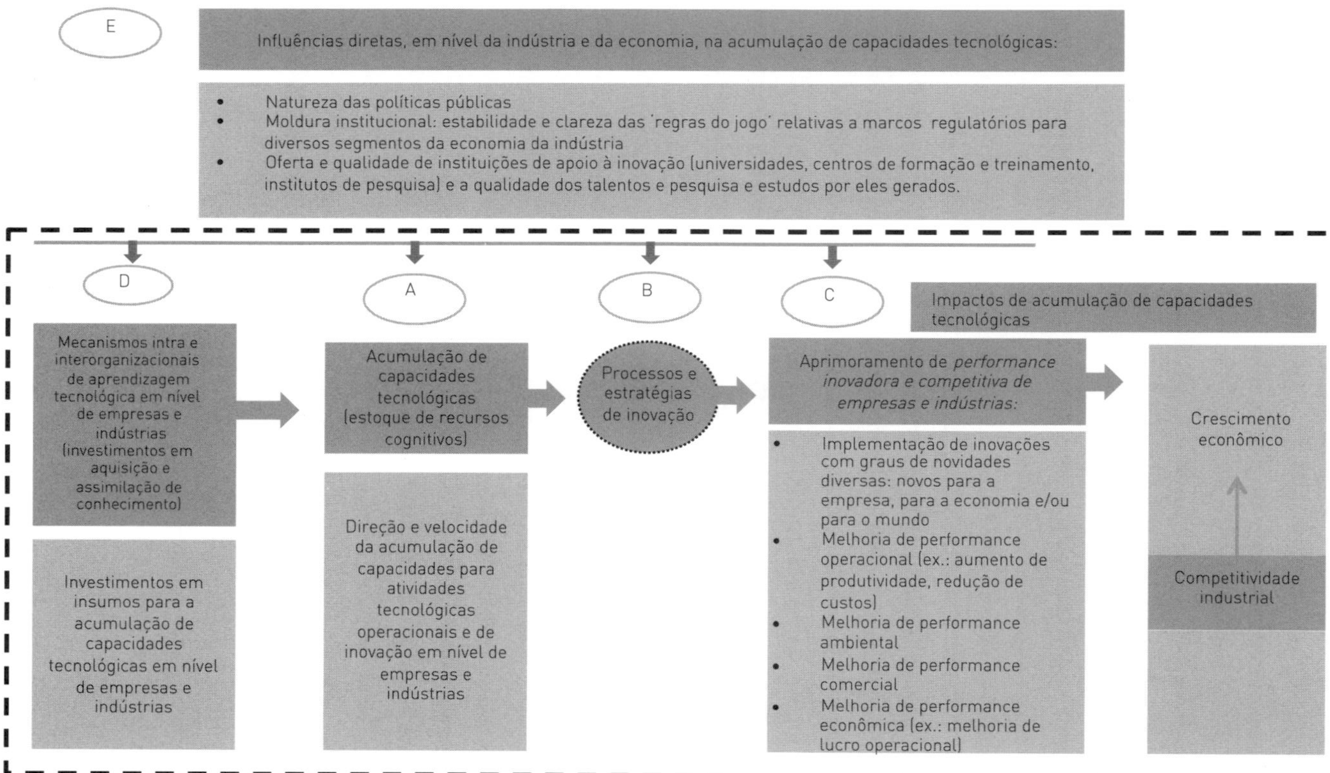

Fonte: Adaptada de Bell e Figueiredo (2012) e Figueiredo (2015).

D: *Mecanismos de aprendizagem tecnológica (intra e interorganizacionais).* Referem-se aos vários mecanismos pelos quais as empresas formam ou constroem e acumulam suas capacidades tecnológicas para produção e inovação. Em outras palavras, a "aprendizagem" é aqui considerada insumo fundamental para a geração de capacidades tecnológicas nas empresas e sua indústria. Portanto, se as empresas realizam esforços e investimentos limitados ou ineficazes em aprendizagem tecnológica, seu processo de acumulação de capacidades tecnológicas é lento e restrito em níveis limitados e inferiores de capacidade tecnológica para produção e, principalmente, inovação. Esforços limitados e/ou ineficazes em processos de aprendizagem tecnológica podem, ainda, truncar, estagnar ou mesmo regredir o processo de acumulação de capacidades tecnológicas de empresas. Isso conduziria a uma involução do desenvolvimento industrial e perda de liderança industrial, tanto em nível de indústrias (setores industriais) quanto de países. Diferentemente, esforços intensivos e eficazes em processos de aprendizagem tecnológica possibilitam que empresas de economias em desenvolvimento acumulem capacidades tecnológicas a ponto de alcançar posições competitivas e de liderança na fronteira tecnológica internacional. Podem, com isso, desafiar líderes industriais globais, tanto tecnológica quanto comercialmente. Portanto, aprendizagem, no sentido de formação e aprofundamento das capacidades para inovar, é consciente, deliberada e não automática e passiva.

Este livro vale-se de evidências relativas a *esforços de aprendizagem*, dentro de empresas individuais, por meio do uso de mecanismos de aprendizagem de dois tipos: *internos* (geração interna de conhecimento) e *externos* (aquisição externa de conhecimento) *à empresa*. Ambos envolvem, por exemplo, aquisições de conhecimento via contratação de profissionais, vários tipos de treinamento para adquirir conhecimento para inovação, assim como mecanismos de aprendizagem para assimilar ou absorver os vários tipos de conhecimento obtidos externamente para a realização de atividades inovadoras.

C: *"Impactos" da acumulação de capacidades tecnológicas.* Por meio da acumulação de capacidades tecnológicas inovadoras, as empresas podem implementar estratégias e processos de inovação. Os "impactos" de capacidades inovadoras e de aprendizagem serão examinados conforme seu efeito sobre o desempenho das empresas e da indústria. A forma como as empresas acumulam suas capacidades tecnológicas é algo que impacta sua *performance* competitiva. Especificamente, o alcance de *performance* distintiva está associado aos tipos e níveis de capacidade tecnológica que as firmas acumulam. Estes permitem a elas implementar atividades de produção e, principalmente, de inovação. Como a inovação agrega valor a produtos e serviços, possui impacto direto no crescimento da indústria e da economia. Por meio da inovação, podem-se ampliar mercados, criar demandas novas, antecipar-se a demandas do mercado e, consequentemente, conquistar e assegurar mercados internos e internacionais. Desse modo, a acumulação de capacidades tecnológicas, especialmente as inovadoras, impacta no alcance, sustentação e ampliação da competitividade industrial. Portanto, em nível de empresas e indústrias, constitui insumo fundamental para o crescimento industrial e econômico. Entre os indicadores de desempenho, serão examinados: (*i*) produtividade do trabalho e do capital; (*ii*) capacidade para exportar; (*iii*) implementação de atividades derivadas da capacidade inovadora e da aprendizagem.

E: *Influências indiretas, em nível da indústria e da economia, na acumulação de capacidades tecnológicas de empresas.* Sabe-se do importante papel exercido pelas estruturas institucionais no processo de desenvolvimento tecnológico e industrial de uma nação. Apesar de o processo de inovação ocorrer em nível de empresa, as universidades e institutos de pesquisa apoiam-no de várias formas: fornecendo capital humano qualificado, complementando atividades de pesquisa demandadas pela indústria e gerando ciência que pode ser utilizada pela indústria, embora não haja linearidade. Em outras palavras, a produção de ciência nas universidades e institutos públicos de pesquisa não significa necessariamente a geração de inovação industrial e, em vários casos, a inovação industrial não depende da ciência produzida em universidades.

Trata-se aqui das políticas, em nível federal, estadual e local, desenvolvidas intencionalmente, isto é, regulamentos, leis, normas, regras do jogo, instruções de política e programas que possuem objetivos implícitos e explícitos de influenciar no desenvolvimento da Ciência, Tecnologia e Inovação (CT&I). As regularidades do comportamento incluídas nas orientações de políticas, normas, regras, leis e rotinas podem criar incentivos positivos ou negativos, que estimulam ou inibem o progresso tecnológico nas empresas selecionadas e o progresso industrial nas empresas e setores industriais selecionados.

Especificamente, é útil classificar as políticas públicas em duas dimensões: quanto ao seu tipo — provisão de bens públicos ou intervenções no mercado — e quanto à sua transversalidade — vertical (limitada a alguns poucos setores) ou horizontal (de alcance setorial mais amplo). Prover educação de qualidade, investir em infraestrutura, garantir direitos de propriedade e reduzir a burocracia nos negócios são exemplos de políticas horizontais na provisão de bens públicos. Criar universidades de engenharia, por exemplo, implica a provisão de bens públicos, mas de natureza vertical, pois atende a determinados setores (eletrônicos, por exemplo), mas não a outros. Por sua vez, existem políticas que distorcem os preços relativos de setores específicos (subsídios e proteção comercial para determinados setores). Finalmente, há intervenções de mercado que buscam atingir determinadas atividades (subsídios para P&D, para treinamento de mão de obra e para investimento em capital, por exemplo) e não certos setores. Neste livro, foca-se a relação entre as variáveis A, B, D e C. Embora se reconheça sua relevância, faz-se apenas breve referência à variável E. Essa é uma das limitações deste documento.

2.3 Operacionalização dos constructos

2.3.1 Capacidade tecnológica

Este livro emprega uma abordagem comprovada e adotada nos estudos de acumulação de capacidades tecnológicas em nível de empresas de economias emergentes. Essa abordagem tem como fundamento a aquisição direta de evidências descritivas sobre as atividades tecnológicas das empresas. Em outras palavras, baseia-se em dados sobre as *atividades que as empresas são, de fato, capazes de realizar tecnológica, individualmente e/ou em parcerias*. Evidências sobre essas atividades são posteriormente classificadas de acordo com níveis progressivamente mais elevados de novidade e complexidade. A partir disso, podem-se inferir os níveis de capacidade tecnológica das empresas, à luz da escala constante na figura 2.1. Essa classificação normalmente envolve sequências que se iniciam nos níveis de capacidade de produção até os níveis de capacidade inovadora.

Para *medir os tipos e os níveis de capacidade das empresas*, este livro trabalha com uma escala de níveis ou estágios de capacidade tecnológica. Isso é importante exatamente para entender até que ponto e como empresas e setores industriais estão se movendo ao longo desse gradiente. Um dos principais objetivos de políticas públicas que venham a se valer do tipo de conhecimento obtido com este livro pode perfeitamente ser o de que o Brasil evolua para um elevado nível de atividades de P&D e patentárias (o lado extremo direito da figura 1.6). Contudo, para que se caminhe nessa direção, é indispensável entender como e até que ponto os níveis anteriores de capacidade tecnológica são construídos e acumulados. Na maioria dos casos, os níveis anteriores podem ser uma precondição para a construção e acumulação de níveis de capacidade tecnológica baseados em P&D e patentes de classe mundial.

A figura 2.1 fornece um exemplo ilustrativo que faz distinção entre os quatro níveis de capacidade para inovação (integrando as dimensões técnica e organizacional), os quais variam de capacidades para inovação básica (para adaptações menores etc.) até capacidade para inovação em nível de liderança mundial, que pode levar à superação de líderes globais na indústria. Esse modelo foi utilizado no estudo subjacente a este livro para estruturar a coleta de evidências, bem como para analisar a natureza das trajetórias de acumulação de capacidades tecnológicas nas empresas estudadas. A escala apresentada alinha-se à perspectiva ampliada de inovação representada na figura 1.6. Especificamente, os níveis de capacidade tecnológica da figura 2.2 são subjacentes aos níveis de atividades inovadoras da figura 1.6.

Figura 2.2

Escala de níveis de capacidade tecnológica (versão simplificada)

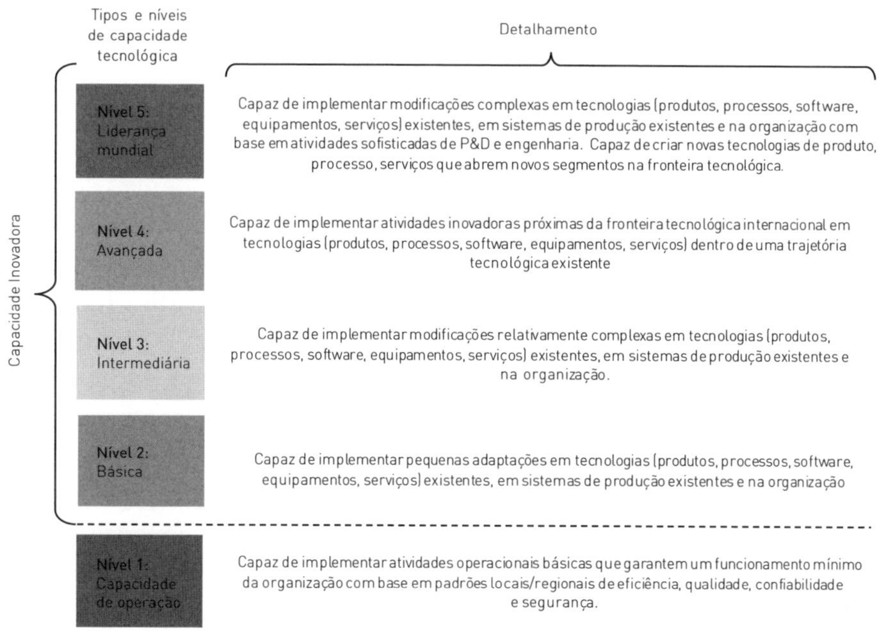

Fonte: Adaptada de Lall (1992), Bell e Pavitt (1995), Figueiredo (2001, 2002, 2011, 2015), Figueiredo e Andrade (2009), Bell e Figueiredo (2012) e Figueiredo e Piana (2017).

Convém mencionar que, a fim de evitar avaliações de natureza "subjetiva" acerca dos níveis de capacidade tecnológica alcançados pela empresa em estudo, a avaliação com base na escala da figura 2.2 foi substanciada, no âmbito do estudo subjacente a este livro, por evidências concretas (fatos), particularmente de natureza qualitativa, que comprovam se ela é capaz ou não de realizar certa atividade tecnológica, com determinado grau de novidade e complexidade. É importante esclarecer que, no que diz respeito à aplicação da taxonomia para exame de capacidades tecnológicas: (*i*) esta não pressupõe que todas as unidades de uma mesma empresa necessariamente se capacitam em uma sequência linear; (*ii*) tampouco pressupõe que as capacidades sejam acumuladas e sustentadas (ou debilitadas) ao mesmo tempo e à mesma velocidade para as diferentes funções tecnológicas; (*iii*) para certa função ou área tecnológica (por exemplo, processo, produto, engenharia de projeto), podem-se alcançar níveis profundos de capacidade tecnológica, enquanto, em outra, acumular um nível mais superficial; (*iv*) é possível uma empresa acumular partes de certas capacidades inovadoras sem que a acumulação de suas capacidades operacionais esteja consolidada, o que é denominado acumulação incompleta; (*v*) é possível ocorrer enfraquecimento (ou mesmo perda) de capacidades inovadoras já acumuladas ou reversão tecnológica. Assim, a taxonomia não pressupõe linearidade, nem homogeneidade em termos de acumulação de níveis de capacidade para funções ou atividades tecnológicas específicas.

A aplicação desse sistema de mensuração de capacidades tecnológicas tem estado presente no Programa de Pesquisa em Aprendizagem Tecnológica e Inovação Industrial da Ebape/FGV desde 1999. Já foram realizados mais de 20 estudos em nível de empresas e demais organizações, em vários setores industriais ao redor do Brasil, gerando resultados extremamente reveladores sobre capacidades tecnológicas para inovação em diferentes setores industriais e regiões do Brasil. O sistema também tem sido amplamente aceito e aplicado pela comunidade científica internacional. O reconhecimento reflete-se em seu uso em vários estudos publicados em prestigiadas revistas científicas internacionais, assim como em iniciativas de políticas e estratégias de desenvolvimento industrial.

Esclarece-se que não se está sugerindo aqui qualquer tipo de superioridade dessa abordagem para exame de capacidades tecnológicas empresariais sobre a abordagem à base de *surveys* de inovação. Esta adota uma perspectiva macro ou agregada que permite, metaforicamente falando, obter uma visão da "floresta", enquanto a abordagem baseada em tipos e níveis de capacidade tecnológica *nas* empresas fornece uma perspectiva de "árvores" específicas ou de um grupo ou espécies de uma floresta. São abordagens complementares, ambas importantes para o desenho e implementação de estratégias empresariais e governamentais de inovação industrial, assim como para decisões de investimentos em inovação.

Não obstante, uma perspectiva sobre o *processo* de acumulação de capacidades tecnológicas em nível de empresas de setores industriais específicos, tal como adotada neste livro, possibilita captar nuanças, pormenores e a dinâmica do processo de acumulação de capacidades tecnológicas. Tal nível de detalhe e profundidade nem sempre é possível de ser obtido por meio de estudos à base de desenho e métodos agregados. Possibilita, também, verificar a dinâmica de acumulação de capacidades para funções ou atividades tecnológicas específicas para produção e inovação entre empresas e/ou outras organizações da mesma indústria ou diferentes e mesmo dentro da mesma empresa, como aqui realizado.

Mais especificamente, uma abordagem dessa natureza, ainda pouco explorada em larga escala no Brasil, permite a captação de nuanças, especificidades empresariais, setoriais e regionais do processo de acumulação de capacidades tecnológicas. Torna-se de crucial importância como clarificadora, iluminadora e apoiadora do processo de desenho, redesenho, implementação e ajuste de estratégias de desenvolvimento de capacidades tecnológicas em empresas na indústria. Serve, portanto, como uma perspectiva complementar à abordagem em nível agregado. Por sua simplicidade, associada ao seu nível de detalhe e rigor analítico e de aplicação, também pode ser empregada pela própria empresa por meio de iniciativas de seus gerentes, como um exercício de autoavaliação de sua capacidade tecnológica.

2.3.2 Mecanismos de aprendizagem tecnológica

Na seção anterior, apresentaram-se as capacidades tecnológicas como um estoque de recursos associados a conhecimento tecnológico. É por meio delas que as empresas e outras organizações, assim como países, podem realizar suas atividades relacionadas com a *produção* de bens e serviços e diferentes tipos e graus de *inovação* em bens e serviços. As capacidades tecnológicas são construídas e acumuladas por meio de *processos de aprendizagem tecnológica*. Logo, enquanto constituem um *estoque de recursos* — também chamado ativo cognitivo ou estratégico —, a aprendizagem é um processo, constituído por vários fluxos de conhecimentos externos e internos, que permitem que organizações e países acumulem suas capacidades tecnológicas.

A aquisição de conhecimento externo, tácito e codificado é um dos principais mecanismos usados por empresas de economias emergentes para criar e acumular suas capacidades tecnológicas. A eficácia de tal estratégia, todavia, depende da habilidade das empresas de criar uma base organizacional que facilite a absorção interna dos recursos alavancados (por exemplo, tecnologias de produto e processo, conhecimento tácito e explícito/codificado). Esses são os mecanismos pelos quais a empresa adquire conhecimento tácito e/ou codificado de diferentes fontes externas mediante seus indivíduos (como adquirir especialidades de fora, treinamento no exterior, assistência técnica, participação em conferências e redes de conhecimento). Alguns exemplos de mecanismos interempresariais de aprendizagem que incorporam conhecimento de fontes dispersas externamente para dentro da empresa são mostrados no quadro 2.1.

Esforços para aquisição de conhecimento externo precisam ser complementados pela capacidade de absorver conhecimento e habilidades adquiridos externamente. Isso reflete a importância da integração da aprendizagem externa e interna no processo de constituição de capacidade inovadora, o que, por sua vez, é consistente com os vários estudos que apontam a importância dos esforços de aprendizagem interna para trazer o conhecimento adquirido externamente para dentro da capacidade das próprias empresas para realizar diferentes tipos de atividade inovadora. Tais esforços são referenciados aqui como mecanismos de aprendizagem internos. Alguns exemplos ilustrativos de mecanismos intraorganizacionais para internalizar, compartilhar (ou socializar), codificar, integrar e coordenar conhecimento alavancado de fora da empresa são indicados na parte inferior do quadro 2.1.

Especificamente, por meio desses mecanismos de aprendizagem internos, profissionais adquirem conhecimento para realizar diferentes atividades dentro da empresa (como mediante rotinas diárias e/ou se engajando em melhorias de processos e organização da produção existente, equipamentos e produtos). Quando primeiramente é adquirido pelo indivíduo, tal conhecimento é tácito. Isso pode subsequentemente ser codificado, mas a extensão pela qual ocorre está longe de ser dada; a codificação é, portanto, identificada aqui como uma dimensão variável do aprendizado subjacente ao processo de constituição da capacidade inovadora. Diferentes tipos de "aprender fazendo" e "aprender usando" podem contribuir para a aquisição de conhecimento tácito adicional por indivíduos ou grupos dentro da empresa. Assim, o envolvimento ativo com atividades internas conduz os indivíduos a entender os princípios subjacentes da tecnologia. Esse entendimento é a chave para as melhorias nos processos de produção e gerenciamento, uma vez que uma organização não pode melhorar aquilo que não compreende. As pessoas podem também adquirir conhecimento tácito dentro da empresa realizando rotinas e/ou atividades inovadoras, as quais tomam lugar não somente dentro dos laboratórios de P&D, mas também dos departamentos de engenharia e qualidade, laboratórios e linhas de produção (por exemplo, aprender por pesquisa e aprender por experimentação).

Quadro 2.1

Mecanismos de aprendizagem tecnológica examinados no livro

Mecanismos de aprendizagem			
Mecanismos intraorganizacionais		**Mecanismos interorganizacionais**	
Tipo	**Definição**	**Tipo**	**Potenciais parceiros**
1. Criação interna de conhecimento	Geração interna de conhecimento por meio de solução de problemas, tentativa e erro e experimentações.	1. Aprendizado com usuários líderes	1. Universidades e institutos de pesquisa locais
2. Compartilhamento interno de conhecimento	Grupos de trabalho para solução e estruturação de problemas, e para aumento de fluxo de conhecimento por meio de diferentes áreas funcionais.	2. P&D	2. Universidades e institutos de pesquisa internacionais
3. Integração interna de conhecimento	Esforços internos para integrar diferentes especialidades técnicas em torno de projetos comuns.	3. Contratação de profissionais	3. Fornecedores
4. Codificação de conhecimento	Esforços para tornar conhecimento técnico tácito em nível de indivíduos em conhecimento que pode ser compreendido e acessado por grupos e restante da organização.	4. Treinamento técnico com parceiros	4. Firmas competidoras
		5. Treinamento em programas educacionais formais	5. Consultorias
		6. Assistência técnica	6. Clientes
		7. Aquisição de conhecimento codificado	

Potenciais resultados que emergem do uso dos mecanismos de aprendizagem
1. Informações técnicas sobre processos existentes
2. Informações técnicas sobre produtos existentes
3. Melhorias e adaptações em processos existentes
4. Melhorias e adaptações em produtos existentes
5. Criação de novos processos
6. Criação de novos produtos
7. Criação de novos conhecimentos científicos
8. Patentes

Fonte: Adaptado de Figueiredo (2015) e trabalhos de campo deste estudo.

2.4 Estratégia e método da pesquisa

2.4.1 Panorama do desenho da pesquisa

À luz das questões a serem investigadas e da base analítica do livro, a implementação da metodologia envolveu um exame intra e intersetorial e em nível de empresas, com cobertura ao longo do período de 2002 a 2015. Essa cobertura permitiu captar nuanças e mudanças ao longo do tempo nas questões a serem examinadas, ou seja, a dinâmica do processo de acumulação de capacidades tecnológicas e seu impacto na competitividade industrial. A pesquisa subjacente a este livro é baseada em evidências empíricas primárias colhidas diretamente da indústria (em nível de setores industriais e empresas), por meio da aplicação de questionários combinada com trabalhos de campo. Essas evidências foram complementadas por dados secundários de fontes oficiais industriais e governamentais.

No intuito de aumentar o potencial de impacto a ser gerado por esta pesquisa na sociedade e sua aplicabilidade, uma de suas características marcantes é a forte conexão e interação com *tomadores de decisão (indústria e governo), que foram integrados ao processo da pesquisa desde a etapa inicial.* Para isso, foram realizados *workshops* com gestores empresariais, tanto de empresas produtoras quanto fornecedoras das indústrias pesquisadas, gestores governamentais, dirigentes de associações industriais e agências reguladoras, pesquisadores de universidades e institutos de pesquisa. Todos esses atores discutiram com seus pares as principais questões prementes e as necessidades em nível empresarial, de indústria e governamental concernentes à inovação e à competitividade industrial. Assim, o estudo do qual este livro deriva baseia-se numa forte interação com empresas e outras instituições vinculadas aos respectivos setores; esse é outro grande diferencial em relação a pesquisas mais convencionais sobre inovação. Cinco *workshops* já foram realizados, reunindo a equipe de pesquisadores e representantes das empresas de quatro dos setores examinados no estudo.

2.4.2 Seleção dos setores industriais estudados

Considerando que o Brasil possui uma indústria de transformação relativamente diversificada, seria demasiadamente ambicioso realizar uma cobertura ampla de setores industriais. Por isso, este estudo concentrou-se em cinco setores industriais no Brasil: celulose e papel, petróleo e gás, etanol, aço e mineração. Dentro de cada um, foram examinadas empresas de tamanhos variados, que, conjuntamente, representam cerca de 80% do setor em termos de produção e faturamento. Foram consideradas ligações tecnológicas entre as empresas estudadas e seus principais fornecedores, assim como com consultorias especializadas, universidades e institutos de pesquisa.

Os primeiros setores abordados pela pesquisa são os de etanol e papel e celulose, assim como de aço e mineração. O trabalho de campo foi conduzido por meio de detalhados questionários, além de entrevistas com empresas selecionadas. Em cada um deles, a pesquisa foi realizada com amplas amostras de empresas, incluindo fornecedores e instituições de pesquisa científica ligados àquelas atividades. No caso dos dois primeiros setores, as amostras têm aproximadamente 30 a 40 firmas.

2.4.3 Processo de coleta de dados

2.4.3.1 Realização de *workshops*: relevância e metodologia

Ao longo deste projeto, realizaram-se cinco *workshops* de pesquisa, com o objetivo de aumentar a aplicabilidade prática da pesquisa por meio do envolvimento dos tomadores de decisão (indústria e governo) desde a etapa inicial do projeto. Nesses *workshops*, os tomadores de decisão assimilaram a abordagem e os propósitos da pesquisa. Em paralelo, compartilharam, em conjunto com seus pares, as principais questões prementes e necessidades em nível empresarial, de indústria e governamental concernentes à inovação e competitividade industrial. Ao todo, foram envolvidos 109 participantes influentes em suas respectivas áreas. Todos os *workshops* foram realizados na FGV — Unidade Candelária. A tabela 2.1 apresenta um panorama sintético dos *workshops* realizados.

Tabela 2.1
Panorama sintético dos *workshops*

Setor	Data	Número de participantes
Sucroenergético	25 de agosto de 2015	15
Floresta industrial, celulose e papel	28 de agosto de 2015	20
Mineração	10 de março de 2016	24
Siderurgia	11 de março de 2016	25
Petróleo e gás	10 de junho de 2016	25
Total de participantes		**109**

Fonte: Os autores.

Sua realização e a interação com os participantes proporcionaram benefícios importantes à pesquisa, tais como:

(1) Ampliação do entendimento de atores importantes da indústria e da sociedade brasileira sobre a importância da inovação tecnológica para o desenvolvimento industrial e econômico no Brasil.
(2) Aproximação ainda maior da FGV com áreas importantes da indústria, governo e academia em torno de questões industriais relevantes.
(3) Melhor entendimento por parte dos participantes convidados dos propósitos e métodos desta pesquisa.
(4) Sugestões iniciais dos participantes sobre as mudanças necessárias nas políticas públicas existentes.
(5) Melhor compreensão dos pesquisadores em relação aos problemas e demandas das indústrias e políticas públicas.
(6) Abertura de caminho para a obtenção de evidências fundamentais para a realização da pesquisa.

No intuito de tornar os *workshops* dinâmicos e fazê-los funcionar como fontes importantes de evidências e geradores de insumos significativos para a pesquisa, desenvolveu-se uma metodologia específica, como descrita a seguir:

(1) Para cada *workshop*, que, por sua vez, enfocou uma das indústrias estudadas, elaborou-se um conjunto de questões específicas para serem debatidas pelos participantes.
(2) Essas questões relacionaram-se às especificidades tecnológicas de cada indústria, bem como a indagações prementes em termos de desempenho inovador, capacidade competitiva e aspectos institucionais e de políticas públicas.
(3) O grupo de pesquisa organizou, de maneira prévia e deliberada, os participantes em grupos de discussão. Em cada grupo, combinaram-se gestores de empresas, empresários, com gestores governamentais e membros da academia.
(4) Essa composição deliberada dos grupos objetivou potencializar as discussões dirigidas em termos de gerar o máximo de rendimento possível para obtenção de informações sobre as indústrias em torno das questões da pesquisa e insumos para políticas públicas e estratégias empresariais.
(5) Cada *workshop* iniciou-se com a apresentação (pelos dois coordenadores) do propósito e desenho da pesquisa.

(6) Depois dessa apresentação, os grupos dirigiram-se para as salas de trabalho.
(7) Cada sessão de discussão durou em torno de 90 minutos.
(8) Em cada grupo de trabalho, havia a presença de um assistente de pesquisa, cujo papel era auxiliar na condução das atividades em termos de coordenação de tempo e conclusão das respostas.
(9) Adicionalmente, o papel do assistente de pesquisa no grupo objetivava colher o máximo possível de informações, sugestões, questões prementes etc.
(10) Após conclusão dos trabalhos nos grupos, todos os participantes voltaram para a sala principal para uma discussão conjunta das questões. Essa sessão era conduzida por um dos coordenadores.
(11) A sessão coletiva foi gravada e filmada para facilitar a obtenção de todos os aspectos e detalhes das contribuições.
(12) Todas as discussões e contribuições geradas em cada *workshop* foram registradas no documento *Memórias do workshop*, que foi de grande importância para o processo de coleta de dados, análise e interpretação.

Para a realização dos *workshops*, buscaram-se parcerias, informais e sem custo ao projeto, com associações da indústria — AçoBrasil, Associação Brasileira de Metalurgia, Materiais e Mineração (ABM) e Associação Brasileira das Empresas de Serviço de Petróleo (ABESPetro) — para auxiliar na identificação e no convite aos profissionais relevantes de cada indústria.

2.4.3.2 Realização de entrevistas

Após a realização dos *workshops*, iniciaram-se as atividades de coleta de dados junto às empresas selecionadas. Uma das atividades-chave foi a realização de entrevistas. Além das interações com os 109 participantes dos *workshops*, foram realizadas 34 entrevistas em profundidade com dirigentes das empresas selecionadas. O quadro 2.2 fornece um panorama das entrevistas realizadas.

O roteiro de entrevista foi ajustado para as especificidades de cada setor industrial estudado e validado por profissionais da indústria antes de sua aplicação. As entrevistas duraram em média duas horas e várias delas foram seguidas de visitas às instalações das empresas (planta, laboratórios etc.). Os pesquisadores foram muito bem recebidos nas empresas. O fato de elas terem participado dos *workshops* abriu caminho e facilitou o acesso à maioria. Grande parte das entrevistas foi gravada, após a autorização dos entrevistados. Posteriormente, todas foram transcritas para facilitar o processo de análise.

Quadro 2.2

Entrevistas realizadas nas empresas selecionadas (por indústria estudada)

Setor	Empresa	Data	Local	Cargo
Sucroenergético	Odebrecht	26/9/2015	Campinas (SP)	Diretor de Desenvolvimento de Processo
	São Marinho	2/10/2015	Iracemápolis (SP)	Assessor de Tecnologia Agronômica
	Petrobras	28/10/2015	Rio de Janeiro (RJ)	Ex-Diretor de Etanol da Petrobras Biocombustível
	Tonon Bioenergia	26/11/2015	Brotas (SP)	Gerente Industrial
	Glencane	3/12/2015	Junqueirópolis (SP)	Diretor Superintendente
Celulose e papel	Jari Celulose	25/9/2015	Barueri (SP)	Diretor Executivo
	Bignardi Papéis	25/9/2015	Jundiaí (SP)	Gerente de Tecnologia
	Celulose RioGrandense	2/10/2015	Guaíba (RS)	Diretor-Presidente/ Diretor Comercial
	Klabin	6/10/2015	São Paulo (SP)	Diretor Executivo de Planejamento, Projetos e Tecnologia
	International Paper	10/10/2015	Mogi Guaçu (SP)	Gerente Geral Florestal
	Carta Fabril	28/10/2015	Niterói (RJ)	Gerente Geral de Engenharia e Projetos
Mineração	Vale	2/5/2016	Rio de Janeiro (RJ)	Gerente de Parcerias e R&D
	Anglo American	11/5/2016	Belo Horizonte (MG)	Chefe de Propriedade Intelectual, Informação Técnica e Troca de Conhecimento
	CSN Mineração	13/5/2016	Congonhas (MG)	Diretor de Operações
	Votorantim Metais	17/5/2016	Belo Horizonte (MG)	Gerente de Tecnologia e Inovação
	Vallourec Mineração	20/5/2016	Brumadinho (MG)	Gerente de Produção

▶

Siderurgia	CSN	5/5/2016	Rio de Janeiro (RJ)	Gerente de Cilindros de Laminação
Siderurgia	Votorantim	6/5/2016	Rio de Janeiro (RJ)	Gerente de Produtos e Processos
Siderurgia	Sinobras	9/5/2016	Rio de Janeiro (RJ)	Gerente de Produção
Siderurgia	ArcellorMittal	17/5/2016	Vitória (ES)	Gerente de Pesquisas e Desenvolvimento
Siderurgia	Aperam	30/5/2016	Rio de Janeiro (RJ)	Gerente Executivo Centro de Pesquisa
Petróleo e gás	FMC Technologies	1/7/2016	Rio de Janeiro (RJ)	Diretor Comercial e Marketing
Petróleo e gás	GE	1/8/2016	Rio de Janeiro (RJ)	Diretor Executivo
Petróleo e gás	Schlumberger	2/8/2016	Rio de Janeiro (RJ)	Completions Manager
Petróleo e gás	Halliburton	10/8/2016	Rio de Janeiro (RJ)	Market & Business Analysis
Petróleo e gás	Subsea 7	11/8/2016	Rio de Janeiro (RJ)	Gerente de Tecnologia
Petróleo e gás	Weatherford	16/8/2016	Rio de Janeiro (RJ)	Gerente de Marketing
Petróleo e gás	Pipeway	6/9/2016	Rio de Janeiro (RJ)	Diretor Presidente
Petróleo e gás	Aker Solutions	8/9/2016	Curitiba (PR)	Gerente de Pesquisas e Desenvolvimento
Petróleo e gás	Technip	20/9/2016	Rio de Janeiro (RJ)	Presidente Região Brasil
Petróleo e gás	Shell	29/9/2016	Rio de Janeiro (RJ)	Diretor de Coordenação Upstream
Petróleo e gás	Chevron	3/10/2016	Rio de Janeiro (RJ)	Desenvolvimento de Negócios
Petróleo e gás	Tenaris	19/10/2016	Rio de Janeiro (RJ)	Diretor de Tecnologia e HSE
Petróleo e gás	Petrobras	31/10/2016	Rio de Janeiro (RJ)	Gerente de Conteúdo Local

Fonte: Os autores.

2.4.3.3 Aplicação dos questionários

Considerando a base conceitual e metodológica da pesquisa e os insumos colhidos durante os *workshops*, nas entrevistas, assim como em estudos anteriores, foram elaborados questionários para coleta de dados nas empresas selecionadas, cobrindo os temas do modelo analítico subjacente a este projeto de pesquisa, especificamente, a acumulação de capacidades tecnológicas (medidas aqui por meio de graus de atividade tecnológica), suas fontes (como os mecanismos intra e interorganizacionais de aprendizagem) e seus impactos (produtividade e inserção em mercados internacionais).

Na elaboração dos questionários, assim como do roteiro de entrevistas, a equipe do projeto levou em consideração as especificidades tecnológicas e de organização industrial de cada indústria estudada. Para garantir alto grau de confiabilidade e de validade das métricas de capacidades tecnológicas e dos correspondentes questionários, a métrica específica de capacidade tecnológica de cada setor estudado, bem como os questionários correspondentes, foi submetida à crítica e validação por especialistas das indústrias. Para isso, valeu-se da colaboração de profissionais que participaram dos *workshops* (gestores da indústria, pesquisadores de institutos de pesquisa e professores universitários). A tabela 2.2 fornece uma perspectiva sintética dos questionários enviados e respondidos.

Tabela 2.2
Demonstrativo sintético de aplicação dos questionários

Setor	Aplicação dos questionários		Questionários enviados (A)	Questionários respondidos (B)	(B)/(A)
	Início	Final			
Sucroenergético	6/10/2015	3/12/2015	32	16	41%
Celulose e papel	6/10/2015	9/12/2015	20	15	76%
Siderurgia	29/3/2016	8/6/2016	10	9	90%
Mineração	29/3/2016	1/9/2016	16	10	63%
Petróleo e gás	20/7/2016	1/11/2016	18	14	80%
Total			**103**	**64**	**62%**

2.5 Análise dos dados

O processo de análise dos dados coletados das fontes primárias usadas pela pesquisa desenvolveu-se de forma simultânea ao processo de coleta. À medida que se progrediu com as atividades dos *workshops* e das coletas de dados, por meio de entrevistas e questionários, avançou-se com as atividades de análise dos dados. Para isso, organizou-se um fluxo de trabalho dentro da equipe, que possibilitou a realização simultânea e os avanços dessas atividades no projeto. Após a coleta dos dados, por meio das entrevistas e questionários, a equipe realizou trabalhos de organização das evidências, normalização, validação e confirmação (via telefone e *e-mail*) de informações. Após essa etapa, as evidências foram cuidadosamente organizadas em tabelas específicas, a fim de prepará-las para o processo de análise.

O projeto envolveu quatro processos de análise:

(1) *Análises das evidências qualitativas*: utilizaram-se as práticas reconhecidas e amplamente validadas na literatura e nos estudos anteriores do Programa de Pesquisa em Aprendizagem Tecnológica e Inovação no Brasil da Ebape/FGV. As evidências foram obtidas por meio dos *workshops* e das entrevistas.

(2) *Análises estatísticas*: empregaram-se técnicas avançadas para as análises estatísticas dos temas cobertos pela pesquisa, no intuito de captar nuanças e dinâmicas do processo de acumulação de capacidades tecnológicas e explicar suas causas e consequências. As evidências para essa análise derivaram da aplicação dos questionários.

(3) *Análises econométricas*: no intuito de aumentar a robustez da pesquisa, realizaram-se análises econométricas das evidências obtidas por meio dos questionários.

(4) *Análise consolidada*: este processo envolveu a consolidação dos três processos de análise descritos anteriormente, a fim de obter uma concatenação lógica clara e uma interpretação consistente das evidências relativas a cada indústria estudada, à luz do modelo analítico da pesquisa. Envolveu diversas sessões de discussão e reflexão dentro da equipe do projeto, até obter uma interpretação realista, convincente e empiricamente substanciada.

É importante ressaltar que uma das novidades metodológicas deste projeto é a combinação, no mesmo estudo, de:

(1) Fontes diversas de evidências, bem como de técnicas para acessá-las.
(2) Evidências e análises qualitativas e quantitativas.
(3) Análises de cobertura ao longo do tempo das variáveis estudadas.

Finalmente, é importante destacar que o processo de análise, em função de sua natureza, não foi linear. Pelo contrário, envolveu atividades recursivas, que demandaram várias sessões de discussão e de reflexão entre os membros do projeto, além da implementação de diversas e exaustivas rodadas de testes estatísticos e econométricos, de distintas perspectivas, até que se obtivesse o maior nível possível de confiabilidade nos resultados. Fato similar ocorreu com o processo de análise das evidências qualitativas. Os resultados preliminares do estudo foram organizados e publicados na forma de *working papers* e *policy briefs*, os quais serviram de fonte para este livro.

2.6 Comentários finais

Já é sabido que o Brasil tem uma grande proporção de empresas nos níveis mais baixos de capacidade tecnológica. Dessa forma, se a ideia é promover um avanço significativo em termos de capacidade tecnológica e de produtividade da economia nacional, é bem possível que uma estratégia eficaz seja — mais do que tentar incentivar um punhado de empresas a chegar ao topo da escala — promover um maciço deslocamento de firmas do primeiro e segundo degraus (*capacidade operacional básica* e *capacidade operacional mundial*) para níveis progressivamente mais altos de *capacidade tecnológica inovadora* (na escala da figura 2.2).

Para tanto, políticas horizontais bem desenhadas podem ser uma escolha melhor do que fortes incentivos a um grupo pequeno de empresas escolhidas. A experiência internacional indica que é possível haver muita inovação, não necessariamente ligada à alta tecnologia, em setores que não são tradicionalmente vistos como inovadores. Esses setores podem ser, por exemplo, intensivos em recursos naturais, um segmento que foi fortemente enfatizado neste livro.

Uma das maneiras de contribuir para a clarificação dessas questões é a realização de exames detalhados da acumulação de capacidades tecnológicas de empresas e setores, tal como realizado neste livro. Com o objetivo de contribuir para estratégias empresariais e a formulação de políticas públicas, no nível de empresas, setores e economia nacional, o projeto subjacente ao livro reportou regularmente seus resultados e achados, por meio de uma série de relatórios, que darão sequência aos que já foram divulgados. Há também a intenção de avançar para a realização de um mapeamento mais geral e abrangente das capacidades tecnológicas da indústria brasileira como um todo, captando similaridades, diferenças e interações entre os diversos setores e os processos dinâmicos pelos quais eles se destacam ou não no panorama nacional.

Especificamente, os insumos, recomendações práticas e metodológicas a serem gerados pela pesquisa aqui proposta poderão contribuir para: (*i*) redesenho, reorientação e/ou aprimoramento de políticas industriais e de inovação voltadas à competitividade por governos, em nível federal, estadual e municipal; (*ii*) reorientação de ações industriais/empresariais de inovação e competitividade; (*iii*) aprimoramento do processo de gestão e inovação por setores industriais e empresas; (*iv*) avaliação dos diferentes impactos de políticas públicas voltadas à inovação e ao desenvolvimento industrial por governos e organizações não governamentais relacionadas com a indústria; (*v*) oferta de insumos para decisões relativas a investimentos de longo prazo em inovação e desenvolvimento industrial no Brasil.

Por fim, o estudo subjacente a este livro pode oferecer contribuições metodológicas que podem ser aplicadas por outras instituições para o exame dos diversos impactos da acumulação de capacidades tecnológicas para a competitividade de diferentes setores industriais da economia, assim como para o aprimoramento do processo de gestão da inovação orientado à competitividade.

Referências

BELL, M.; FIGUEIREDO, P. N. Building innovative capabilities in latecomer emerging market firms: some key issues. In: CANTWELL, J.; AMANN, E. (Ed.). *Innovative firms in emerging market countries*. Oxford: Oxford University Press, 2012. p. 24-99.

BELL, M.; PAVITT, K. The development of technological capabilities. In: HAQUE, I. U. (Ed.). *Trade, technology and international competitiveness*. Washington, DC: The World Bank, 1995. p. 69-101.

FIGUEIREDO, P. N. Does technological learning pay off? Inter-firm differences in technological capability-accumulation paths and operational performance improvement. *Research Policy*, v. 31, n. 1, p. 73-94, 2002.

____. *Gestão da inovação*: conceitos, métricas e experiências de empresas no Brasil. 2. ed. Rio de Janeiro: LTC, 2015.

____ *Technological learning and competitive performance*. Cheltenham: Edward Elgar, 2001.

____. The role of dual embeddedness in the innovative performance of MNE subsidiaries: evidence from Brazil. *Journal of Management Studies*, v. 48, n. 2, p. 417-440, 2011.

____; ANDRADE, R. F. Dinâmica da acumulação de capacidade tecnológica e inovação em subsidiárias de empresas transnacionais (ETNs) em economias emergentes: a trajetória da Motorola Brasil. *Revista de Administração e Inovação*, v. 5, n. 3, p. 73-92, 2009.

____; PIANA, J. Innovative capability building and learning linkages in knowledge-intensive service SMEs in Brazil's mining industry. *Resources Policy*, v. 54, n. 4, p. 1-13, 2017.

LALL, S. Technological capabilities and industrialization. *World Development*, v. 20, n. 2, p. 165-186, 1992.

CAPÍTULO 3

Acumulação de capacidades tecnológicas, mecanismos de aprendizagem e competitividade na indústria de mineração no Brasil

3.1 Introdução

Este capítulo tem como objetivo examinar a relação entre os mecanismos de aprendizagem e a acumulação de capacidades tecnológicas das empresas de mineração estudadas, assim como examinar as implicações dessa acumulação para a competitividade das empresas. Assim, será mostrado que empresas de uma mesma indústria, no caso, a mineração, possuem diferentes níveis de capacidade tecnológica acumulados, bem como que os processos de aprendizagem exercem influência nessas diferenças entre as empresas. O capítulo baseia-se em evidências de 12 empresas da indústria de mineração no Brasil, relativas ao período de 2003 a 2014.

Segundo o senso comum, a mineração tem sido considerada uma indústria na qual existem baixas oportunidades para inovação e aprendizagem. Ainda, assume-se que nela ocorreriam apenas inovações com baixa intensidade tecnológica. Adicionalmente, argumenta-se que essas empresas realizam escassas interações com outras organizações, como institutos de pesquisa, universidades, fornecedores etc. Em outras palavras, tende-se a rotular a indústria de mineração como um enclave, porém as evidências deste capítulo contradizem essas generalizações comuns e negativas.

O restante deste capítulo está organizado da seguinte maneira: a seção 3.2 descreve algumas das principais características e aspectos tecnológicos da indústria de mineração; a seção 3.3 examina os padrões de acumulação de capacidades tecnológicas das empresas estudadas; a seção 3.4 apresenta as implicações do uso de mecanismos de aprendizagem internos e externos às empresas para os níveis de capacidade tecnológica acumulados; a seção 3.5 discute possíveis relações entre acumulação de capacidades tecnológicas e competitividade; por fim, a seção 3.6 traz as principais conclusões do capítulo.

3.2 Breve panorama da indústria de mineração

A indústria de mineração compõe-se de etapas distintas e com desafios tecnológicos próprios. Eles se tornam maiores na medida em que os desafios de manter bons níveis de produtividade são intensificados por variações bruscas nos preços internacionais dos minérios e pela perspectiva geral de que todas as jazidas já estão mapeadas.

Ela pode ser descrita por pelo menos três áreas tecnológicas, a saber: pesquisa e prospecção, lavra e processamento mineral, cada qual contemplando um dado conjunto de atividades com diferentes graus de complexidade tecnológica que são realizadas por todas ou algumas empresas dessa indústria. Há organizações que realizam atividades do menor até o maior nível de complexidade em cada uma dessas áreas, isto é, possuem diferentes níveis de capacidade tecnológica. Além disso, podem se tornar capazes, ao longo do tempo, de realizar atividades cada vez mais complexas em uma ou em todas as áreas tecnológicas. As empresas estudadas na pesquisa subjacente a este livro realizam atividades nas três áreas tecnológicas referidas; algumas possuem departamentos dedicados para cada área e outras não.

Resumidamente, a mineração subdivide-se em categorias — metálicos, não metálicos e minerais energéticos —, que se subdividem em subcategorias, conforme descrito no quadro 3.1. É importante observar que minério e mineral não possuem o mesmo significado. Mineral é todo corpo inorgânico de composição química e propriedades físicas definidas encontrado na crosta terrestre, enquanto minério é toda rocha constituída por um mineral ou agregado de minerais, contendo um ou mais minerais valiosos, podendo ser aproveitada economicamente. O mineral, ou conjunto de minerais não aproveitados de um minério, é denominado ganga (Luz e Lins, 2010), sendo os bens minerais que possuem valor econômico e são extraídos por dada mineradora.

Esta pesquisa enfatizou os minerais "metálicos". As empresas estudadas centram suas operações em minério de ferro, zinco, níquel e cobre. Em termos agregados, no Brasil, o minério de ferro destaca-se: representou 75% da exportação mineral brasileira em 2014 (Ibram, 2015), sendo o bem mineral mais relevante da receita operacional de uma das empresas estudadas (51% da receita operacional da Vale em 2014) (Vale, 2015).

Quadro 3.1

Indústria de mineração e bens minerais: classificação

Categoria	Subcategoria	Exemplos
Metálicos	Metais ferrosos	Ferro, manganês, cromo e níquel.
	Metais preciosos	Ouro, prata, platina, ósmio, irídio e paládio.
	Metais não ferrosos	Cobre, alumínio, zinco, chumbo e estanho.
	Minerais de metais raros	Nióbio, escândio, índio, germânio, gálio etc.
Não metálicos	Minerais cerâmicos e refratários	Argila, feldspato, caulim, quartzo, magnesita, cromita, grafita, cianita, dolomita, talco etc.
	Minerais isolantes	Amianto, vermiculita, mica etc.
	Minerais fundentes	Fluorita, calcário, criolita etc.
	Materiais abrasivos	Diamante, granada, sílica, coríndon etc.
	Minerais de carga	Talco, gipsita, barita, caulim, calcita etc.
	Minerais e rochas para a agricultura	Fosfato, calcário, sais de potássio, feldspato, flogopita, zeólita etc.
	Minerais de uso ambiental	Bentonita, atapulgita, zeólita, vermiculita etc.
	Gemas ou pedras preciosas	Diamante, esmeralda, safira, turmalina, topázio, águas marinhas etc.
	Águas minerais e subterrâneas	
Minerais energéticos	Radioativos	Urânio e tório.
	Combustíveis fósseis	Petróleo, turfa, linhito, carvão e antracito.

Fonte: Os autores (2018).

Além dessa classificação (quadro 3.1) que tange ao minério, há outra relativa à indústria de mineração. De acordo com o *International standard industrial classification of all economic activities* (Isic) (UN, 2008), seção B (exploração de minas e pedreiras ou indústria extrativa), essa indústria inclui a extração de minerais que ocorrem naturalmente, como sólidos (carvão e minérios), líquidos (petróleo) ou gases (gás natural). Envolve também atividades complementares que visam a beneficiar os materiais brutos — por exemplo, britagem, moagem, limpeza, secagem, classificação, concentração de minérios, liquefação de gás natural e aglomeração de combustíveis sólidos. As atividades de mineração são classificadas em divisões, grupos e classes em função do principal minério produzido. Este capítulo não cobre petróleo e gás (UN, 2008) atividade abordada no capítulo 5.

A figura 3.1 descreve as áreas tecnológicas da indústria de mineração, à luz da classificação apresentada. Para a obtenção do minério, é necessário existir toda uma cadeia de produção em pesquisa e prospecção, lavra e processamento mineral, além de fundição e refino. Em cada uma dessas áreas, empresas podem acumular diferentes tipos e níveis de capacidade tecnológica.

Figura 3.1

Indústria de mineração: áreas tecnológicas delimitadas na pesquisa

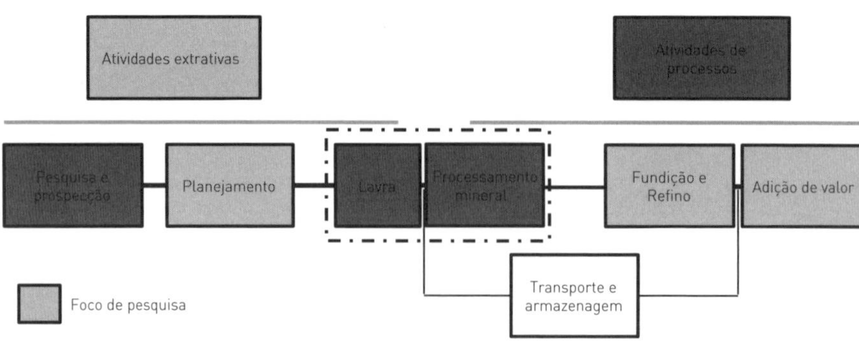

Fonte: Adaptada de Piana (2016).

Em pesquisa e prospecção, estão todas aquelas atividades que conduzem à descoberta de mineral, isto é, a execução de atividades necessárias para definição da jazida, sua avaliação e possibilidades de seu aproveitamento econômico. Para isso, precisa-se de diferentes conhecimentos, técnicas e ferramentas, como mineralogia, petrografia, geologia estrutural, cartografia, informática aplicada, geotectônica etc. Algumas atividades específicas de pesquisa em mineral podem ser citadas: levantamentos geológicos pormenorizados da área a pesquisar, abertura de escavações visitáveis e execução de sondagens no corpo mineral, análises físicas e químicas das amostras e dos testemunhos de sondagens, entre outras (Piana, 2016).

Lavra é a remoção do mineral a ser explorado economicamente da rocha matriz, podendo ocorrer a céu aberto (superfície) ou no subterrâneo, a depender da forma e profundidade do corpo de minério. Em processamento mineral, separa-se o mineral dos resíduos por remoção das impurezas, após o minério passar pelo processamento. O objetivo é modificar a granulometria, a concentração relativa das diferentes espécies minerais ou a forma. Algumas atividades podem ser citadas: briquetagem, sinterização e pelotização, que provocam alterações químicas, como a aglomeração de finos de minérios.

Não se pode perder de vista que o surgimento da Tecnologia da Informação (TI), no fim do século XX, possibilitou grande parte das inovações em áreas específicas na mineração. Por meio da TI, foram permitidas às empresas a utilização de quantidades muito maiores de dados no planejamento, programação e controle das operações (Barnett e Bell, 2011:1-8) e a integração de todas as atividades, desde a pesquisa e prospecção até o processamento mineral e transporte.

Ao longo dos anos, a indústria de mineração tem passado por grandes momentos de crescimento na produção global. Pelo menos dois deles podem ser destacados com um aumento substancial da produção, quando comparados aos períodos anteriores: o primeiro aconteceu após a Segunda Guerra Mundial e o segundo, a partir da década de 2000. O crescimento significativo na produção a partir dos anos 2000 deu-se pelo assim chamado *boom* da indústria global de mineração, caracterizado pelo aumento da demanda, dos preços e, portanto, dos níveis de lucro. Na figura 3.2, nota-se esse crescimento de minerais por países. Entre 1984 e 2013, em termos percentuais, houve destaque da Austrália (68%), Ásia (62%), América Latina (51%) e África (46%). Na América do Norte, o aumento da produção mineral foi menor (cerca de 10%). Ao contrário desses continentes, que obtiveram crescimento, a Europa reduziu a produção mineral em cerca de 40%.

Figura 3.2

Produção mundial de minerais por continente entre 1984 e 2013 — US$ milhões

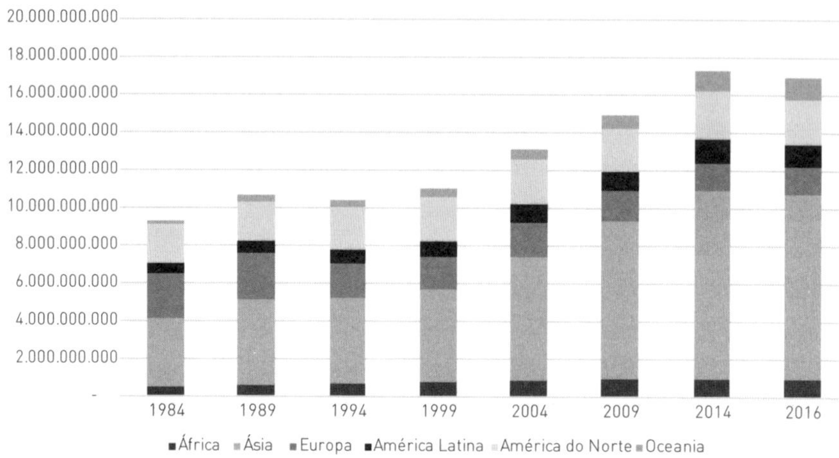

Fonte: Adaptada de Piana (2016).

A partir da década de 1990, a indústria de mineração passou por significativa reestruturação, com a desverticalização de suas atividades, incrementando *outsourcing* de várias atividades, como engenharia, serviços especializados e até mesmo P&D, com o envolvimento de diferentes parceiros (Scott-Kemmis, 2013; Urzúa, 2013). Sua renovação tecnológica expôs a possibilidade de um maior dinamismo em termos de produtividade e competitividade nos distintos elos da cadeia.

Essa reorganização contribuiu para o surgimento de fornecedores especializados em conhecimento intensivo (Kims, na sigla em inglês), ou seja, de fornecedores de serviços e produtos para investimentos em projetos em todas as etapas do processo de mineração (Scott-Kemmis, 2013; Urzúa, 2013). Também colaborou para a intensificação da inovação tecnológica, com a inclusão de novas áreas do conhecimento para melhorar as fases de pesquisa e prospecção e a diversificação da exploração mineral. Países como Chile, Austrália e África do Sul estabeleceram políticas específicas de estímulo para emergência e desenvolvimento de Kims. No Chile e na Austrália, as empresas de conhecimento intensivo em serviços de mineração realizaram interações de aprendizagem com empresas mineradoras e aprofundaram suas capacidades tecnológicas (Urzúa, 2013).

No Brasil, a participação da indústria de mineração na atividade econômica é notável. Em 2013, os bens minerais tiveram participação de 4% no PIB nacional. Além disso, a indústria brasileira de mineração tem desenvolvido capacidades tecnológicas a ponto de gerar inovações em escala mundial capazes de mover essa fronteira tecnológica internacional e de alavancar sua competitividade no país, como será mostrado neste capítulo.

Não obstante, a indústria brasileira de mineração tem enfrentado grandes desafios para manter níveis competitivos de custo e produtividade, tendo em vista o ritmo da demanda por minérios em cenários de complexidade de mineralogia e de variação dos preços. Buscar o aumento da capacidade tecnológica é fundamental para sustentar um processo de crescimento no setor de mineração no longo prazo. Ainda que restrito a alguns grupos empresariais, no Brasil pode ser identificado o desenvolvimento de redes de aprendizagem entre mineradoras, empresas fornecedoras — incluindo pequenas empresas — e universidades e institutos de pesquisa (Figueiredo e Piana, 2016:405-414). Nos anos pós-2000, a produção e o preço de bens minerais — como cobre, ouro, minério de ferro, níquel, zinco, prata, bauxita, entre outros — apresentaram crescimento expressivo. Em face da redução do preço dos minérios, de forma mais contundente em 2011, muitas empresas abandonaram projetos relacionados com Pesquisa, Desenvolvimento e Inovação (PD&I). É urgente compreender que a indústria de mineração tem muito a oferecer, como a formação de recursos humanos, desenvolvimento de fornecedores em serviços intensivos em tecnologia e incremento de efeitos de encadeamento com outras indústrias, assim como sua capacidade tecnológica inovadora pode gerar transbordamentos (*spill overs*) para outras áreas da indústria e da economia (Figueiredo e Piana, 2016:405-414).

3.3 Padrões de acumulação de capacidades tecnológicas e a competitividade da indústria de mineração no Brasil

Como dito, neste livro, padrão de acumulação de capacidades tecnológicas é definido como uma combinação de características similares para determinado grupo de empresas, em termos de acumulação de níveis de capacidade para áreas tecnológicas específicas durante determinado período.

3.3.1 Padrões de acumulação de capacidades tecnológicas na área de pesquisa e prospecção

Na figura 3.3, é possível reconhecer que as empresas produtoras, de 2003 a 2014, acumularam diferentes níveis de capacidade tecnológica, mesmo classificadas em grupos. Também é possível notar que organizações que compõem padrões, nos quais acumularam capacidades tecnológicas em níveis de inovação, como de liderança mundial, podem seguir realizando atividades típicas de níveis como capacidade inovadora intermediária e básica ou capacidade de produção.

Assim, tem-se: (i) *Padrão 1 Pesquisa e Prospecção*: evolução de capacidade de produção para inovadora básica, representando 20% das empresas estudadas; (ii) *Padrão 2 Pesquisa e Prospecção*: permanência em capacidade inovadora intermediária, representando 40% das empresas estudadas; (iii) *Padrão 3 Pesquisa e Prospecção*: evolução de capacidade inovadora intermediária a avançada, representando 20% das empresas estudadas; (iv) *Padrão 4 Pesquisa e Prospecção*: permanência em capacidade inovadora avançada e de liderança mundial, representando 20% das empresas da pesquisa. O padrão 4 engloba empresas com diferentes níveis de capacidade inovadora: uma delas é avançada e outra é de liderança mundial. Essa medida foi adotada porque os testes estatísticos realizados não podem ser feitos quando um padrão possui apenas uma empresa; logo, essas duas empresas foram agrupadas em um mesmo padrão de acumulação tecnológica.

Figura 3.3

Padrões de acumulação de capacidades tecnológicas em pesquisa e prospecção (2003-14)

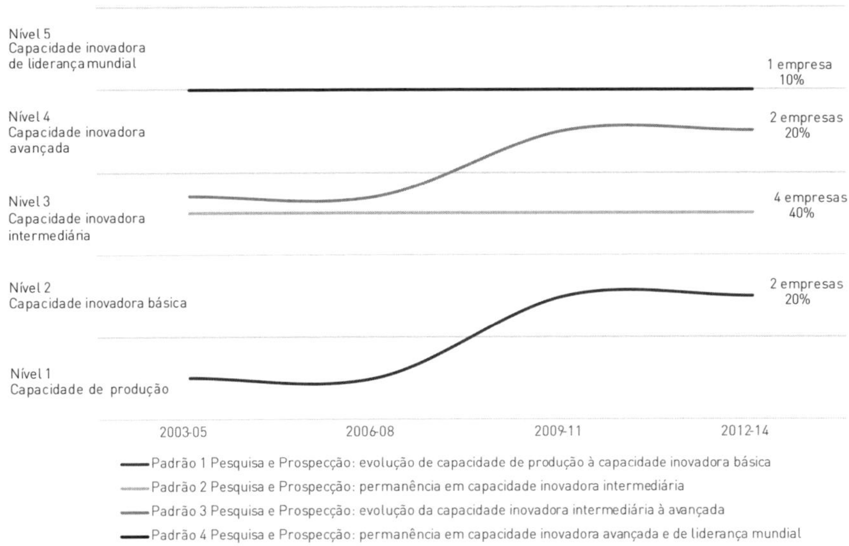

Fonte: Os autores (2018).

(i) Padrão 1 Pesquisa e Prospecção: evolução de capacidade de produção para inovadora básica

O Padrão 1 Pesquisa e Prospecção é composto por empresas que acumularam capacidade inovadora básica a partir da capacidade de produção, ao longo dos quatro triênios observados. Elas desenvolveram capacidade para implementar atividades de produção com base no uso de tecnologias e sistemas de produção existentes. A partir do triênio 2009-11, tornaram-se capazes de fazer pequenas alterações e melhorias em análise interpretativa de métodos de pesquisa e prospecção mineral, conteúdo programático de métodos de pesquisa, entre outras atividades. Assim, as empresas no padrão 1 ampliaram suas atividades inovadoras em pesquisa e prospecção e, a partir da reversão do cenário de alta dos preços das *commodities* minerais, reduziram a prioridade dessa área, dando espaço para prestação de serviços de terceiros.

(ii) Padrão 2 Pesquisa e Prospecção: permanência em capacidade inovadora intermediária

O Padrão 2 Pesquisa e Prospecção é composto por empresas que permaneceram, durante todo o período de análise da pesquisa, com capacidade inovadora intermediária. De maneira geral, foram capazes de fazer melhorias relativamente complexas em diferentes tecnologias, tais como: gerenciamento de projetos minerais, metodologias de prospecção e pesquisa mineral, *softwares* de avaliação de depósitos minerais e engenharia em equipamentos de prospecção e pesquisa mineral (por exemplo, sondas). Adicionalmente, buscaram permanecer atualizadas sobre a tecnologia em uso, bem como manter um bom planejamento na contratação desses serviços.

Algumas de suas atividades refletem esse nível de capacidade inovadora intermediária, como descrito por um dos gestores da empresa Alfa sobre a área de pesquisa e prospecção:

> A pesquisa funciona da seguinte maneira: você tem uma etapa da pesquisa, que é a sondagem; você tem um equipamento para fazer a perfuração. Para essa atividade, que a gente não faz de forma contínua, você define um período, do tipo: durante três anos eu vou fazer uma campanha de sondagem. Então não é uma atividade para a qual eu preciso ter equipamento próprio. No entanto, nós desenvolvemos o modelo geológico, construímos um histórico desse corpo de minério, portanto, onde está. Isso tudo *é realizado* aqui dentro da nossa empresa.

As empresas deste padrão realizaram atividades mais complexas nessa área tecnológica, na medida da disponibilidade de tecnologias específicas.

(iii) Padrão 3 Pesquisa e Prospecção: evolução de capacidade inovadora intermediária para avançada

O Padrão 3 Pesquisa e Prospecção é composto por empresas que acumularam capacidades inovadoras avançadas partindo da capacidade intermediária (figura 3.3). Capazes de realizar melhorias relativamente complexas em tecnologias existentes, passaram a desenvolver pesquisas baseadas em engenharia e/ou P&D para novos métodos de sondagem exploratória, análise de testemunhos e desafios específicos da prospecção mineral.

Quando, a partir de 2006-08 até 2012-14, acumularam capacidades tecnológicas até o nível avançado, tornaram-se capazes de fazer diferente do que vinham fazendo, podendo ditar tendências. Por exemplo, a empresa Delta realizava, em pesquisa e prospecção, atividades como modificações relativamente complexas de gerenciamento de projetos minerais e em metodologias de prospecção e pesquisa mineral. Também passou a fazer P&D aplicados a métodos de sondagem exploratória (por exemplo, perfuração e testemunhagem em sondagem diamantada, rotopercussiva, perfilagem geofísica e medida de propriedades físicas, como densidade, condutividade e raios gama).

(iv) Padrão 4 Pesquisa e Prospecção: permanência em capacidade inovadora avançada e de liderança mundial

O Padrão 4 Pesquisa e Prospecção é composto por empresas que se mantiveram capazes de realizar atividades compatíveis com níveis de capacidade tecnológica avançada e de liderança mundial. Contém duas empresas, cada uma delas tendo permanecido por todo o período de 2003 a 2014 com o mesmo nível de capacidade inovadora. Uma delas permaneceu estagnada no nível avançado nos últimos dois triênios, realizando atividades de P&D aplicados em métodos de análise de testemunhos (por exemplo, perfilagem geofísica, medidas de propriedades físicas), em métodos de sondagem exploratória etc. A outra, no entanto, manteve-se na fronteira tecnológica mundial e acumulou capacidade inovadora de liderança mundial, isto é, foi capaz de realizar P&D em nível da fronteira tecnológica internacional em processamento digital de imagens para prospecção mineral, processamento e interpretação de dados geofísicos terrestres e/ou aéreos e métodos de sondagem exploratória.

É interessante notar que ambas as empresas se destacam em comparação às do Padrão 1 Pesquisa e Prospecção, por exemplo, por terem assumido que o investimento constante nessa área tecnológica seria essencial. A empresa Gama, por exemplo, também realizou atividades como P&D básicos em processamento e interpretação de dados geofísicos terrestres e/ou aéreos. Adicionalmente, fomentou parcerias com diferentes organizações, principalmente universidades e institutos de pesquisa locais.

Neste padrão, estão duas empresas que inseriram os investimentos em inovação em sua cultura organizacional, adaptando sua governança para esse aspecto. Elas avançaram no aprimoramento das capacidades tecnológicas de forma combinada com estratégias gerenciais de coordenação e de planejamento dos investimentos, isto é, inseriram a gestão da inovação tecnológica em sua governança corporativa (boxe 3.1).

Boxe 3.1

Empresa Lambda e metodologia de desenvolvimento e implantação de projetos de capital

O objetivo é minimizar as ameaças e maximizar a confiança dos investidores em seu sucesso. Dessa forma, torna-se um instrumento eficaz para o suporte à decisão executiva, na medida em que confere previsibilidade, *accountability*, transparência e competitividade aos empreendimentos. Uma boa aplicação da metodologia Front End Loading (FEL) cria condições para que os projetos sejam executados em menor prazo, no menor custo, com maior segurança, maior sustentabilidade e boa confiabilidade operacional.

Pela metodologia FEL, são definidos a estrutura, o foco e o conteúdo de cada uma das fases do desenvolvimento: (i) FEL 1 — análise do negócio; (ii) FEL 2 — seleção de alternativa e definição do escopo; (iii) FEL 3 — planejamento da execução. No fim de cada uma dessas fases, são previstos os *gates* de decisão, momento em que as definições, premissas e restrições do projeto são consideradas para estabelecer seu prosseguimento à próxima fase ou a necessidade de retrabalhar as definições do projeto ou de postergar o investimento (arquivar o projeto).

As fases de pré-descoberta são tipicamente de pesquisa, nas quais não é possível agendar resultados finais (evento de descoberta), e as medidas de progresso são baseadas em andamentos da pesquisa e reforço de conceitos e conhecimento.

Gestão de projetos de pesquisa é considerada "fronteira do conhecimento": fatores críticos de sucesso e melhores práticas em gestão envolvem elementos-chave não abordados por métodos para projetos mais tradicionais. As fases de pós-descoberta são de desenvolvimento do conceito do depósito como potencial negócio de mineração. Os objetivos dos projetos são claros, embora nem sempre os métodos de estudo sejam. Gestão de projetos de desenvolvimento de conceitos exige alguma customização de métodos tradicionais de gestão, mas as melhores práticas mundiais são em boa parte aplicáveis.

Fonte: Adaptado de Piana (2016).

3.3.2 Padrões de acumulação de capacidades tecnológicas na área de lavra

A figura 3.4 indica que, na área de lavra, de 2003 a 2014, as empresas estudadas acumularam capacidades tecnológicas que puderam ser agrupadas em três padrões, a saber: (i) *Padrão 1 Lavra*: permanência em capacidade inovadora básica, representando 20% das empresas da amostra; (ii) *Padrão 2 Lavra*: permanência em capacidade inovadora intermediária, representando 60% das empresas da amostra; (iii) *Padrão 3 Lavra*: permanência em capacidade inovadora avançada e de liderança mundial, representando 20% das empresas da amostra da pesquisa. Novamente, as empresas que acumularam capacidades tecnológicas inovadoras em nível de liderança mundial ou avançada seguiram sendo capazes de realizar atividades em níveis intermediário e básico como capacidade para inovação e de produção.

Figura 3.4

Padrões de acumulação de capacidades tecnológicas em lavra (2003-2014)

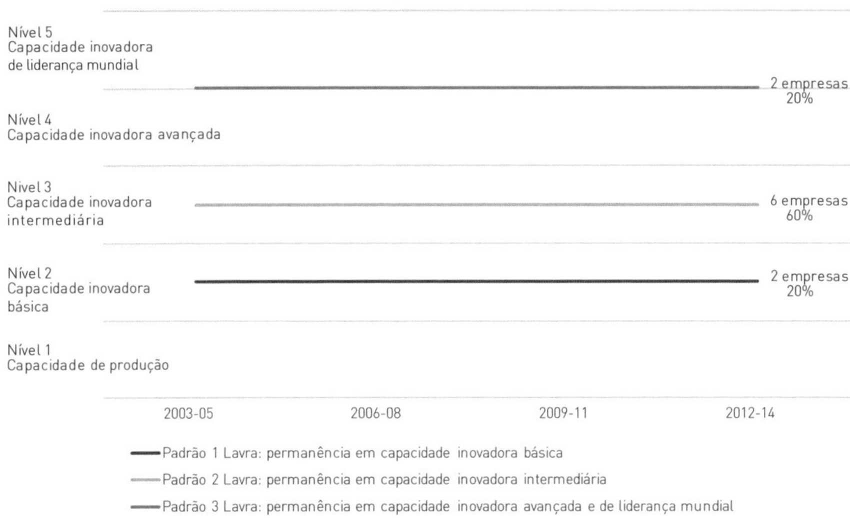

Fonte: Os autores (2018).

(i) Padrão 1 Lavra: permanência em capacidade inovadora básica

O Padrão 1 Lavra é composto por empresas que permaneceram, durante todo o período considerado, com capacidade inovadora básica. Elas foram capazes de fazer pequenas melhorias em diferentes tecnologias, tais como: equipamentos de mineração (escavadeiras e caminhões), processos associados com as novas características da mina e solução de problemas para eliminação de gargalos no processo de lavra. Nessa área, as empresas fornecedoras desempenham um papel bastante ativo, podendo a parceria entre elas e as empresas mineradoras resultar em criação de novas tecnologias ou melhoria das existentes.

Neste padrão, as empresas mantêm equipes especializadas e dedicadas que acompanham as operações e atividades na área. Ainda, garantiram a continuidade de operação de tecnologias existentes em níveis de eficiência e de acordo com padrões e certificações estabelecidos.

(ii) Padrão 2 Lavra: permanência em capacidade inovadora intermediária

O Padrão 2 Lavra é composto por empresas que permaneceram, durante todo o período considerado, com capacidade inovadora intermediária. Elas foram capazes de realizar melhorias e modificações relativamente complexas em diferentes tecnologias, tais como: planejamento de lavra para aumento da capacidade produtiva, engenharia de equipamentos da mina (escavadeiras, caminhões etc.) e melhoramento na fragmentação de rochas. Em geral, reconhecem que o fato de, no Brasil, a exploração do minério ocorrer tradicionalmente "a céu aberto" foi determinante para que as mineradoras caminhassem mais lentamente na acumulação de capacidades tecnológicas em lavra. No entanto, o aumento da competição em nível global, especialmente após a elevação dos preços, sobretudo do minério de ferro, chamou atenção nas mineradoras para a necessidade de intensificar atividades inovadoras na área de lavra. A empresa Delta, por exemplo, relatou que vem realizando modificações relativamente complexas em planejamento de lavra para aumento da capacidade produtiva, em engenharia de equipamentos da mina (escavadeiras, caminhões etc.).

(iii) Padrão 3 Lavra: permanência em capacidade inovadora avançada e de liderança mundial

O Padrão 3 Lavra é composto por duas empresas que apresentaram diferentes níveis de capacidade inovadora na área de lavra: uma das empresas manteve-se por todo o período analisado com nível avançado, enquanto a outra, no nível de liderança mundial. A opção por agrupá-las foi feita apenas para fins de tratamento dos dados estatísticos, sem prejuízo na sua análise individual, como anteriormente ressaltado. Essas empresas vinham realizando, há algum tempo, atividades desde absorção e integração da tecnologia em lavra, melhoria com envolvimento mais criativo na tecnologia existente até criação de novas tecnologias, básicas ou de criação de conhecimentos em nível mundial.

Ambas apresentavam departamentos de P&D e engenharia dedicados às tecnologias de lavra. No entanto, a empresa em nível avançado possuía iniciativas mais aplicadas, enquanto aquela em nível de liderança mundial realizava iniciativas para criação de tecnologias novas para o mundo, que abriram oportunidades para entrada em novos negócios. Em linha com as considerações dos representantes das empresas do Padrão 2 Lavra, o diretor da empresa Beta ressaltou que a área de lavra guarda singularidades que começaram a ser tratadas mais recentemente pelas empresas no país:

> A área de pesquisa e prospecção está bastante avançada, gera uma produtividade enorme. A parte de lavra é mais complicada, mais cara, gera produtividade menor. O processamento está avançado também, mas ainda não é igual à prospecção. Prospecção corresponde a dados, análise. A parte de processamento também não é tão complicada. A lavra realmente é a parte mais complexa.

Mesmo nesse contexto, a empresa Beta desenvolveu, em lavra, atividades de capacidade inovadora avançada, quais sejam: modificações relativamente complexas em planejamento de lavra para aumento da capacidade produtiva, bem como em engenharia de equipamentos da mina (escavadeiras, caminhões etc.), e engenharia para melhoramento na fragmentação de rochas. A empresa Lambda, por sua vez, acumulou capacidades tecnológicas de liderança global, tendo implementado, portanto, atividades inovadoras em tecnologias com grau de novidade mundial, que provocaram impacto disruptivo, como P&D básicos relacionados a novos sistemas de perfuração de rochas, em sistema a *laser* para perfuração de rochas e em tecnologias de automação das operações unitárias de lavra.

Neste padrão, o desenvolvimento de parcerias com diferentes instituições de pesquisa, bem como empresas fornecedoras, foi essencial para explicar a acumulação de capacidades tecnológicas. Algumas empresas conduziram, principalmente no último triênio, alguns projetos de P&D aplicados em lavra, tais como: climatologia, redução de umidade do minério, processo de fragmentação e automação. Em termos de climatologia, foram realizadas atividades de P&D dentro do seu instituto tecnológico. O projeto Fragcom, por exemplo, estava atrelado à necessidade da empresa de desenvolver uma metodologia de estimativas dos custos envolvidos no processo de desmonte de rocha, para realizar uma previsão anual de custos para o ano seguinte. Além dele, uma das empresas iniciou um projeto de P&D básicos em tecnologias de automação, chamado Mina Autônoma, em parceria com fornecedores e universidades (Piana, 2016). No âmbito desse projeto, estão os caminhões de explosivos autônomos, em desenvolvimento na região de Patos de Minas, em Minas Gerais. Em projetos de P&D em parceria com fornecedores, podem ser citados o desenvolvimento de pneu robotizado, cujo desenvolvimento não se mostrou exitoso, embora tenha contribuído para o aprendizado, e de lavagem robotizada de caminhões.

3.3.3 Padrões de acumulação de capacidades tecnológicas na área de processamento mineral

A figura 3.5 mostra que, na área de processamento mineral, de 2003 a 2014, as empresas produtoras acumularam capacidades tecnológicas que puderam ser agrupadas em três padrões, a saber: (i) *Padrão 1 Processamento Mineral*: evolução de capacidade inovadora básica para intermediária, representando 60% das empresas da amostra; (ii) *Padrão 2 Processamento Mineral*: evolução de capacidade inovadora intermediária para avançada, representando 20% das empresas da amostra; (iii) *Padrão 3 Processamento Mineral*: permanência em capacidade inovadora avançada e de liderança mundial, representando 20% das empresas da amostra. Ao longo desse período, aquelas que acumularam capacidades tecnológicas em nível de liderança mundial seguiram capazes de realizar atividades de níveis inferiores.

Figura 3.5

Padrões de acumulação de capacidades tecnológicas em processamento mineral (2003-14)

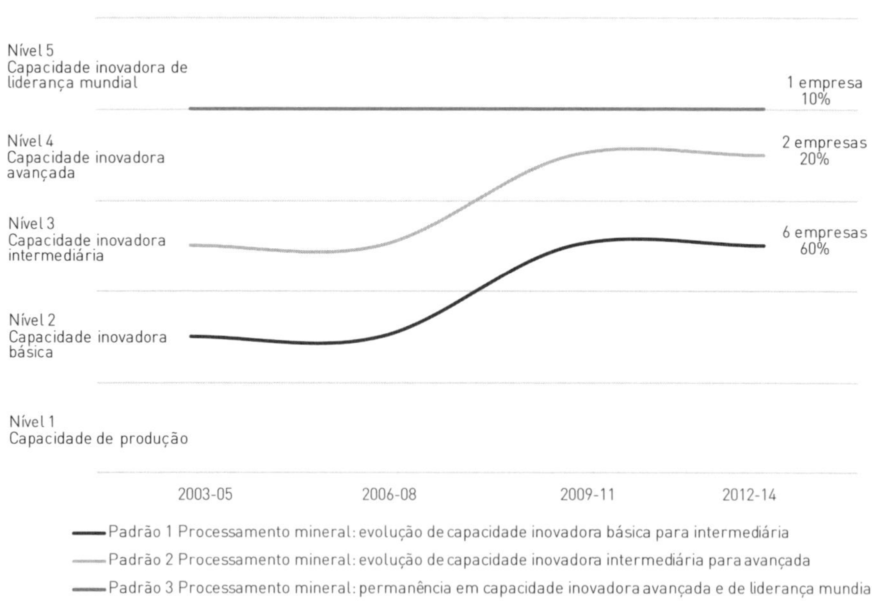

Fonte: Os autores (2018).

(i) Padrão 1 Processamento Mineral: evolução de capacidade inovadora básica para intermediária

O Padrão 1 Processamento Mineral engloba o conjunto de empresas que evoluíram da acumulação de capacidades tecnológicas inovadoras em nível básico para o nível intermediário durante o período de 2003 a 2014. Elas tornaram-se capazes de realizar melhorias relativamente complexas nessas tecnologias, tais como: atividades baseadas em engenharia de equipamentos de processamento mineral, nos sistemas para reúso de água no processamento mineral, e em engenharia, na moagem, britagem e separação. Assumiram, ainda, uma postura mais ativa quanto à absorção de tecnologias. Por exemplo, o gerente de Minas da empresa Lambda destacou alguns aspectos que explicariam sua mudança de capacidade inovadora básica para intermediária:

> A área de planejamento sustenta as novas tecnologias. Tivemos recentemente uma nova planta de tratamento de beneficiamento para ter capacidade de processar e beneficiar minérios mais pobres. Nós tínhamos uma mina com muita geração de hematitas (minério com alto teor de ferro) e um tratamento e beneficiamento muito mais simples. Com a exaustão dessa reserva de hematitas, precisamos implantar uma nova instalação de tratamento para tratar os itabiritos (minérios com teores de ferro de 45% a 52%). Esses materiais, no passado, eram estocados numa pilha de estéril.

Os benefícios gerados representaram uma forma de aumentar a vida útil da mina, bem como uma possibilidade de diversificação produtiva:

> A empresa não tratava esse minério. Com o advento dessa planta, a gente passou a tratá-lo. Aumentou a vida útil da reserva e, além disso, nós tínhamos uma pilha de estéril que foi retomada e hoje alimenta essa planta na proporção de 50%, ou seja, 50% do minério que a gente beneficia vem de uma pilha de estéril. Assim, nós estamos aumentando a vida útil da reserva. [Gerente de Minas da empresa Lambda]

Algumas das empresas do Padrão 1 Processamento Mineral investiram ou começaram a investir no tratamento de rejeitos, uma questão cada vez mais essencial no âmbito das operações das mineradoras. O gerente de Minas da empresa Lambda destacou que, no período tratado nesta pesquisa, a empresa viu-se na situação de lidar com a expansão urbana em volta da sua mina principal, culminando na busca por melhorias nas operações de lavra e processamento:

> Tem outro processo inovador que nós estamos implementando, que é o controle de geração de particulares (redução de poeira). Nós temos uma mina a céu aberto; com os caminhões trafegando, gera muita poeira. Nós estamos fazendo uma aplicação aqui. O método não é novo no mercado, mas sua forma de aplicação é. *Só nós no Brasil estamos aplicando isso. Para efeitos de consumo de água, nós* conseguimos uma redução de 30% e esperamos chegar a 35%.

Portanto, as empresas deste padrão caracterizam-se, de forma geral, por terem realizado esforços deliberados e cumulativos para realizar atividades inovadoras, especialmente, em relação ao tratamento de rejeitos.

(ii) Padrão 2 Processamento Mineral: evolução de capacidade inovadora intermediária para avançada

O Padrão 2 Processamento Mineral inclui empresas que alcançaram nível de capacidade inovadora avançada a partir de um nível intermediário. Elas desenvolveram departamentos de P&D e/ou engenharia para realizar modificações complexas em tecnologias já existentes, passando a desenvolver, a partir do triênio 2009-11, atividades como: elaboração de produtos customizados aos clientes, adaptações no dimensionamento de usinas e desenvolvimento de adaptações nas rotas de processamento mineral.

Entre as atividades inovadoras realizadas em processamento mineral, destacaram-se: modificações e melhorias nas rotas de processamento mineral e melhorias nas atividades de processamento mineral. Por exemplo, a empresa Lambda realizou algumas atividades, como adaptações baseadas em engenharia, que envolveram adequação de um filtro utilizado na indústria alimentícia para o processo de filtragem de lama de minério fino. Também avançou no desenvolvimento de fornecedores para implementar a tecnologia de processamento à umidade natural via peneiramento em período de chuva. O engajamento na criação de novas tecnologias passou por um esforço coordenado com outras empresas. De fato, o emprego da tecnologia à umidade natural permitiu a redução de 93% do consumo de água em relação ao processo convencional, como também do consumo de energia, que atingiu 18 mil MW ao ano (Piana, 2016).

Além de uma série de parcerias com diferentes organizações, a empresa Lambda desenvolveu sozinha um centro tecnológico em processamento mineral. Já em 2007, inaugurou o Centro Tecnológico de Ferrosos (CTF), que é um centro de simulação em pelotas cujo objetivo principal é desenvolver adaptações no processo de pelotização, o que gera diferentes produtos adaptados às necessidades dos clientes e de acordo com as definições da empresa. Nesse centro, teve início a interação com novas tecnologias, como a nanotecnologia, em parceria com universidades, como a Universidade Federal de Ouro Preto (Ufop) e a Universidade Federal de Minas Gerais (UFMG), além da Universidade de Cingapura.

No período de 2012 a 2014, a Lambda incursionou em atividades de inovação que buscaram atender a desafios relacionados com escassez de água, dificuldades de licenciamento ambiental de barragens de rejeitos e mudança nas características dos bens minerais. Em parceria com fornecedores, começou a pesquisar possíveis equipamentos para secagem, tendo sido encontrado um via sopro que, até 2015, se manteve inviável, devido ao elevado consumo energético.

3.4 Implicações do uso de mecanismos de aprendizagem para acumulação de capacidades tecnológicas na indústria de mineração no Brasil (2003-14)

Como citado no capítulo 2, os mecanismos de aprendizagem tecnológica referem-se aos esforços e investimentos feitos pelas empresas para adquirir e assimilar conhecimento tecnológico. Esses mecanismos podem ser intra, quando ocorrem dentro da empresa de forma isolada, ou interorganizacionais, quando ocorrem dentro ou fora da empresa, mas com o uso de alguma parceria. Nesse sentido, o que se busca entender é se firmas que usaram dados mecanismos com mais intensidade acumularam mais ou menos capacidades tecnológicas. Isso será objeto da continuação desta seção, por meio da análise da frequência de mecanismos de aprendizagem por padrões de acumulação de capacidades tecnológicas nas áreas de pesquisa e prospecção, lavra e processamento mineral da indústria de mineração.

3.4.1 Pesquisa e prospecção: o papel dos mecanismos de aprendizagem na acumulação de capacidades tecnológicas

Na área de pesquisa e prospecção, foi possível distinguir níveis de acumulação de capacidades tecnológicas pelas diferenças entre as empresas produtoras quanto à frequência média de uso de dois dos mecanismos intraorganizacionais: criação e integração interna de conhecimento. Os mecanismos de compartilhamento interno de conhecimento e codificação de conhecimento não se mostraram significativos para explicar os padrões encontrados pela pesquisa (figura 3.6). Em relação aos resultados do uso dos mecanismos intraorganizacionais, como alguns deles foram utilizados de forma muito parecida por empresas de diferentes padrões, não foram capazes de explicar os padrões de acumulação de capacidades tecnológicas. Nota-se, no entanto, que as incidências de uso desses mecanismos das empresas dos padrões 3 e 4 foram similares e distintas das encontradas para o padrão 2[1] (figura 3.6).

Figura 3.6

Diferenças entre os padrões de acumulação de capacidades tecnológicas na área de pesquisa e prospecção na frequência média de uso de mecanismos de aprendizagem intraorganizacionais

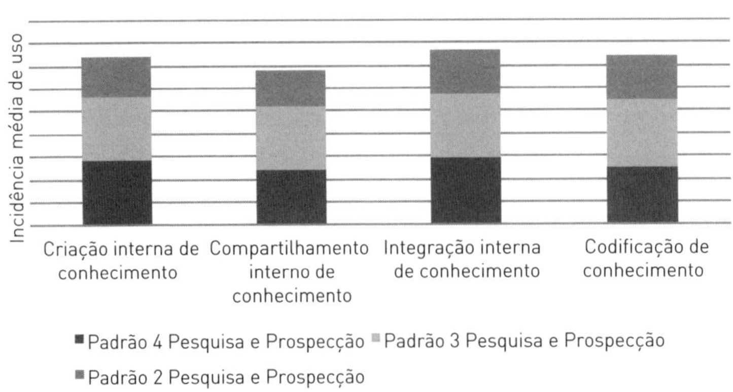

Fonte: Os autores (2018).
Nota: Utilizou-se a análise de variância (Anova) com distribuição F para o teste de diferenças entre os padrões e suas frequências médias das variáveis de desempenho. Todas as variáveis foram estatisticamente significativas ao menos a 1%. Os valores representam o teste de Duncan, no qual cada par de padrões foi comparado separadamente.

[1] Deve-se mencionar que as empresas do Padrão 1 Pesquisa e Prospecção não responderam ao questionário de mecanismos intraorganizacionais, por isso seus resultados não foram computados nesta seção.

Em relação aos mecanismos interorganizacionais, pode-se dizer que estiveram amplamente correlacionados com os resultados encontrados para os padrões de acumulação de capacidades tecnológicas na área de pesquisa e prospecção. Os mais utilizados foram: assistência técnica e P&D (figura 3.7), enquanto os parceiros mais comuns foram universidades e institutos de pesquisa locais e consultorias (figura 3.8). Para todos os mecanismos e parceiros, o Padrão 4 apresentou incidência muito superior à dos demais padrões, principalmente na geração de resultados com parcerias (figura 3.9).

Figura 3.7

Diferenças entre os padrões de acumulação de capacidades tecnológicas na área de pesquisa e prospecção na frequência média de resultados de mecanismos interorganizacionais

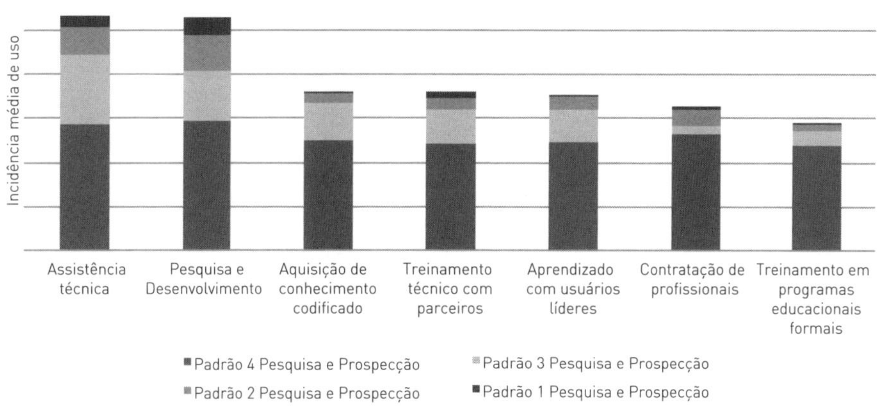

Fonte: Os autores (2018).
Nota: Utilizou-se a Anova com distribuição F para o teste de diferenças entre os padrões e suas frequências médias das variáveis de desempenho. Todas as variáveis foram estatisticamente significativas ao menos a 1%. Os valores representam o teste de Duncan, no qual cada par de padrões foi comparado separadamente.

Diante da desverticalização da indústria de mineração, a interação entre empresas mineradoras e fornecedores foi essencial para que se desenvolvessem fornecedores, a exemplo do que ocorreu na Austrália, Chile e África do Sul. No Brasil, uma explicação básica para essa diferença em comparação com a Austrália, por exemplo, foi a insuficiência de parcerias de aprendizado. Os poucos exemplos nesse sentido partem de grandes empresas mineradoras em parceria com subsidiárias e fornecedores locais (Figueiredo e Piana, 2016).

Figura 3.8

Diferenças entre os padrões de acumulação de capacidades tecnológicas na área de pesquisa e prospecção na frequência média de parceiros em mecanismos interorganizacionais

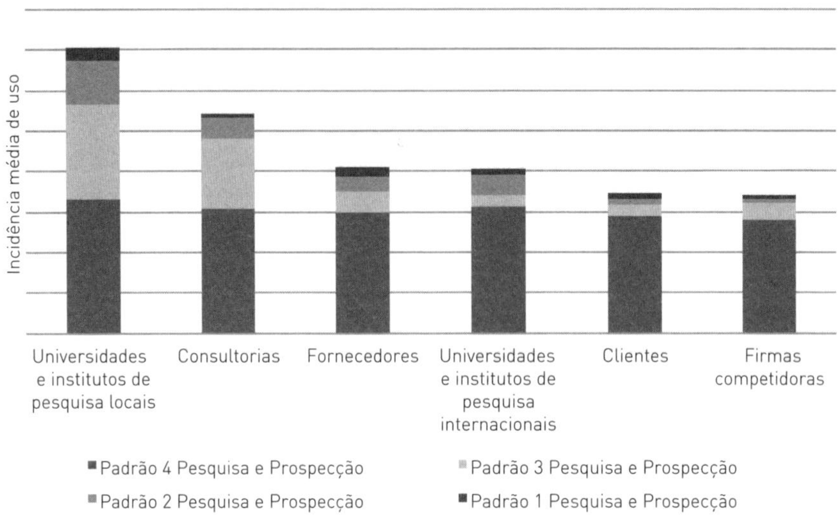

Fonte: Os autores (2018).
Nota: Utilizou-se a Anova com distribuição F para o teste de diferenças entre os padrões e suas frequências médias das variáveis de desempenho. Todas as variáveis foram estatisticamente significativas ao menos a 1%. Os valores representam o teste de Duncan, no qual cada par de padrões foi comparado separadamente.

Empresas dos padrões 1 e 2 identificaram que estabelecer parcerias com universidades e institutos de pesquisa, especialmente para atividades concernentes à pesquisa e prospecção, não é trivial. Em geral, buscaram parcerias com as próprias empresas fornecedoras e com consultorias.

Figura 3.9

Diferenças entre os padrões de acumulação de capacidades tecnológicas na área de pesquisa e prospecção na frequência média de resultados de mecanismos interorganizacionais

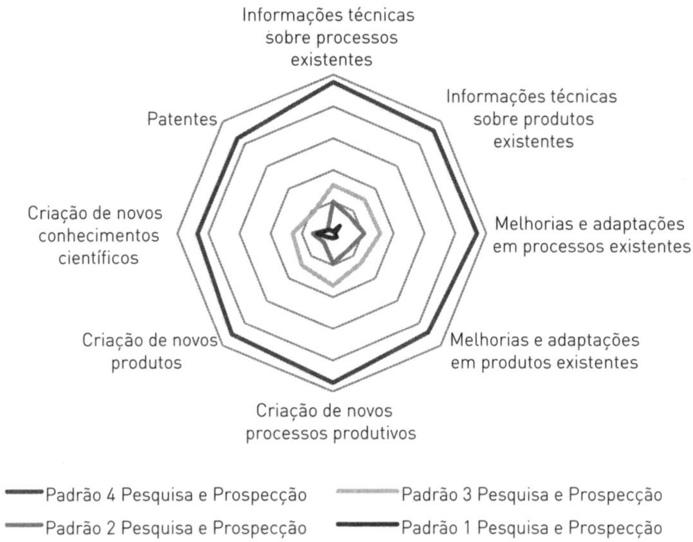

Fonte: Os autores (2018).
Nota: Utilizou-se a Anova com distribuição F para o teste de diferenças entre os padrões e suas frequências médias das variáveis de desempenho. Todas as variáveis foram estatisticamente significativas ao menos a 1%. Os valores representam o teste de Duncan, no qual cada par de padrões foi comparado separadamente.

3.4.2 Lavra: o papel dos mecanismos de aprendizagem na acumulação de capacidades tecnológicas

De maneira distinta do que foi encontrado para a área de pesquisa e prospecção, na área de lavra os mecanismos intraorganizacionais e os resultados gerados a partir do seu uso não se mostraram estatisticamente relacionados com as diferenças de padrões de acumulação de capacidades tecnológicas. Isso derivou, principalmente, do fato de que os esforços individuais das firmas de todos os padrões foram parecidos nessa área. Por isso, nesta seção, privilegiou-se a apresentação dos dados para os mecanismos interorganizacionais.

Figura 3.10

Diferenças entre os padrões de acumulação de capacidades tecnológicas na área de lavra na frequência média de uso de mecanismos interorganizacionais

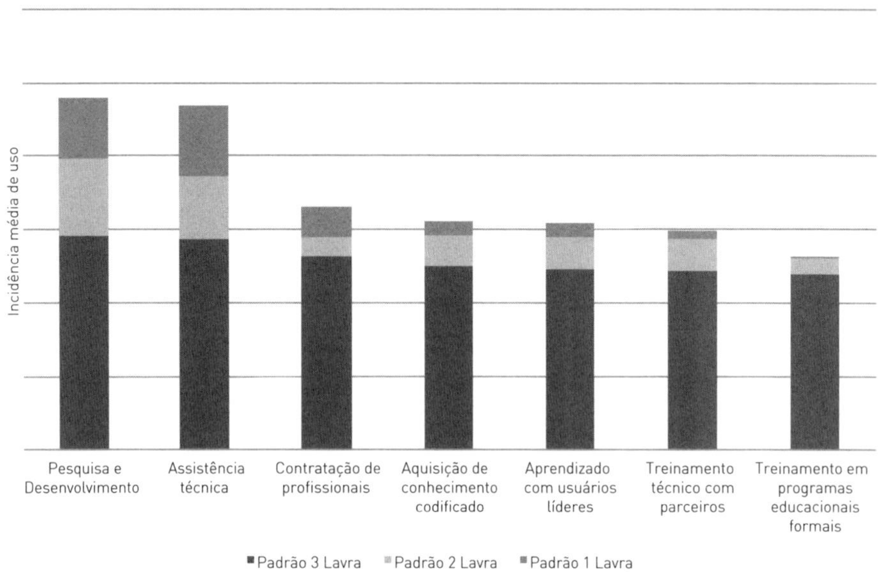

Fonte: Os autores (2018).

Nota: Utilizou-se a Anova com distribuição F para o teste de diferenças entre os padrões e suas frequências médias das variáveis de desempenho. Todas as variáveis foram estatisticamente significativas ao menos a 1%. Os valores representam o teste de Duncan, no qual cada par de padrões foi comparado separadamente.

Os resultados para os mecanismos interorganizacionais na área de lavra, no entanto, são distintos e estão relacionados com a acumulação de capacidades tecnológicas. De maneira muito semelhante ao encontrado na área de pesquisa e prospecção, a incidência média de uso e resultado das parcerias foi maior para as empresas com maior nível de capacidade tecnológica (neste caso, as empresas do Padrão 3 Lavra) (figura 3.10). Novamente, os parceiros mais comuns foram universidades e institutos de pesquisa locais e consultorias (figura 3.11), e os mecanismos mais frequentes, P&D e assistência técnica.

Nesta área, a capacidade das empresas mineradoras de estabelecer parcerias com outras organizações foi determinante para a acumulação de capacidades tecnológicas. Os dados da figura 3.11 indicam que o Padrão 3 Lavra — com as empresas que mais acumularam capacidades tecnológicas — foi aquele no qual houve maior incidência de parcerias, com todos os tipos de parceiro considerados.

Figura 3.11

Diferenças entre os padrões de acumulação de capacidades tecnológicas na área de lavra na frequência média de parceiros em mecanismos interorganizacionais

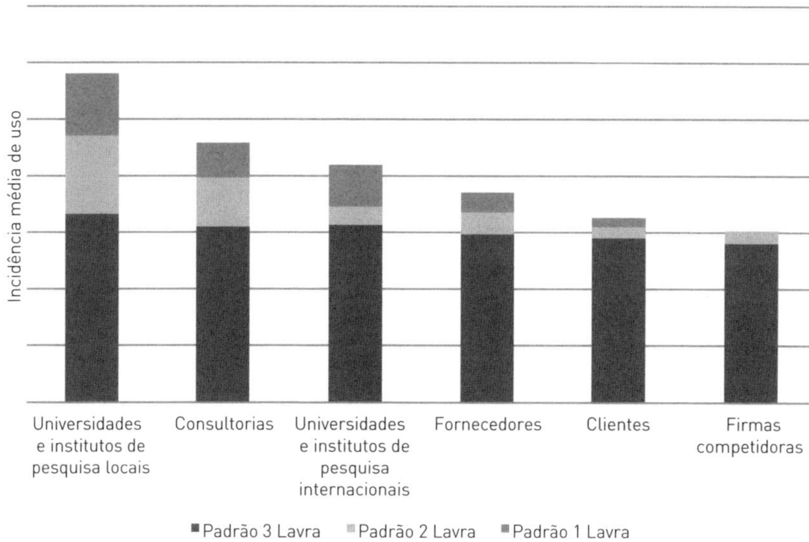

Fonte: Os autores (2018).
Nota: Utilizou-se a Anova com distribuição F para o teste de diferenças entre os padrões e suas frequências médias das variáveis de desempenho. Todas as variáveis foram estatisticamente significativas ao menos a 1%. Os valores representam o teste de Duncan, no qual cada par de padrões foi comparado separadamente.

No período de 2012 a 2014, esta área experimentou uma necessária renovação das operações de lavra, que resultou em ganhos, sobretudo, de criação de processos produtivos e produtos. É importante ressaltar que a geração de resultados nessa área foi muito mais comum para empresas do Padrão 3, enquanto empresas dos Padrões 1 e 2 tiveram desempenho praticamente similar (figura 3.12).

Figura 3.12

Diferenças entre os padrões de acumulação de capacidades tecnológicas na área de lavra na frequência média de resultados de mecanismos interorganizacionais

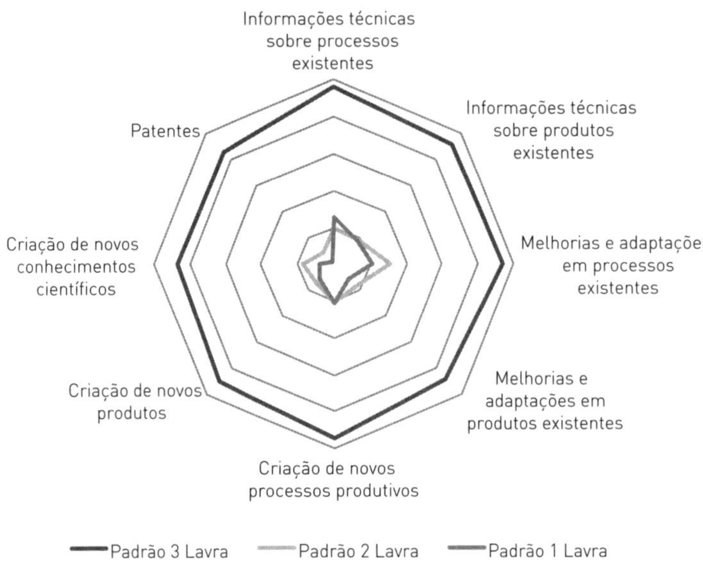

Fonte: Os autores (2018).
Nota: Utilizou-se a Anova com distribuição F para o teste de diferenças entre os padrões e suas frequências médias das variáveis de desempenho. Todas as variáveis foram estatisticamente significativas ao menos a 1%. Os valores representam o teste de Duncan, no qual cada par de padrões foi comparado separadamente.

3.4.3 Processamento mineral: o papel dos mecanismos de aprendizagem na acumulação de capacidades tecnológicas

Na área de processamento mineral, os mecanismos intraorganizacionais que se mostraram correlacionados com acumulação de capacidades tecnológicas foram a criação interna de conhecimento e a integração interna de conhecimento — os mesmos relatados para a área de pesquisa e prospecção (figura 3.11). Ainda, os resultados intraorganizacionais mais relacionados com acumulação de capacidades tecnológicas foram os de maior complexidade: criação de novos processos e produtos, conhecimentos científicos e patentes. Para algumas dessas categorias, como criação de conhecimentos científicos, os resultados encontrados para todos os padrões foram muito semelhantes. Para patentes, o destaque ficou para as empresas do padrão, enquanto, na criação de novos processos produtivos, as do Padrão 2 (figura 3.13).

Figura 3.13

Diferenças entre os padrões de acumulação de capacidades tecnológicas na área de processamento mineral na frequência média de uso de mecanismos de aprendizagem intraorganizacionais

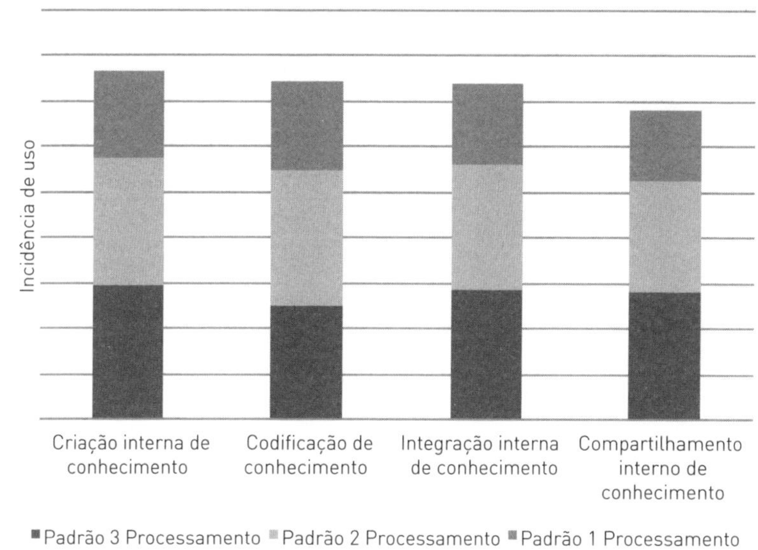

Fonte: Os autores (2018).
Nota: Utilizou-se a Anova com distribuição F para o teste de diferenças entre os padrões e suas frequências médias das variáveis de desempenho. Todas as variáveis foram estatisticamente significativas ao menos a 1%. Os valores representam o teste de Duncan, no qual cada par de padrões foi comparado separadamente.

Para os mecanismos interorganizacionais na área de processamento mineral, os resultados também estiveram correlacionados com acumulação de capacidades tecnológicas. Assim como para as outras áreas, os resultados demonstraram a importância da realização de assistência técnica e P&D com parceiros. Essa interação foi muito mais presente nas empresas do Padrão 3, que lideraram todas as médias para o período analisado. Destaca-se que o mecanismo menos utilizado, treinamento em programas educacionais, praticamente não foi utilizado por empresas do Padrão 1.

Figura 3.14

Diferenças entre os padrões de acumulação de capacidades tecnológicas na área de processamento mineral na frequência média de uso de mecanismos interorganizacionais

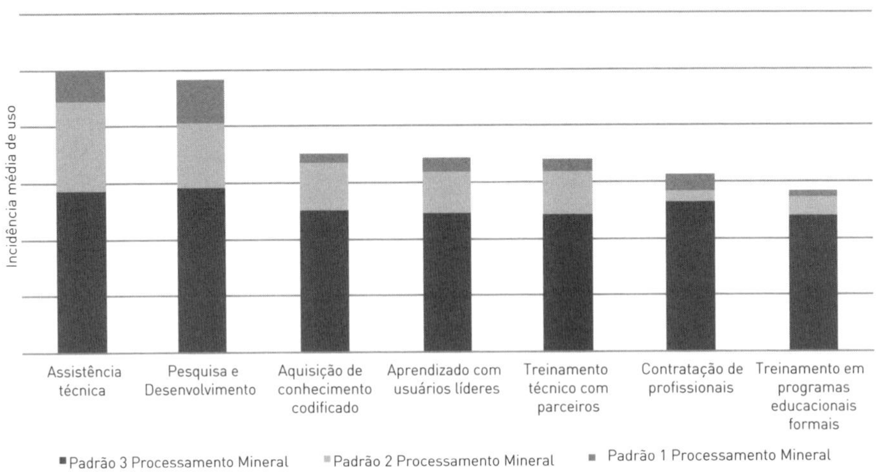

Fonte: Os autores (2018).
Nota: Utilizou-se a Anova com distribuição F para o teste de diferenças entre os padrões e suas frequências médias das variáveis de desempenho. Todas as variáveis foram estatisticamente significativas ao menos a 1%. Os valores representam o teste de Duncan, no qual cada par de padrões foi comparado separadamente.

Os parceiros mais comuns foram universidades e institutos de pesquisa locais e consultorias (figura 3.15). Essas parcerias foram contundentes para gerar novos processos e produtos, bem como criar conhecimentos, inclusive para melhorar e aprofundar a estratégia organizacional das empresas mineradoras no estabelecimento de parcerias de aprendizagem.

Figura 3.15

Diferenças entre os padrões de acumulação de capacidades tecnológicas na área de processamento mineral na frequência média de parceiros em mecanismos interorganizacionais

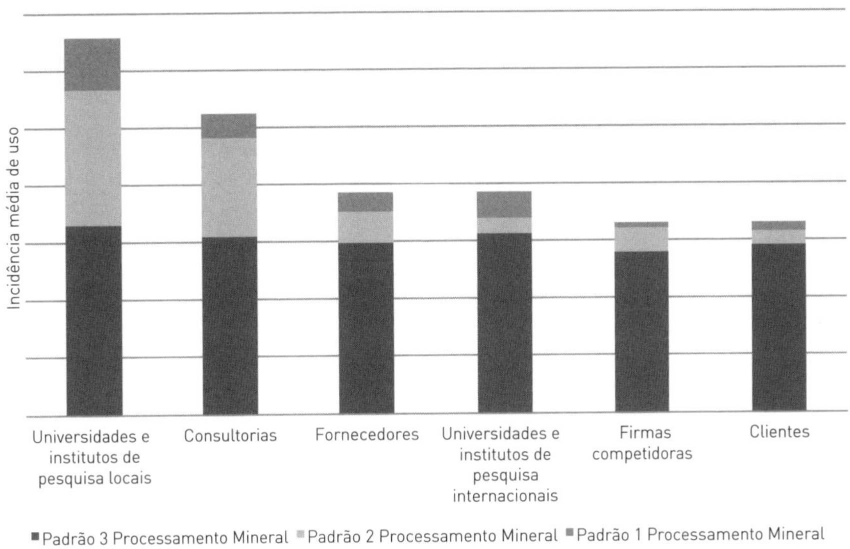

Fonte: Os autores (2018).

Nota: Utilizou-se a Anova com distribuição F para o teste de diferenças entre os padrões e suas frequências médias das variáveis de desempenho. Todas as variáveis foram estatisticamente significativas ao menos a 1%. Os valores representam o teste de Duncan, no qual cada par de padrões foi comparado separadamente.

Entre as áreas tecnológicas da indústria de mineração, a de processamento mineral foi reconhecidamente aquela que mais avançou em inovação. Para todas as áreas, a realização de parcerias (os chamados mecanismos interorganizacionais) teve destaque no acúmulo de capacidades tecnológicas das empresas brasileiras de mineração. De forma geral, percebeu-se que as empresas dos padrões com maior nível de capacidade tecnológica tiveram frequência de realização de parcerias e obtenção de resultados muito superior às demais (figura 3.16).

Figura 3.16

Diferenças entre os padrões de acumulação de capacidades tecnológicas na área de processamento mineral na frequência média de resultados de mecanismos interorganizacionais

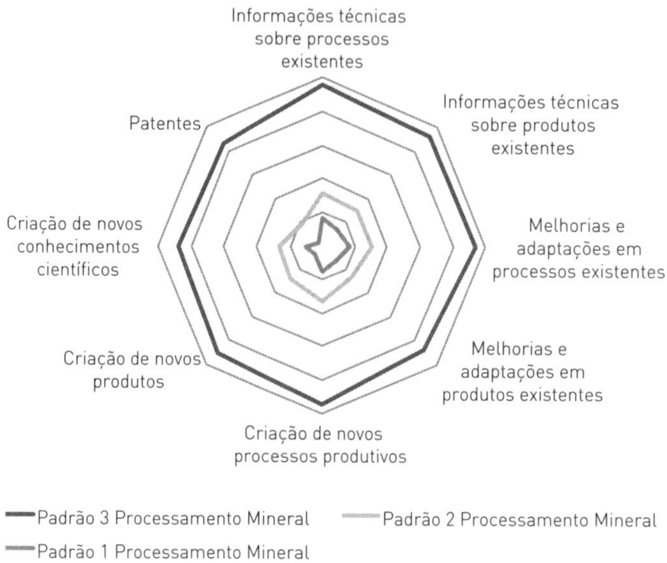

Fonte: Os autores (2018).
Nota: Utilizou-se a Anova com distribuição F para o teste de diferenças entre os padrões e suas frequências médias das variáveis de desempenho. Todas as variáveis foram estatisticamente significativas ao menos a 1%. Os valores representam o teste de Duncan, no qual cada par de padrões foi comparado separadamente.

3.5 Relação entre acumulação de capacidades tecnológicas e desempenho competitivo

A análise da relação entre acumulação de capacidades tecnológicas e desempenho competitivo nesta pesquisa também foi realizada por meio de testes estatísticos para as áreas de pesquisa e prospecção, lavra e processamento mineral. Duas variáveis de desempenho competitivo foram analisadas: produtividade do trabalho (receita bruta de vendas dividida pelo número de funcionários) e desempenho exportador (proporção das receitas obtidas com exportação). Deve-se chamar atenção que, neste caso, a divisão por áreas apenas diferencia conjuntos distintos de empresas. Não há como distinguir nos testes relações específicas de produtividade ou exportação por área tecnológica, uma vez que eles se referem à empresa, e não à área, como unidade de análise.

Foi encontrado pela pesquisa que os distintos padrões de acumulação de capacidades tecnológicas nas três áreas explicaram os diferentes desempenhos competitivos das empresas da indústria de mineração no Brasil no período recente. Na área de pesquisa e prospecção, tanto a produtividade do trabalho quanto a proporção das receitas obtidas com exportação (desempenho exportador) apresentaram relação com a acumulação de capacidades tecnológicas por padrões, uma vez que ambas as variáveis de desempenho foram estatisticamente significativas.

Para a produtividade do trabalho, as empresas que acumularam mais capacidades tecnológicas — Padrões 3 e 4 — obtiveram desempenho comparativamente maior que o das empresas de padrão inferior. Por outro lado, em termos de desempenho exportador, evoluir até capacidade inovadora avançada e de liderança mundial não levou as empresas do Padrão 4 a obter proporção maior de receitas com exportação do que as empresas do Padrão 3, que, na verdade, lideraram nesse quesito (figura 3.17).

Figura 3.17

Diferenças entre os padrões de acumulação de capacidades tecnológicas na área de pesquisa e prospecção na frequência média das variáveis de desempenho competitivo, valores médios (2003-14)

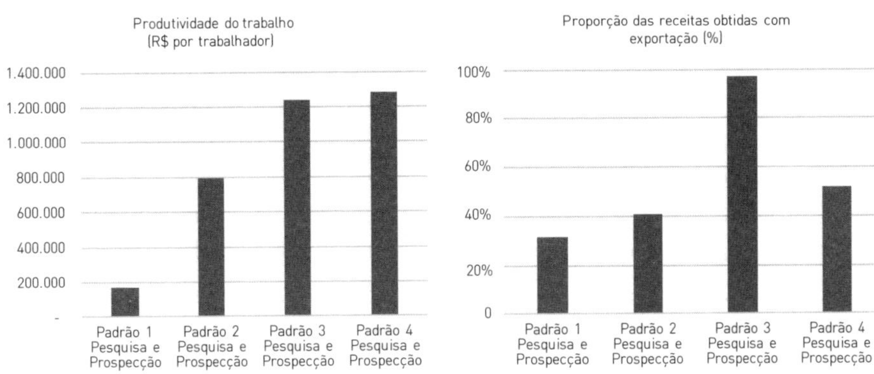

Fonte: Os autores (2018).
Nota: Utilizou-se a Anova com distribuição F para o teste de diferenças entre os padrões e suas frequências médias das variáveis de desempenho. Neste caso, todas as variáveis foram estatisticamente significativas ao menos a 1%. Os valores representam o teste de Duncan, no qual cada par de padrões foi comparado separadamente.

Na área de lavra, todas as variáveis de desempenho consideradas foram estatisticamente significativas, apresentando relação com o desempenho das empresas. As organizações do Padrão 3 obtiveram produtividade consideravelmente superior à das empresas do Padrão 1. Na inserção externa, entretanto, as empresas de todos os padrões foram classificadas no mesmo grupo. É possível que obter uma proporção maior de receitas com exportação, na indústria mineradora, esteja mais relacionado com outros fatores, como a trajetória de preços internacionais dos minérios e o nível de atividade econômica de parceiros comerciais do país.

A produtividade do trabalho, por sua vez, aumentou conforme se aprimoraram processos produtivos de extração dos minérios, bem como houve melhorias e modificações naqueles já existentes, além da capacitação dos funcionários (figura 3.18). Em outras palavras, a produtividade do trabalho aumentou à medida que as empresas evoluíram para níveis progressivamente mais altos de capacidades tecnológicas inovadoras.

Figura 3.18

Diferenças entre os padrões de acumulação de capacidades tecnológicas na área de lavra na frequência média das variáveis de desempenho competitivo, valores médios (2003-14)

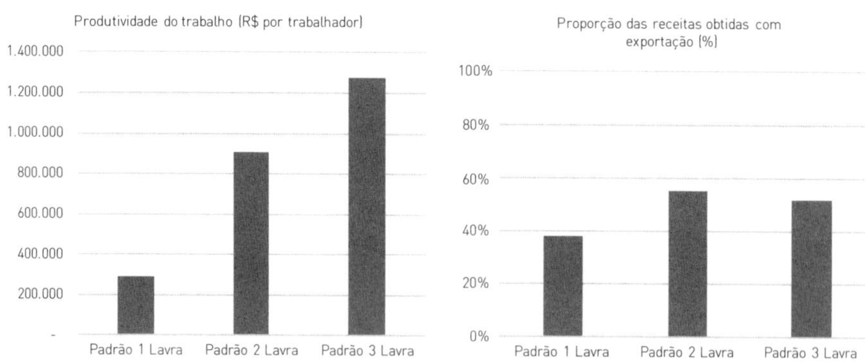

Fonte: Os autores (2018).
Nota: Utilizou-se a Anova com distribuição F para o teste de diferenças entre os padrões e suas frequências médias das variáveis de desempenho. Todas as variáveis foram estatisticamente significativas ao menos a 1%. Os valores representam o teste de Duncan, no qual cada par de padrões foi comparado separadamente.

Em processamento mineral, da mesma forma que nas outras duas áreas tecnológicas, todas as variáveis de desempenho foram estatisticamente significativas, isto é, puderam ser explicadas pela acumulação de capacidades tecnológicas pelas empresas produtoras. Ainda assim, as empresas de todos os padrões classificaram-se, quanto à frequência média da produtividade do trabalho, no mesmo grupo. É importante destacar que o valor da produtividade do trabalho das empresas produtoras, na área de processamento mineral, foi o maior dentre as áreas tecnológicas.

Quanto ao desempenho exportador, as empresas do Padrão 2 apresentaram elevada proporção de receitas com exportação, consideravelmente superior àquela revelada pelas empresas dos Padrões 1 e 3, que se classificaram no mesmo grupo. As organizações do padrão parecem ter se dedicado particularmente a esforços no processamento para melhorar sua inserção externa (figura 3.19).

Figura 3.19

Diferenças entre os padrões de acumulação de capacidades tecnológicas na área de processamento mineral na frequência média das variáveis de desempenho competitivo, valores médios (2003-14)

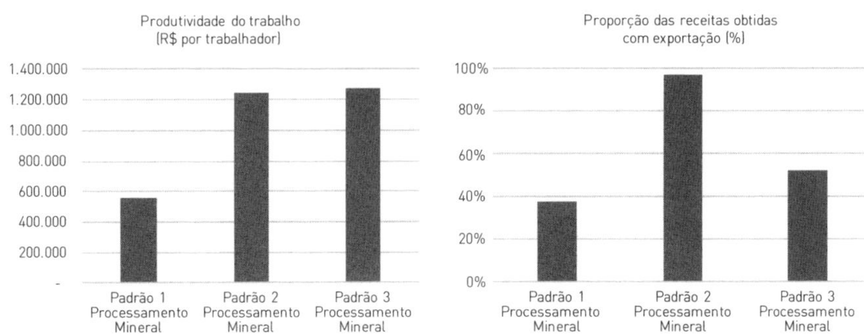

Fonte: Os autores (2018).

Nota: Utilizou-se a Anova com distribuição F para o teste de diferenças entre os padrões e suas frequências médias das variáveis de desempenho. Todas as variáveis foram estatisticamente significativas ao menos a 1%. Os valores representam o teste de Duncan, no qual cada par de padrões foi comparado separadamente.

3.6 Conclusões

As evidências mostram que as empresas estudadas da indústria de mineração no Brasil alcançaram níveis relevantes de capacidades tecnológicas inovadoras. Porém há variabilidades entre elas em termos de padrões de acumulação de capacidades tecnológicas para as três áreas tecnológicas relevantes (pesquisa e prospecção, lavra e processamento mineral). Dessa forma, recomendações de estratégias empresariais e de políticas públicas concebidas na perspectiva de que essa indústria é um todo homogêneo esconderiam, na realidade, a complexidade e a variabilidade das atividades inovadoras e seus respectivos níveis de capacidade tecnológica.

Da mesma forma, entre as áreas tecnológicas, existem diferenças de acumulação de capacidades tecnológicas. A área de lavra representa um grande desafio de inovação, enquanto se avançou consideravelmente em pesquisa e prospecção e processamento mineral. Em lavra, o fato de a incidência de mecanismos interorganizacionais nas empresas produtoras não ter apresentado influência nos padrões de acumulação de capacidades tecnológicas revela o desafio de implementar esforços de aprendizagem nessa área tecnológica. Não obstante, foi possível observar a relação entre níveis mais altos de acumulação de capacidades tecnológicas e competitividade e o desempenho competitivo, porém em níveis diferentes entre as áreas tecnológicas.

Os dados sugerem que as capacidades tecnológicas inovadoras das empresas não mais estão confinadas às suas fronteiras ou seus muros. Tem havido um crescente grau de colaboração interorganizacional entre as firmas de mineração e demais organizações para atividades inovadoras. Nesse sentido, as empresas que realizaram parcerias com outras organizações foram aquelas que acumularam capacidades tecnológicas em níveis mais elevados.

As atividades inovadoras são cada vez mais compartilhadas entre diferentes organizações. Essa situação impõe desafios aos gestores em termos de coordenação e integração de conhecimentos internos e externos. Capacidades gerenciais são também cada vez mais requeridas no âmbito da inovação, dada a necessária interação com parceiros de diferentes tipos (fornecedores, consultorias, universidades nacionais e internacionais etc.). Na indústria de mineração, algumas empresas conseguiram avançar nesse sentido.

Diante dos resultados obtidos com esta pesquisa, podem-se sedimentar alguns pontos igualmente essenciais que podem servir de base para elaboração de estratégias empresariais e políticas públicas:

- A diversificação produtiva ao longo da cadeia em atividades intensivas em conhecimento representa uma das oportunidades oferecidas pela indústria de recursos naturais. Ela deve ser conduzida de modo a identificar tecnologias emergentes (biotecnologia, nanotecnologia, *big data*) que possam adicionar valor à base de recursos naturais já existente, isto é, a diversificação pode ocorrer para indústrias beneficiadoras e distribuição — os chamados *forward linkages* —, produção de insumos, bens de capital e serviços gerenciais — *backward linkages* — e, partindo da oferta de insumos originalmente destinados a setores de recursos naturais, o desenvolvimento de aplicações diferenciadas desses insumos — *horizontal/lateral linkages*. Algumas empresas passaram por tais encadeamentos de diversificação. Nas áreas de lavra e processamento mineral, firmas produtoras estabeleceram parcerias para o desenvolvimento de meios de automação da mina, mas isso não representou a entrada em nova linha de negócios. Empresas também relataram parcerias sistemáticas com universidades e centros de pesquisa para aprimorar o tratamento de dados na operação de minas, bem como de biotecnologia em processamento mineral. Ainda em termos de *backward linkages*, houve avanço no aproveitamento de rejeitos.

- A questão ambiental vem pautando as decisões das empresas produtoras sobre diversificação da produção, mais especificamente, sobre o tratamento de rejeitos na área de processamento mineral. O aproveitamento comercial de resíduos tem sido crescente e se tornou uma preocupação cada vez maior nas empresas. O uso mais eficiente da água nas atividades da área de processamento mineral é crescentemente encarado como um desafio nesse setor, como destacado por diferentes gestores ao longo da pesquisa. O tratamento de rejeitos também aparece como uma oportunidade de diversificação na indústria de mineração.
- O principal desafio está em estruturar condições de competitividade não dependentes do ciclo de preços das *commodities* minerais, o que requer não apenas inovação, mas instrumentos de fortalecimento da cadeia produtiva, a exemplo do que ocorre em outros países exportadores de minérios, como Austrália, Chile e África do Sul. O desenvolvimento de redes de aprendizagem e seu suporte às atividades inovadoras no âmbito da indústria de mineração no Brasil guardam relação direta com as interações que ocorrem entre subsidiárias e empresas produtoras nacionais, bem como empresas fornecedoras e universidades (Figueiredo e Piana, 2016).

- Demandas por arranjos mais bem definidos de propriedade intelectual, sobretudo por parte das empresas de maior capacidade inovadora, têm sido fomentadas pelo estabelecimento de parcerias. Isso se dá especialmente em relação a parcerias com universidades e institutos nacionais de pesquisa, como a Fundação de Amparo à Pesquisa do Estado de Minas Gerais (Fapemig), ou no âmbito de grandes arranjos de pesquisa, como a Amira International. Dessa forma, as parcerias serão mais comuns se as definições de propriedade intelectual entre as instituições forem mais bem estabelecidas.
- A aprendizagem tecnológica não ocorre de forma automática, mas requer esforços e investimentos deliberados (Bell e Figueiredo, 2012:14-40). Esforços futuros poderiam envolver a atuação de gestores de política pública em conjunto com grandes empresas mineradoras, no desenho de políticas de apoio para a implementação de redes de aprendizado mais sólidas. No Brasil, as políticas existentes (como a Lei da Inovação) poderiam ser simplificadas quanto aos parâmetros para solicitação pelas empresas de financiamento; ao mesmo tempo, poderiam incluir diretrizes para uma abordagem de inovação associada não apenas à P&D e que favoreça a maior participação de pequenas e médias empresas da cadeia de valor (Figueiredo e Piana, 2016). Programas de desenvolvimento de fornecedores locais, implementados por empresas e governo com atuação conjunta, também são iniciativas promissoras.

Referências

BARNETT, A.; BELL, M. Is BHP Billiton's Cluster-Programme in Chile relevant for Africa's mining industry? *Policy Practice Brief*, n. 7, p. 1-8, ago. 2011.

BELL, M.; FIGUEIREDO, P. N. Innovation capability building and learning mechanisms in latecomer firms: recent empirical contributions and implications for research. *Canadian Journal of Development Studies*, v. 33, n. 1, p. 14-40, 2012.

FIGUEIREDO, P. N.; PIANA, J. When "one thing (almost) leads to another": a micro-level exploration of learning linkages in Brazil's mining industry. *Resources Policy*, n. 49, p. 405-414. 2016.

IBRAM. Instituto Brasileiro de Mineração. *Informações sobre a economia mineral brasileira*. 2015. Disponível em: <www.ibram.org.br/sites/1300/1382/00005836.pdf>. Acesso em: 24 mar. 2016.

LUZ, A. B.; LINS, F. A. F. *Introdução ao tratamento de minérios*. Rio de Janeiro: Cetem, 2010.

PIANA, J. *Variações em trajetórias de acumulação de capacidades tecnológicas em nível intraempresarial*: uma análise empírica da Vale S.A. 2016. 448f. Tese (doutorado em administração) — Escola Brasileira de Administração Pública e de Empresas, Fundação Getulio Vargas, Rio de Janeiro, 2016.

SCOTT-KEMMIS, D. *How about those Mets?* Leveraging Australia's mining equipament, technology and services sector. s.l.: s.n., 2013.

UN. United Nations. Department of Economic and Social Affairs. *International standard industrial classification of all economic activities*. New York: 2008.

URZÚA, O. *The emergence and development of knowledge intensive mining service suppliers in the late 20th century*. 2013. Tese (doutorado) — University of Sussex, United Kingdom, 2013.

VALE. *Relatório anual de 2014*. 2015. Disponível em: <www.vale.com/PT/aboutvale/sustainability/links/LinksDownloadsDocuments/relatorio-de-sustentabilidade-2014.pdf>. Acesso em: 24 mar. 2016.

CAPÍTULO 4

A relação entre aprendizagem, capacidade tecnológica e competitividade na indústria brasileira de siderurgia

4.1 Introdução

A produção brasileira de aço teve início no século XIX, com uma produção realizada, até meados de 1910, em usinas pequenas e usando métodos primários. Na década seguinte, a indústria viveu uma crise que culminou no fechamento da maioria das empresas. O cenário só foi alterado em 1921, quando, em Minas Gerais, o consórcio belgo-luxemburguês Arbed e empresários locais da Companhia Siderúrgica Mineira criaram a Companhia Siderúrgica Belgo-Mineira (CSBM) (Andrade e Cunha, 2002). Ainda na década de 1920, a CSBM tornou-se a primeira usina integrada a coque[1] na América Latina (Gomes, 1983).

A partir de 1930, já no governo Getúlio Vargas, o Brasil engajou-se nas etapas iniciais de seu processo de industrialização. A criação, em 1931, da Comissão Nacional de Siderurgia deu início a uma série de estudos de viabilidade para implantação de novas e maiores usinas siderúrgicas no país. Esse movimento permitiu a criação, em 1942, da Companhia Ferro e Aço de Vitó-

[1] Material sólido, de origem mineral ou vegetal, que consiste principalmente em carbono com pequeno percentual de hidrogênio, obtido do aquecimento da hulha (ou carvão betuminoso), sem combustão, num recipiente fechado. Pode ser utilizado na produção de ferro-gusa (alto-forno), sendo adicionado com carga metálica.

ria (Cofavi) e, em 1946, da Companhia Siderúrgica Nacional (CSN) (Gomes, 1983). O desenvolvimento dessa indústria esteve associado, principalmente, à primeira fase da política de substituição de importações do país. Percebeu-se uma significativa alteração no padrão de industrialização do Brasil, saindo da exclusiva posição de produtor e exportador de produtos primários para um país com grandes investimentos em aço, cimento, têxteis, automóveis, fertilizantes e outras indústrias básicas.

No início da década de 1950, a indústria de aço brasileira deu sinais de expansão, com o objetivo de acompanhar o desenvolvimento industrial do país. Considerou-se a indústria siderúrgica como estratégica para o desenvolvimento nacional. No entanto, depois de alcançar a 17ª posição no *ranking* mundial de produção de aço no fim da década de 1970, o complicado momento do país na década de 1980 culminou em drástica redução do consumo de aço e em uma crise na indústria (Gomes, 1983). Contudo, a partir da década de 1990, aprofundou-se o movimento de privatizações na indústria siderúrgica brasileira. De maneira geral, pode-se dizer que o processo de privatização permitiu: ganho de autonomia para estratégia comercial, melhorias de desempenho na área administrativa, financeira e tecnológica, gestões orientadas para resultados e fortalecimento e internacionalização das empresas. Além disso, possibilitou redução de custos e elevação da produtividade, acesso ao mercado de capitais e definição de novos investimentos em modernização, meio ambiente, logística e infraestrutura (Andrade e Cunha, 2002). Adicionalmente, as reformas estruturais da década de 1990 estimularam as empresas da indústria de aço no Brasil a desenvolver capacidades tecnológicas para enfrentar a competição internacional (Figueiredo, 2003:323-361).

Entre 2000 e 2008, o crescimento brasileiro na indústria siderúrgica (20%) foi abaixo da média mundial (56%), principalmente associado à estagnação do consumo interno de aço no país. Alguns anos depois, no entanto, houve um aumento na produção de aço nacional associado à forte expansão do mercado externo e crescimento do mercado interno — principalmente nas indústrias de construção civil, naval e automotiva. Apesar da queda da produção em 2009, resultado da crise econômica mundial, a indústria retomou seu patamar produtivo em 2010 e, em 2011, teve recorde de produção (World Steel Association, 2017). Em 2016, o Brasil era o nono maior produtor de aço do mundo, com produção de aproximadamente 31,3 toneladas — menor nível de produção desde 2009 (Instituto Aço Brasil, 2016; World Steel Association, 2017).

A interessante trajetória da indústria siderúrgica no Brasil fez com que fosse alvo de vários estudos nas últimas décadas. Análises históricas (Gomes, 1983; Andrade e Cunha, 2002) e tecnológicas (De Paula, 2012; Figueiredo, 2003) foram acompanhadas mais recentemente por estudos relacionados com as capacidades tecnológicas das empresas dessa indústria.[2] É exatamente sobre esse último tópico que se desenvolve este capítulo. Além desta seção introdutória, o capítulo apresenta, na seção 2, as características e aspectos tecnológicos da indústria de siderurgia e algumas especificidades do parque industrial brasileiro. Na seção 3, aborda-se a trajetória de acumulação de capacidades tecnológicas das empresas. As implicações do uso de mecanismos de aprendizagem para a acumulação de capacidades tecnológicas são relatadas na seção 4 e as implicações dessas capacidades na competitividade das empresas, na seção 5. A seção 6 apresenta as conclusões deste estudo.

4.2 Características e aspectos tecnológicos da indústria siderúrgica

A indústria siderúrgica normalmente pode ser descrita a partir da divisão de dois grupos de atividades tecnológicas: uma área de processo e organização da produção e outra de atividades centradas em produto.[3] Em muitas empresas, como é o caso de algumas das que serão apresentadas neste capítulo, existem departamentos distintos dedicados para cada um desses grupos de atividades, ainda que o diálogo entre os grupos seja constante. Enquanto a área de processo e organização da produção está dedicada às atividades relacionadas com o processo produtivo do aço, a área de atividades centradas em produto está estritamente relacionada com a fabricação do produto aço.

As duas áreas tecnológicas apresentam características diferentes, mas, de maneira resumida, pode-se dizer que são igualmente responsáveis pelo desempenho competitivo das empresas em todo o mundo. Na maioria dos casos, a demanda de clientes por novos tipos de aço acaba por forçar as organizações a desenvolver novos processos produtivos. Há também casos em que o desenvolvimento de novos processos permite às empresas a criação de novas especificações de aço à frente até do que era exigido anteriormente pelo mercado.

---

[2] Figueiredo (2001, 2002:73-95, 2003); Castro e Figueiredo (2005:109).

[3] Neste capítulo, em alguns momentos o nome das áreas será usado de forma resumida para evitar frases compridas. A área de processo e organização da produção será por vezes chamada "processo", enquanto a área de atividades centradas em produto, "produto".

4.2.1 Área de processo e organização da produção

A área de processo e organização da produção na indústria siderúrgica está associada a atividades relacionadas com o aumento de produtividade, redução de custos e melhor rendimento dos equipamentos. Esses objetivos são alcançados de maneiras distintas, de acordo com a estrutura produtiva da empresa. As usinas de aço podem ser integradas a coque (possuem alto-forno, aciaria básica a oxigênio e laminação), integradas a redução direta (possuem módulo de redução direta, aciaria elétrica e laminação) ou semi-integradas (possuem aciaria elétrica e laminação). As empresas podem adotar diversos tipos de estrutura produtiva, não havendo uma estrutura padrão. A figura 4.1 aponta de maneira resumida o processo de produção do aço.

No Brasil, as usinas integradas a coque são as mais comuns. Esse tipo de usina parte do minério de ferro, coque e materiais fundentes para produzir o ferro-gusa, que é transformado em aço. As etapas desse processo são a redução (fabricação de ferro-gusa), refino (produção e resfriamento do aço) e transformação mecânica (fabricação dos produtos finais).

Figura 4.1

Processo simplificado da produção do aço

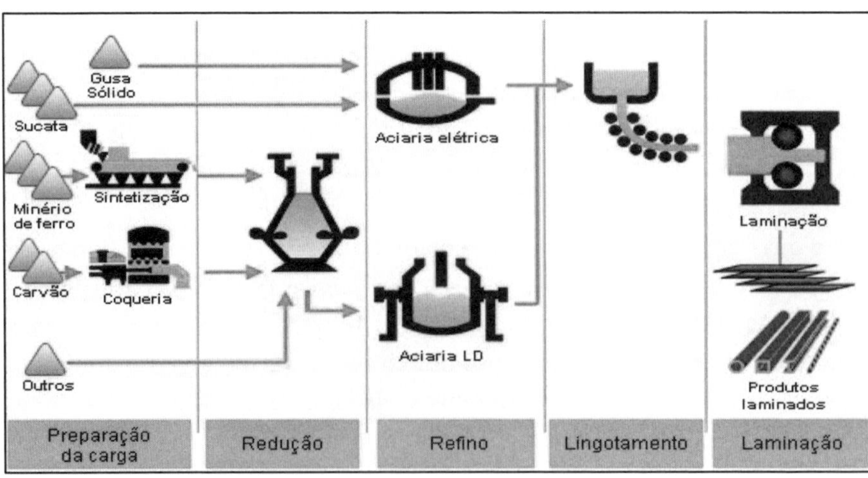

Fonte: Instituto Aço Brasil (2017).

Além das usinas integradas a coque, outra rota tecnológica possível para fabricação de aço é a redução direta (por usinas integradas ou semi-integradas). Se forem semi-integradas, não possuíram a etapa de redução, o que permite que sejam menores (razão pela qual também são conhecidas como *mini-mills*). Se forem integradas, farão o processo com módulos de redução direta, em vez de sinterização, coqueria e alto-forno. Para os dois tipos de usina com redução direta, a matéria-prima é principalmente sucata de ferro.

4.2.2 Área de atividades centradas em produto

As atividades centradas em produto são dedicadas estritamente ao produto aço em suas várias formas. Os aços podem ser classificados como semiacabados ou acabados (laminados). Os primeiros (placas, blocos e tarugos) normalmente são utilizados pelas próprias usinas de aço para a fabricação de produtos acabados e, em menor escala, demandados por algumas empresas da cadeia metalmecânica. Os segundos, por sua vez, podem ser subdivididos em: (i) laminados planos ao carbono; (ii) laminados planos especiais/ligados; (iii) laminados longos ao carbono; (iv) laminados especiais/ligados (De Paula, 2012). O quadro 4.1 apresenta os principais segmentos e produtos siderúrgicos existentes.

Quadro 4.1
Segmentos e produtos siderúrgicos

Segmento de aços acabados (laminados)	**Produtos siderúrgicos**
Laminados planos ao carbono	Bobinas e chapas grossas
	Bobinas e chapas finas laminadas a quente
	Bobinas e chapas finas laminadas a frio
	Bobinas e chapas zincadas (galvanizadas)
	Folhas estanhadas (folhas de flandres)
	Folhas cromadas (*tin-free steel*)
Laminados planos especiais/ligados	Bobinas e chapas em aços ao silício (elétricas ou magnéticas)
	Bobinas e chapas em aço inoxidável
	Bobinas e chapas em aços ao alto carbono
	Bobinas e chapas em outros aços ligados

▶

Laminados longos ao carbono	Vergalhões
	Fio-máquina e trefilados
	Barras
	Perfis
	Trilhos e acessórios ferroviários
	Tubos sem costura
Laminados especiais/ligados	Barras em aço construção mecânica
	Barras em aço ferramenta
	Barras em aços inoxidáveis para válvulas
	Fio-máquina e trefilados
	Tubos sem costura

Fonte: Adaptado de De Paula (2012).

4.3 Acumulação de capacidades tecnológicas nas empresas de aço estudadas

Nesta seção, apresentam-se as principais evidências relativas às empresas de aço estudadas em termos de acumulação de capacidades tecnológicas. De acordo com os procedimentos metodológicos descritos no capítulo 2, as empresas com trajetórias semelhantes de acumulação de capacidades tecnológicas foram classificadas no mesmo grupo — ou padrões de acumulação de capacidades tecnológicas. Os diferentes padrões estão associados a distintos mecanismos de aprendizagem e resultados em termos de desempenho competitivo. Embora a relação entre as áreas de processo e produto seja relevante, em alguns casos a mesma empresa pode apresentar níveis de capacidade tecnológica distintos entre elas. Além de organizar as firmas em termos de padrões de acumulação de capacidades tecnológicas, nesta seção abordam-se brevemente algumas das características de cada um desses grupos de empresas para cada área tecnológica.

4.3.1 Acumulação de capacidades tecnológicas na área de processo e organização da produção

A figura 4.2 apresenta a evolução dos padrões encontrados de acumulação de capacidades tecnológicas na área de processo e organização da produção. Das nove empresas estudadas pela pesquisa, sete mantiveram-se estagnadas em seus níveis de acumulação de capacidades tecnológicas pela última década (33% delas no nível de inovação intermediário e 44% no nível avançado) e apenas duas (22%) conseguiram aumentar seu nível de capacidade tecnológica (do nível de inovação básico para o intermediário). A seguir, detalham-se algumas evidências relativas a cada um dos padrões de acumulação de capacidades tecnológicas representados na figura 4.2.

Figura 4.2

Padrões de acumulação de capacidades tecnológicas na área de processo e organização da produção (2003-14)

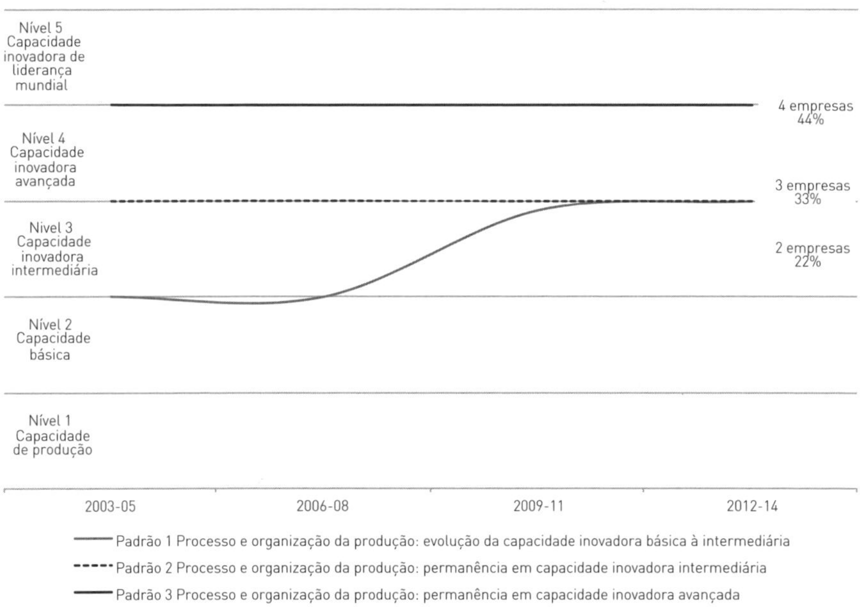

Fonte: Os autores (2018).

(i) Padrão 1 Processo: evolução da capacidade inovadora básica para intermediária

Neste padrão, foram agrupadas empresas que avançaram em suas capacidades tecnológicas de inovação básica para intermediária, entre os triênios 2006-08 e 2009-11. São empresas que, entre 2003 e 2008, eram capazes apenas de realizar pequenas adaptações em tecnologias de processo e organização da produção. A partir daí, acumularam capacidades de implementar modificações relativamente complexas baseadas em engenharia e experimentações.

As evidências da pesquisa indicam que as empresas relacionadas com este padrão evoluíram em algumas atividades específicas referentes à área de processo e organização da produção. A necessidade de aumentar a competitividade, não só reduzindo custos, mas também aumentando a capacidade produtiva e o portfólio de produtos, pode ser considerada a característica mais importante para defini-las. Uma característica comum que pode ser ressaltada é que começaram a adotar atividades já realizadas por seus competidores. No entanto, conseguiram alcançar nível intermediário de capacidade tecnológica principalmente por meio da engenharia, não havendo, nessas empresas, departamentos de P&D.

A evolução do nível de tecnologia inovadora, de básico (nível 2) para intermediário (nível 3), veio acompanhada de atividades que foram consideradas fundamentais para sua atual situação: aprimoramento de matérias-primas, automação de processo e equipamentos e modificações relativamente complexas no uso de processos de autorredução ou fusão redutora. O acúmulo de capacidades inovadoras intermediárias contou tanto com esforços internos quanto com iniciativas em parceria. As evidências indicam que as empresas relacionadas com este padrão realizaram mais parcerias com outras organizações, para a realização de atividades inovadoras, do que as empresas do padrão 2. Estas se mantiveram estáveis no nível de capacidade tecnológica intermediário em todo o período analisado.

(ii) Padrão 2 Processo: permanência na capacidade inovadora intermediária

O padrão 2 é composto por empresas que se mantiveram no nível de inovação intermediário ao longo do período estudado (2003 a 2014). São empresas que, em todo o período, foram capazes de realizar atividades relativamente complexas baseadas em engenharia e experimentações. Embora estabilizadas no nível intermediário de inovação, em oposição às empresas do padrão 1, mostraram iniciativas permanentes de tentativa de acúmulo de níveis superiores de capacidades tecnológicas, que, por diferentes motivos, se revelaram insuficientes para um avanço concreto.

Por outro lado, mostraram-se suficientemente organizadas na busca por aumentar a eficiência de seu processo de produção. Iniciativas como consulta à literatura existente sobre processos produtivos, realização de engenharia reversa e um somatório de inovações incrementais foram realizadas. A manutenção das empresas do padrão 2 no nível de capacidade intermediário deveu-se principalmente à ausência de iniciativas mais robustas para um engajamento formal em atividades de P&D capaz de implementar atividades inovadoras próximas àquelas realizadas pelos líderes globais da indústria. Essa característica é fundamental para obtenção do nível de capacidade tecnológica avançado.

Assim como nas empresas do padrão 1, houve uso não sistemático e pontual de parceiros. Embora haja relatos de ganhos por meio dessas parcerias, não houve iniciativas compatíveis com o nível de capacidade tecnológica avançado. Assim, falta principalmente a criação de arranjos organizacionais que envolvam interações entre P&D, engenharia, produção, *marketing*, fornecedores e clientes para as atividades de inovação em processos de produção.

(iii) Padrão 3 Processo: permanência na capacidade inovadora avançada

O padrão 3 é caracterizado pela permanência das empresas em nível de capacidade tecnológica avançado (nível 4 da figura 4.2). Essas empresas são aquelas que, durante o período estudado, se mantiveram capazes de implementar atividades inovadoras próximas àquelas empreendidas pelos líderes globais, realizadas internamente e/ou em colaboração com universidades e institutos de pesquisa. Essa postura consiste em uma estratégia de *fast follower*, à base de P&D aplicados e engenharia.

São atividades de P&D aplicados e engenharia: desenvolvimento de processos de produção não originais para o mundo nas áreas de redução, aciaria e lingotamento, relacionados com aços que combinem características de maior resistência e menor peso; melhoria da tecnologia de *thin-slab-casting* (aços planos) ou Near-Net-Shape Casting (NNSC, para aços longos), entre outros. Elas ocorreram especificamente em áreas organizacionais dedicadas à P&D ou, como é o caso para algumas empresas, em centros de pesquisa, lócus principal das inovações desenvolvidas na área de processo e organização da produção — muitas vezes atuando em rede com parceiros de outras unidades da empresa no mundo.

As empresas deste padrão não só foram aquelas em que a inovação mais complexa foi tratada de forma dedicada, mas também as que realizaram parcerias de forma mais sistemática e contínua. São empresas com iniciativas dedicadas ao desenvolvimento de materiais, muito próximas ao cliente e com maior apoio de universidades e institutos de pesquisa. Em relação aos seus processos, aproximaram-se bastante do que é praticado pelas empresas líderes mundiais. No entanto, diferentemente destas, como Posco, na Coreia do Sul, ainda não foram capazes de desenvolver tecnologias novas para o mundo.

4.3.2 Acumulação de capacidades em atividades centradas em produto

A figura 4.3 evidencia três padrões de acumulação de capacidade tecnológica da área de atividades centradas em produto: (i) Padrão 1 Produto: permanência em capacidade inovadora básica, representando 22% da amostra; (ii) Padrão 2 Produto: permanência em capacidade inovadora intermediária, também representando 22% da amostra; (iii) Padrão 3 Produto: permanência em capacidade inovadora avançada, representando 56% da amostra da pesquisa. Em todos os padrões, as empresas mantiveram-se em seus níveis de capacidade tecnológica durante os 12 anos avaliados. Em outras palavras, de maneira distinta do que foi visto em processo e organização da produção, não houve qualquer alteração no nível de capacidade das empresas. No entanto, o número de empresas em nível de capacidade tecnológica avançado (56%) foi maior do que na área de processo e organização da produção (33%).

Figura 4.3

Padrões de acumulação de capacidades tecnológicas na área de atividades centradas em produto (2003-14)

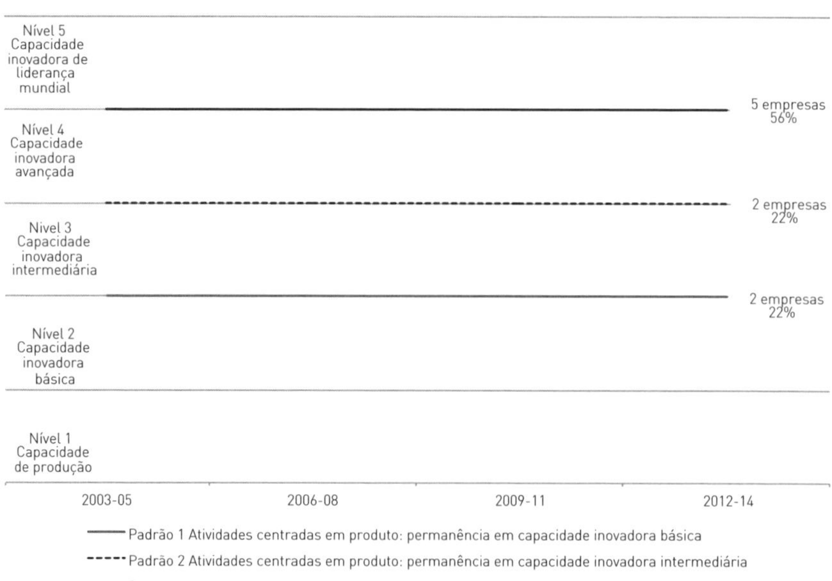

Fonte: Os autores (2018).

(i) Padrão 1 Produto: permanência em capacidade inovadora básica

Este padrão compreende aquelas empresas que, no período de 2003 a 2014, se mantiveram com capacidade tecnológica inovadora básica (nível 2). São empresas que, nesse período, conseguiram realizar pequenas adaptações e melhorias em diferentes atividades centradas em produto. Contudo, não se engajaram em aprimoramentos e modificações relativamente complexos nessas atividades. Inicialmente, percebe-se nessas empresas uma preocupação com a atratividade dos seus produtos em relação aos competidores nacionais e internacionais. Isso as levou a realizar crescentemente pequenas adaptações e melhorias nos seus produtos e, ao mesmo tempo, ampliar seu portfólio.

Sua busca pelo aumento de competitividade, no entanto, ocorreu na direção de se tornarem mais eficientes no nível tecnológico em que já se encontravam, realizando pequenas adaptações e melhorias em: produtos isentos de elementos contaminantes (cobre, cromo, estanho, níquel etc.), produtos com especificações copiadas e procedimentos de análise de dados e monitoramento do processamento siderúrgico. Não havia, pelo menos de forma consistente e sistemática, atividades em níveis mais complexos de capacidade tecnológica na área de produto, como aprimoramentos substanciais de produtos para atender às exigências de clientes específicos e assistência técnica pré e pós-venda, aprimoramento e otimização da *performance* de produtos diretamente nos processos de produção dos clientes, entre outras. As inovações (incrementais) nos produtos ocorreram por iniciativa de departamentos de *marketing* e comercial. São também as empresas em que houve menor preocupação em termos de diversificação.

(ii) Padrão 2 Produto: permanência em capacidade inovadora intermediária

O padrão 2 é composto pelas empresas que, entre 2003 e 2014, se mantiveram estáveis no nível intermediário de capacidade tecnológica inovadora (nível 3), sendo capazes de realizar aprimoramentos e modificações relativamente complexos em diferentes atividades centradas em produto. Contudo, ainda não avançaram para a realização de atividades inovadoras próximas às das empresas líderes globais, por meio de engenharia ou P&D.

Essas empresas desenvolveram de maneira sistemática, ao longo do período estudado, aprimoramentos e modificações em diferentes atividades centradas em produto: melhorias substanciais de produtos para atender às exigências de clientes específicos e assistência técnica pré e pós-venda; aprimoramento e otimização da *performance* de produtos diretamente nos processos de produção dos clientes; modificações em produtos de acordo com as especificações de clientes; e modificações para recuperação de metais (cromo, manganês etc.) no processo produtivo.

A despeito desses esforços para inovação, ainda não avançaram para a realização de atividades condizentes com o nível tecnológico avançado para atividades centradas em produto, que seriam P&D e/ou engenharia em *design* e desenvolvimento de aços não originais (para o mercado mundial), exploração de novas aplicações de aços no mercado (particularmente nacional), novos serviços pós-venda e novas formas de assistência técnica aos clientes, em termos de aprimoramento de produto, e colaboração com usuários para desenvolvimento de novos produtos e aplicações.

(iii) Padrão 3 Produto: permanência em capacidade inovadora avançada

Este padrão 3 compreende as empresas que, durante o período pesquisado, se mantiveram estáveis no nível de capacidade inovadora avançado (nível 3), sendo capazes de realizar P&D aplicados e engenharia sistematicamente em atividades centradas em produto, individualmente e/ou em parceria. São atividades próximas das que são feitas pelas empresas líderes mundiais nessa área, o que as coloca em posição de destaque.

Este padrão de acumulação de capacidades tecnológicas para as atividades centradas em produto compreende a maioria das empresas examinadas nesta pesquisa. São aquelas que, desde o primeiro ano analisado, possuíam departamentos específicos para desenvolvimento de produto, bem como as que mais realizaram parcerias para desenvolvimento de produtos, principalmente com clientes, e se preocuparam em diversificar os produtos, especialmente pela realização de estudos de viabilidade para comercialização de coprodutos e resíduos do processo de fabricação do aço.

Embora não tenham existido esforços concretos à base de P&D para criação de tecnologias de produtos novos para o mundo, que abrissem oportunidades para a entrada em novos negócios, houve uma aproximação com o que é realizado pelos líderes globais. Estes, no entanto, implementaram atividades inovadoras, com alto grau de intensidade científica e P&D. Tais esforços também refletiram as demandas na altíssima escala de produção, que as estimulou ao engajamento em atividades tecnológicas mais arriscadas (ver exemplo no boxe 4.1).

Boxe 4.1

Usibor®: um exemplo de novo tipo de aço

A siderúrgica ArcellorMittal desenvolveu, nos últimos anos, um tipo especial de aço, patenteado com o nome Usibor®, que foi criado para atender às necessidades de redução de peso de peças estruturais e de reforços utilizados na indústria automobilística. Esse tipo de aço é reconhecido, além de tudo, por grande resistência a impacto (a propriedade chamada anti-intrusão).

O Usibor® é um aço para estampagem a quente fornecido com revestimento de alumínio-silício que impede a formação de casca e a descarbonização superficial durante a estampagem, além de contribuir com a proteção da peça final contra a corrosão.

Recentemente, como forma de reduzir ainda mais o peso desse tipo de aço nos automóveis, a empresa fez uma parceria com sua fornecedora, Andritz Soutec, especializada no projeto de sistemas de soldagem, para comercializar uma tecnologia para soldar o Usibor® e outros tipos de aço com *laser*. Essa parceria possibilitou que a tecnologia fosse comercializada no mundo todo, que tem uma demanda crescente por automóveis mais leves e, portanto, com menor consumo de combustível e mais seguros.

O processo desenvolvido pelas duas empresas utiliza *laser* para remover parcialmente o revestimento de alumínio-silício situado perto da borda. A camada superior do revestimento é eliminada, evitando, assim, que haja excesso de alumínio na soldagem. A camada intermetálica mantém-se para fornecer proteção contra corrosão.

Fonte: Adaptado de Güler (2013), Souza (2013) e ArcellorMittal (2016).

4.4 Implicações do uso de mecanismos de aprendizagem para a acumulação de capacidades tecnológicas nas empresas estudadas

Como mostrado nos capítulos anteriores, os mecanismos de aprendizagem referem-se aos esforços e investimentos feitos pelas empresas para adquirir e assimilar conhecimento tecnológico, acumulando capacidades tecnológicas tanto para atividades de produção quanto para atividades inovadoras. Esses mecanismos podem ser intra, quando ocorrem dentro da empresa de forma isolada, ou interorganizacionais, quando ocorrem dentro ou fora da empresa, com o uso de alguma parceria. Ademais, são insumos importantes para explicar o acúmulo de capacidades tecnológicas das empresas. A seguir, busca-se discutir as consequências do uso desses mecanismos no nível de capacidade tecnológica das empresas de siderurgia do Brasil.

4.4.1 O papel fundamental das parcerias na área de processo e organização da produção

Na área de processo e organização da produção, os resultados mostram que as empresas que compõem os padrões com níveis menores de capacidade tecnológica (padrões 1 e 2) apresentaram menores frequências no uso de mecanismos intraorganizacionais do que o padrão 3. A figura 4.4 mostra como a frequência de uso desses mecanismos é diferente de acordo com o nível de capacidade tecnológica das empresas, verificando-se que, para todos os mecanismos de aprendizagem, as diferenças entre os valores de frequência são semelhantes, o que mostra como as empresas com níveis de acumulação maiores realmente fizeram mais uso dos mecanismos intraorganizacionais.

Figura 4.4
Diferenças entre os padrões de acumulação de capacidades tecnológicas na área de processo e organização da produção na frequência média do uso de mecanismos de aprendizagem intraorganizacionais, valores médios em % (2003-14)

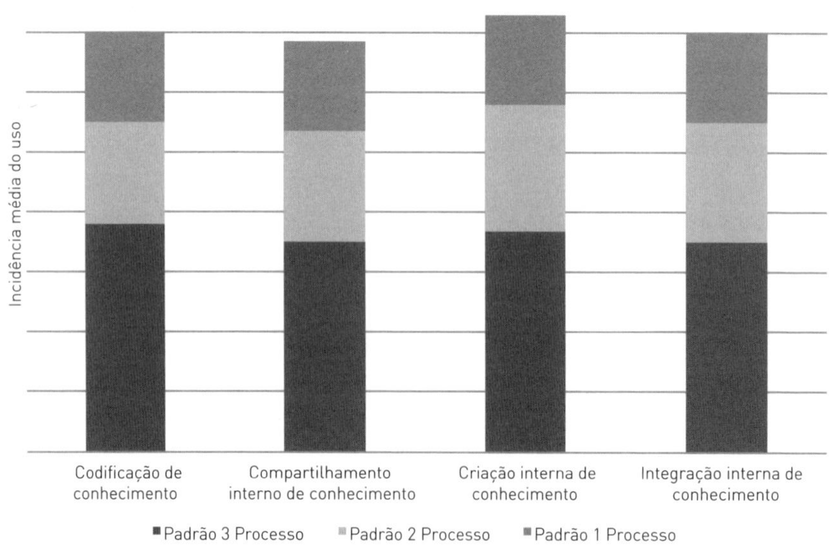

Fonte: Os autores (2018).
Nota: Utilizou-se a Anova com distribuição F para o teste de diferenças entre os padrões e suas frequências médias do uso de mecanismos de aprendizagem intraorganizacionais. Todos os mecanismos foram estatisticamente significativos a pelo menos 1%. Os valores representam o teste de Duncan, no qual cada par de padrões foi comparado separadamente. Por esse teste, todos os padrões apresentaram diferenças estatisticamente significativas entre si.

Embora as diferenças entre os mecanismos não sejam tão altas, a figura 4.4 mostra que os mecanismos de integração e criação interna de conhecimento foram aqueles com maior média de uso no período estudado. O compartilhamento interno de conhecimento, por outro lado, foi o menos utilizado. De fato, durante as entrevistas, vários gestores mencionaram que compartilhar o conhecimento gerado dentro da empresa de uma área para outra é um desafio que ainda precisa ser superado.

Em termos dos resultados gerados pelo uso desses mecanismos de aprendizagem tecnológica, as empresas do padrão 3, em relação às dos padrões 1 e 2, também geraram resultados com uma frequência consideravelmente maior. A figura 4.5 revela que, para todos os resultados possíveis, apresentaram frequência maior. Informações técnicas sobre processos, melhorias em processos já existentes e criação de novos processos estão entre os principais resultados para todos os grupos de empresas — ainda que em níveis distintos. Contudo, patentes e informações técnicas sobre produtos destacaram-se apenas para as empresas do Padrão 3 Processo.

Figura 4.5

Diferenças entre os padrões de acumulação de capacidades tecnológicas na área de processo e organização da produção na frequência média dos resultados intraorganizacionais, valores médios em % (2003-14)

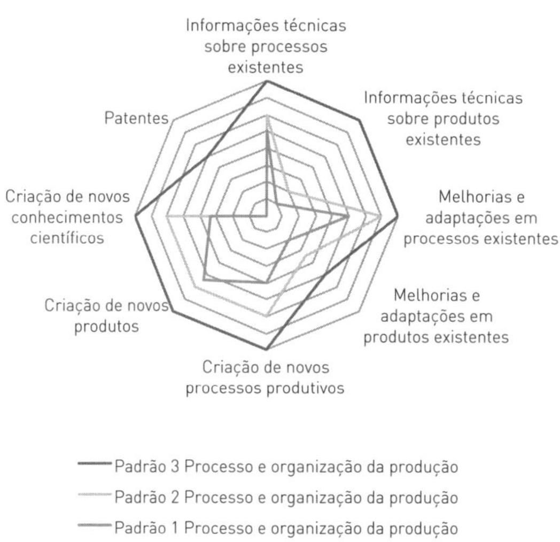

Fonte: Os autores (2018).
Nota: Utilizou-se a Anova com distribuição F para o teste de diferenças entre os padrões e suas frequências médias do uso de mecanismos de aprendizagem intraorganizacionais. Apenas o resultado "melhorias e adaptações em produtos existentes" não foi estatisticamente significativo. Os valores representam o teste de Duncan, no qual cada par de padrões foi comparado separadamente. Por esse teste, todos os padrões apresentaram diferenças estatisticamente significativas entre si.

Já em relação aos mecanismos interorganizacionais na área de processo e organização da produção, há um panorama diferente. Inicialmente, percebe-se que as médias do padrão 3 para todas as categorias (mecanismos, parceiros e resultados da parceria) foram sempre maiores ou iguais às dos demais padrões, o que demonstra como as parcerias foram importantes para as empresas nesse padrão. A figura 4.6 mostra como a frequência do uso de mecanismos de aprendizagem com parceiros foi sempre maior para as empresas do Padrão 3 Processo, mas também que, para alguns desses mecanismos, o Padrão 1 Processo possuiu desempenho maior que o padrão 2. Mais uma vez, lembra-se que o padrão 1 foi aquele que conseguiu aumentar seu nível de capacidade tecnológica com o passar do tempo; os resultados da figura 4.6 ajudam a mostrar o motivo. Em outras palavras, para obter os níveis alcançados pelos seus competidores, essas empresas esforçaram-se em parcerias de forma mais intensa até do que empresas com nível mais elevado.

Figura 4.6

Diferenças entre os padrões de acumulação de capacidades tecnológicas na área de processo e organização da produção na frequência média do uso de mecanismos de aprendizagem interorganizacionais, valores médios em % (2003-14)

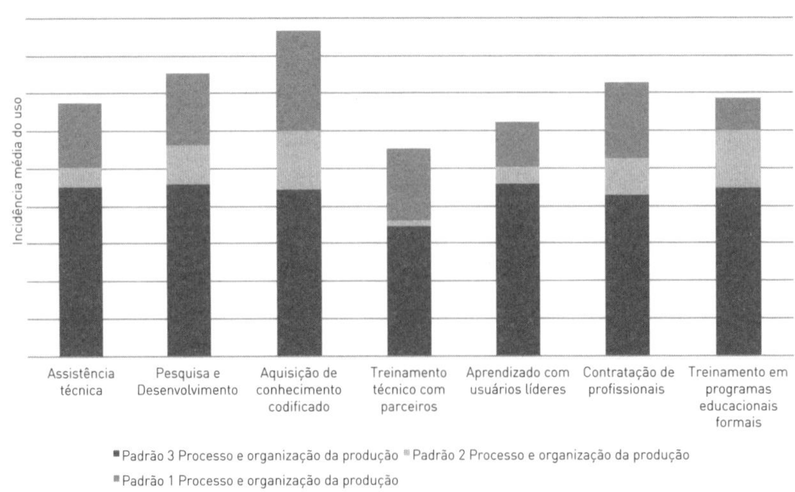

Fonte: Os autores (2018).

Nota: Utilizou-se a Anova com distribuição F para o teste de diferenças entre os padrões e suas frequências médias do uso de mecanismos de aprendizagem interorganizacionais. Todos os mecanismos foram estatisticamente significativos a pelo menos 1%. Os valores representam o teste de Duncan, no qual cada par de padrões foi comparado separadamente. Por esse teste, todos os padrões apresentaram diferenças estatisticamente significativas entre si.

O resultado mantém-se, inclusive, quando se analisa a figura 4.7, que indica com quais parceiros as empresas fizeram mais parcerias na área. Nota-se, principalmente, a relevância de parcerias com clientes e firmas competidoras entre o total das empresas. Em alguns casos, como em parcerias com universidades e institutos de pesquisa locais, as empresas do padrão 3 foram muito mais engajadas em esforços colaborativos para inovação. Na verdade, os resultados para elas destacaram-se em todas as parcerias possíveis. Igualmente, verifica-se que as empresas do padrão 1 engajaram-se em parcerias com mais frequência que seus competidores do padrão 2. Ainda assim, os dois grupos menos tecnologicamente desenvolvidos estão distantes de seus competidores do padrão 3.

Figura 4.7

Diferenças entre os padrões de acumulação de capacidades tecnológicas na área de processo e organização da produção na frequência média das parcerias interorganizacionais, valores médios em % (2003-14)

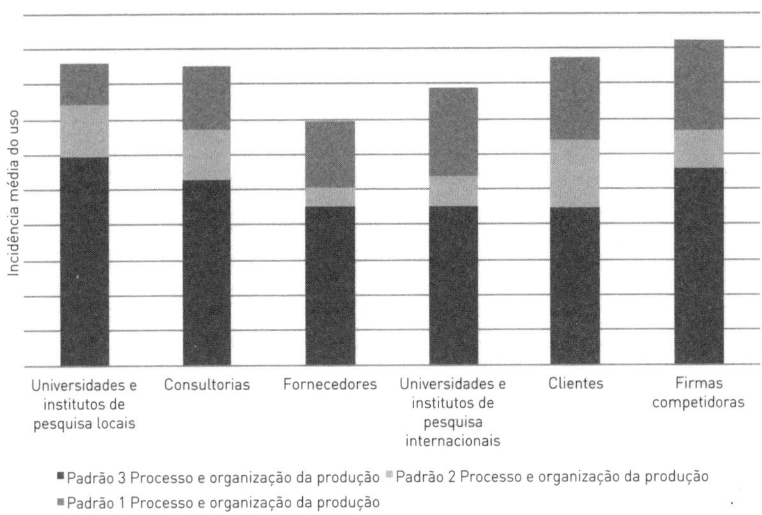

Fonte: Os autores (2018).
Nota: Utilizou-se a Anova com distribuição F para o teste de diferenças entre os padrões e suas frequências médias das parcerias interorganizacionais. Todos os parceiros foram estatisticamente significativos a pelo menos 1%. Os valores representam o teste de Duncan, no qual cada par de padrões foi comparado separadamente. Por esse teste, todos os padrões apresentaram diferenças estatisticamente significativas entre si.

Embora os esforços em parcerias ajudem a explicar a trajetória ascendente das capacidades tecnológicas das empresas do padrão 1, os resultados obtidos evidenciam algumas dificuldades que organizações de menor complexidade tecnológica enfrentam. A figura 4.8 mostra como, apesar de gerar resultados com mais frequência em quase todos os casos, essas empresas não conseguiram depositar nenhuma patente no período analisado.

Entre os resultados mais frequentes, podem-se destacar, principalmente, a geração de informações técnicas sobre processos e a criação de novos produtos e de novos conhecimentos científicos. Melhorias em produtos e criação de patentes, por outro lado, foram resultados encontrados praticamente apenas nas empresas do padrão 3. Isso evidencia que foram os resultados mais frequentes para as empresas com maiores níveis de acumulação de capacidades tecnológicas. Informações técnicas sobre produtos, embora seja o resultado menos comum a partir dos mecanismos interorganizacionais, foram encontradas apenas entre empresas do padrão 3.

Figura 4.8

Diferenças entre os padrões de acumulação de capacidades tecnológicas na área de processo e organização da produção na frequência média dos resultados interorganizacionais, valores médios em % (2003-14)

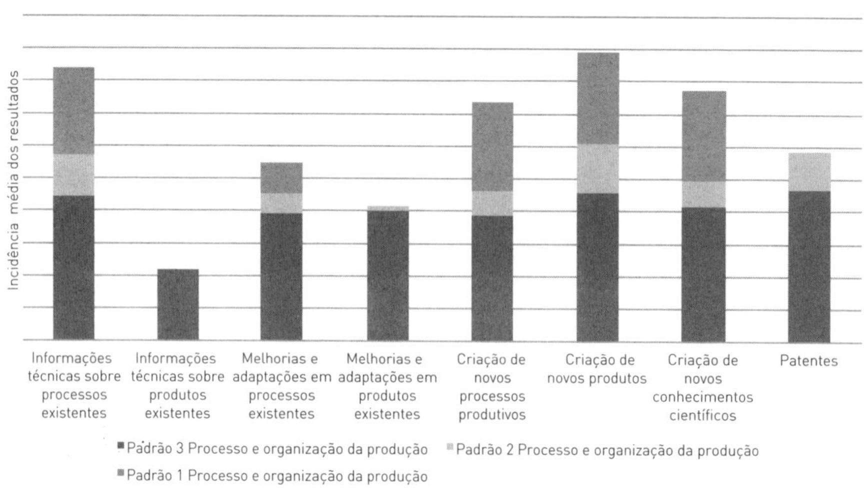

Fonte: Os autores (2018).
Nota: Utilizou-se a Anova com distribuição F para o teste de diferenças entre os padrões e suas frequências médias dos resultados interorganizacionais. Todos os resultados foram estatisticamente significativos a pelo menos 1%. Os valores representam o teste de Duncan, no qual cada par de padrões foi comparado separadamente. Por esse teste, todos os padrões apresentaram diferenças estatisticamente significativas entre si.

Resumidamente, pode-se dizer que as empresas do padrão 3 estão, de maneira geral, sempre preocupadas em estabelecer parcerias com todo tipo de organização — o que é evidenciado pelas suas médias 10 vezes superiores nesse quesito. Na área de processo e organização da produção, essas parcerias ocorreram principalmente para processos otimizadores da produção e redutores de consumo energético. As empresas dos padrões 1 e 2, por sua vez, apresentaram iniciativas mais tímidas em relação a parcerias. No entanto, elas foram valiosas para o aumento de capacidade tecnológica das empresas do padrão 1, que, em muitos casos, apresentaram resultados maiores do que suas concorrentes mais desenvolvidas tecnologicamente. Para as firmas do padrão 1, as parcerias mostraram-se fundamentais principalmente para redução do seu custo produtivo e consequente queda do custo dos produtos.

4.4.2 Área de atividades centradas em produto e o engajamento em aquisição interna de conhecimento

Na área de atividades centradas em produto, as empresas que compõem os padrões com níveis mais elevados de capacidades tecnológicas também apresentaram maiores intensidades no uso de mecanismos intraorganizacionais do que os padrões com níveis mais baixos. Os resultados expressados na figura 4.9 mostram como, para os mecanismos de aprendizagem usados pelas empresas sem parcerias, foram semelhantes aos da área de processo.

Já as entrevistas e os questionários evidenciaram um resultado diferente do encontrado para a área de processo. De maneira geral, as empresas usaram muito mais mecanismos intraorganizacionais em seus esforços tecnológicos nesta área e parcerias em escala muito menor. Inclusive, entre os mecanismos intraorganizacionais mais utilizados, notam-se resultados muito semelhantes não só entre os padrões, como também entre os mecanismos.

Figura 4.9

Diferenças entre os padrões de acumulação de capacidades tecnológicas na área de atividades centradas em produto na frequência média do uso de mecanismos de aprendizagem intraorganizacionais, valores médios em % (2003-14)

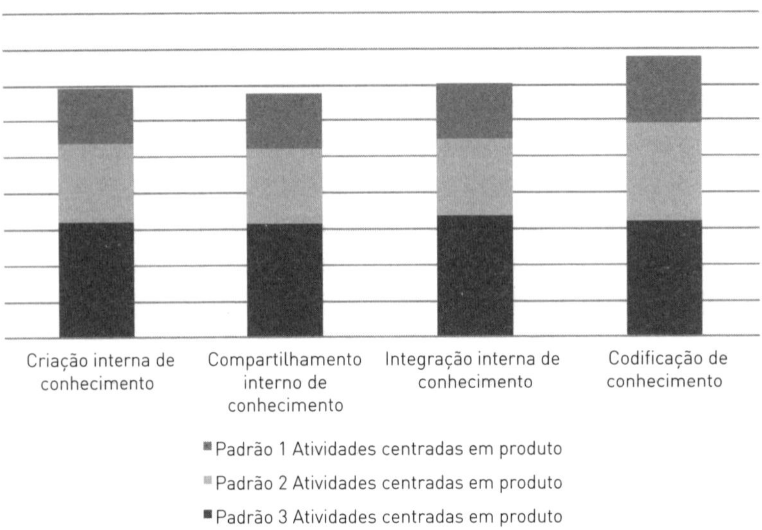

Fonte: Os autores (2018).
Nota: Utilizou-se a Anova com distribuição F para o teste de diferenças entre os padrões e suas frequências médias dos resultados intraorganizacionais. Todos os mecanismos foram estatisticamente significativos a pelo menos 1%. Os valores representam o teste de Duncan, no qual cada par de padrões foi comparado separadamente. Por esse teste, todos os padrões apresentaram diferenças estatisticamente significativas entre si.

No caso dos resultados do uso dos mecanismos de aprendizagem individualmente, os números assemelharam-se ao que foi visto para a área de processo. As empresas do padrão 3 destacaram-se na geração de resultados, seguidas pelas dos padrões 2 e 1. Nesse caso, pode-se reafirmar que a frequência na obtenção de resultados pelo uso de mecanismos intraorganizacionais foi maior para as empresas com nível de capacidade tecnológica mais avançado.

Conforme se vê na figura 4.10, para todos os padrões de acumulação de capacidades tecnológicas nesta área, os principais resultados gerados pelo uso de mecanismos intraorganizacionais foram informações técnicas sobre processos existentes, melhorias e criação de produtos e criação de novos conhecimentos científicos. Assim como para a área de processo, a geração de patentes ficou restrita às empresas do Padrão 3 Produto. Destaca-se também que empresas do Padrão 1 Produto não registraram nenhum esforço para realização de melhorias em processos.

Figura 4.10

Diferenças entre os padrões de acumulação de capacidades tecnológicas na área de atividades centradas em produto na frequência média dos resultados intraorganizacionais, valores médios em % (2003-14)

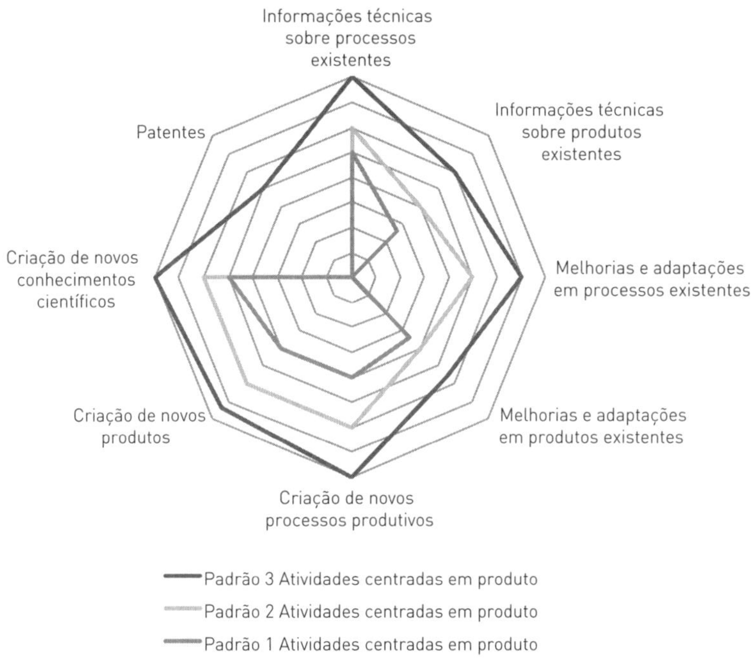

Fonte: Os autores (2018).
Nota: Utilizou-se a Anova com distribuição F para o teste de diferenças entre os padrões e suas frequências médias dos resultados intraorganizacionais. Apenas os resultados E e F não foram estatisticamente significativos ao menos a 10%. Os valores representam o teste de Duncan, no qual cada par de padrões foi comparado separadamente. Por esse teste, todos os padrões apresentaram diferenças estatisticamente significativas entre si.

Já em relação ao uso de mecanismos de aprendizagem com parceiros, a pesquisa apontou que os esforços em parcerias foram menores para todos os padrões nesta área e com pouca diferenciação entre eles. A pesquisa de campo obteve relatos de parcerias, principalmente com clientes, fornecedores e universidades, para desenvolvimento de novos (ou melhores) produtos, mas o número foi menor do que o encontrado na área de processo.

4.5 A influência da acumulação de capacidades tecnológicas na competitividade

Esta seção objetiva explicar como o aumento da competitividade das empresas de siderurgia do Brasil pode ser obtido pela implementação de esforços para acumulação de capacidades tecnológicas. Para fazer essa análise, consideraram-se competitividade tanto a produtividade do trabalho (receita bruta dividida pela quantidade de trabalhadores) quanto a inserção internacional das empresas (proporção de receitas obtidas com exportação).

Os diferentes desempenhos competitivos das empresas estudadas da indústria siderúrgica no Brasil refletem seus diferentes padrões de acumulação de capacidades para áreas tecnológicas diferentes: processo e organização da produção e área centrada em produto. Evidenciou-se que, em ambas, as organizações pertencentes a padrões mais elevados de acumulação de capacidades tecnológicas apresentaram ganhos maiores de produtividade do trabalho e maior proporção das receitas obtidas com exportação do que aquelas de padrões menos elevados.

Por exemplo, na área de processo e organização da produção, as empresas que compõem os dois padrões com níveis de capacidade tecnológica mais elevados (padrões 2 e 3) apresentaram produtividade do trabalho média entre R$ 641 mil e R$ 875 mil por trabalhador. Além disso, revelaram uma proporção das receitas obtidas com exportação média entre 17,75% e 23,06%. Já as empresas do padrão 1 tiveram produtividade do trabalho média de R$ 342 mil por trabalhador e uma proporção das receitas obtidas com exportação média de 2,66% (figura 4.11). Isso equivale, em média, a uma produtividade 1,5 vez menor e a uma inserção internacional 10 vezes menor em relação às empresas com maiores níveis de acumulação.

Figura 4.11

Diferenças entre os padrões de acumulação de capacidades tecnológicas na área de processo e organização da produção na frequência média das variáveis de desempenho competitivo, valores médios (2003-14)

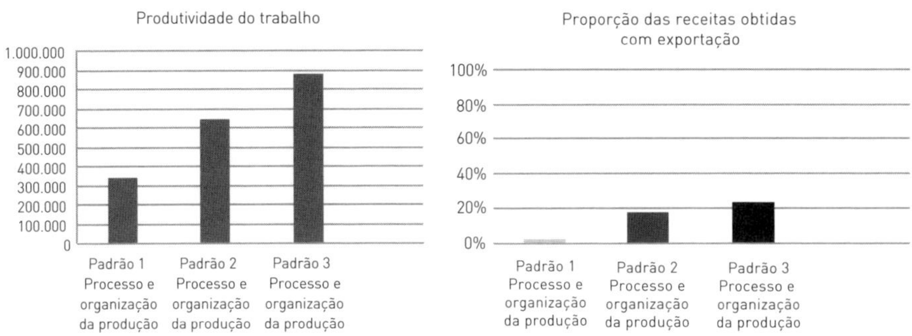

Fonte: Os autores (2018).
Nota: Utilizou-se a Anova com distribuição F para o teste de diferenças entre os padrões e suas frequências médias das variáveis de desempenho. Neste caso, todas as variáveis foram estatisticamente significativas ao menos a 1%. Os valores representam o teste de Duncan, no qual cada par de padrões foi comparado separadamente. Por esse teste, os padrões 2 e 3 não apresentaram diferenças estatisticamente significativas entre si.

O foco em melhoramento dos processos energéticos e de processos de produção das empresas siderúrgicas no Brasil, muitas vezes feito por departamentos de P&D e engenharia, parece contribuir significativamente para os ganhos de produtividade e competitividade do setor. Entretanto, não são inovações em nível da fronteira tecnológica, tais como as realizadas pelos líderes globais nessa área (as asiáticas Posco e Nippon Steel, por exemplo). Ainda que com iniciativas de menor complexidade tecnológica, os esforços inovadores em processos de produção, equipamentos e energia foram uma tendência também para as empresas dos padrões 1 e 2. Para estas, os investimentos em energia normalmente foram realizados com vistas à redução de custos, via contratos com subsidiárias de energia dos estados em que estão localizadas ou mesmo pela construção de subestações próprias. Na maioria dos casos, no entanto, não houve esforços de soluções dentro dos próprios processos de produção ou de uso de tecnologias mais inovadoras — principalmente porque não havia áreas de desenvolvimento tecnológico dedicadas a esses objetivos.

No que se refere ao desempenho exportador, sabe-se que as empresas siderúrgicas brasileiras tendem a enfatizar o mercado interno. As evidências sugerem que o maior engajamento em exportações respondeu diretamente a quedas na demanda interna. Deve-se dizer, entretanto, que ainda assim a média de produção exportada das empresas de maiores padrões tecnológicos foi sistematicamente maior, independentemente da conjuntura interna. Isso se deveu, entre outros motivos, à estrutura logística mais eficiente que essas empresas possuíam e ao fato de que seus processos produtivos eram mais baratos — por deterem capacidades tecnológicas para processo e organização da produção mais elevadas.

Na área de atividades centradas em produto, as empresas que compõem o padrão com o nível de acumulação de capacidades tecnológicas mais elevado (Padrão 3 Produto) apresentaram uma produtividade do trabalho média de R$ 938 mil por trabalhador e uma proporção das receitas obtidas com exportação média de 27%. Já as empresas que compõem os padrões 1 e 2 revelaram produtividade do trabalho média de R$ 339 mil por trabalhador.[4] A proporção das receitas obtidas com exportação das empresas do Padrão 2 Produto foi, em média, de 19,18%, e das empresas do Padrão 1, em média, de apenas 2,66% (figura 4.12). Neste caso, as empresas pertencentes a esses padrões não se mostraram estatisticamente diferentes para a variável de produtividade do trabalho, enquanto aquelas pertencentes ao padrão 3 destacaram-se em termos de desempenho competitivo.

Figura 4.12

Diferenças entre os padrões de acumulação de capacidades tecnológicas na área de atividades centradas em produto na frequência média das variáveis de desempenho competitivo, valores médios (2003-14)

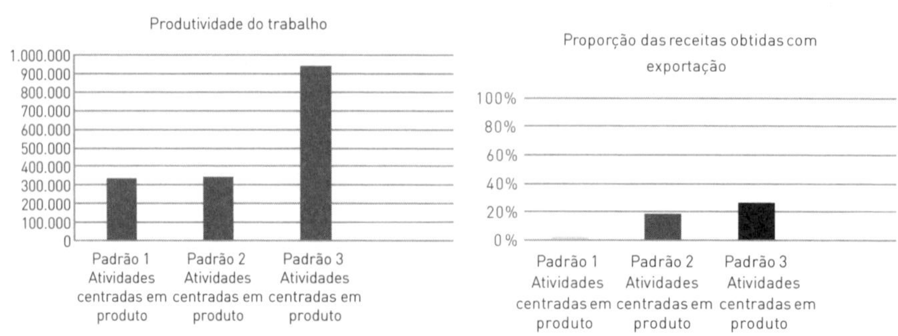

Fonte: Os autores (2018).
Nota: Utilizou-se a Anova com distribuição F para o teste de diferenças entre os padrões e suas frequências médias das variáveis de desempenho. Todas as variáveis foram estatisticamente significativas ao menos a 1%. Os valores representam o teste de Duncan, no qual cada par de padrões foi comparado separadamente. Por esse teste, os padrões 1 e 2 não apresentaram diferenças estatisticamente significativas entre si para a variável produtividade do trabalho.

[4] Esse valor representa a média das produtividades do trabalho das empresas do Padrão 1 Produto (aproximadamente R$ 337 mil por trabalhador) e do Padrão 2 Produto (aproximadamente R$ 342 mil por trabalhador).

Na área de atividades centradas em produtos, percebe-se que, para as empresas do padrão 3, houve uma preocupação constante em produzir novos tipos de aço (para o Brasil), trabalhando, na maioria dos casos, em parceria com clientes, e em melhorias dos aços já existentes. Esse tipo de engajamento permitiu a elas fidelizar os clientes e obter produtividade muito maior que a das empresas dos outros padrões. Para as organizações dos padrões 1 e 2, os resultados inferiores para produtividade estiveram associados principalmente ao menor nível de capacidade tecnológica. São convincentes as evidências de que a acumulação de capacidades tecnológicas na área foi recompensada com ganho na produtividade do trabalho.

Em relação à inserção internacional, para a área de atividades centradas em produto, as conclusões aproximam-se do que foi encontrado para processo e organização da produção, ou seja, as empresas com menores níveis de acumulação de capacidades tecnológicas tiveram menor desempenho exportador (exatos 3% da sua receita total) e aquelas com níveis de acumulação de capacidades tecnológicas superiores apresentaram pelo menos um quinto dos seus ganhos obtidos com exportação. No caso das empresas com maior nível de acumulação de capacidades tecnológicas, a inserção foi até mais de um quarto das receitas obtidas no exterior. No caso das atividades centradas em produto, no entanto, deve-se ressaltar que as organizações dos padrões 2 e 3 possuíam produtos de qualidade superior aos das empresas do padrão 1. Isso possibilitou que o primeiro grupo não só exportasse mais, como para países[5] em que a exigência de qualidade é maior do que, por exemplo, na América Latina.

4.6 Conclusões

Os resultados da pesquisa mostram que as empresas estudadas de siderurgia no Brasil encontram-se em padrões distintos de acumulação de capacidades tecnológicas para duas importantes áreas tecnológicas (processo e organização da produção e atividades centradas em produto). Isso sugere que recomendações de estratégias empresariais e de políticas públicas que tratam a

[5] As empresas responderam, no questionário, quais eram os principais países consumidores de seus produtos. Para as empresas em níveis mais elevados de acumulação, houve maior participação de mercados como Estados Unidos, Europa e Canadá.

indústria como um todo homogêneo escondem a complexidade e a variabilidade das atividades inovadoras e das capacidades tecnológicas relacionadas com elas. Essa constatação é importante não apenas para formuladores de políticas públicas, como também para os gestores dessas empresas, que devem desenhar estratégias distintas de acumulação de capacidades tecnológicas para as áreas aqui analisadas.

Por exemplo, empresas que compõem o padrão de permanência em capacidade inovadora básica em atividades centradas em produto (Padrão 1 Produto) devem se esforçar para *criar* capacidades tecnológicas inovadoras em nível superior, por meio de processos de aprendizagem tecnológica. Já aquelas do padrão de permanência em capacidade inovadora avançada na área de atividades centradas em produto (Padrão 3 Produto) devem *aprofundar e renovar* ainda mais suas capacidades inovadoras, na busca de se moverem para a fronteira tecnológica internacional e desenvolverem produtos novos para o mundo.

Esta pesquisa corrobora a ideia de que se foi o tempo em que as empresas eram autossuficientes em capacidades tecnológicas e realizavam atividades inovadoras de forma individual. De acordo com o que foi estudado, grande parte das capacidades tecnológicas inovadoras é acumulada por meio de parcerias com fornecedores, clientes, competidores e demais organizações da cadeia de valor, assim como universidades e institutos de pesquisa locais. Empresas que acumularam níveis mais avançados de capacidades tecnológicas têm sido mais proativas no estabelecimento de vários arranjos colaborativos com esses tipos de parceiro para a realização de atividades inovadoras. No caso da área de processo e organização da produção, por exemplo, percebe-se que esse tipo de engajamento em parcerias está relacionado com o aumento da capacidade inovadora de parte das empresas.

A distribuição das capacidades tecnológicas para além dos muros das empresas, assim como o envolvimento de parceiros externos no processo de inovação, é irreversível e confirma a fragmentação das atividades inovadoras. Isso impõe novos desafios aos gestores, que precisam diariamente criar mecanismos de interface com parceiros diversos e aprimorar suas práticas de coordenação e integração de conhecimentos externos, vindos de parceiros distintos, para a eficácia de seu processo de inovação. Por sua vez, a gestão dos mecanismos de aprendizagem cada vez mais demanda dos gestores desenvolvimento de capacidades gerenciais para interagir com uma gama vasta de parceiros. Estes, por sua vez, devem ser não só aqueles em nível local, mas especialmente em nível internacional, para empresas que precisam sustentar ou alcançar níveis de capacidade tecnológica de classe mundial.

Embora a indústria brasileira de siderurgia tenha acumulado níveis de capacidade tecnológica avançados nas áreas de processo e organização da produção e de atividades centradas em produto, ainda há uma brecha de capacidade tecnológica inovadora em relação às empresas líderes mundiais, tais como a Posco, na Coreia do Sul. Essa configuração do setor no Brasil permitiu obter bons níveis de faturamento até há alguns anos. Mas percebe-se que o enfraquecimento da demanda interna precisa ser cada vez mais compensado por iniciativas de exportação.

Sabe-se, no entanto, que existem cenários promissores relacionados com investimentos e demanda por infraestrutura urbana. O Brasil ainda tem baixo consumo *per capita* de aço, além de uma enorme necessidade de investimentos em infraestrutura. Portanto, pode haver um aumento expressivo de demanda pelo produto. De forma semelhante, o engajamento em atividades com maior valor agregado, como serviços e construção civil, deveria ser intensificado. Empresas siderúrgicas de liderança mundial na Ásia, por exemplo, têm diminuído a participação do aço na sua receita total com vendas, numa tentativa de reduzir a dependência de apenas um produto e diversificar para áreas diferentes, a fim de garantir seu crescimento de longo prazo.

A busca por uma política pública de inovação em uma perspectiva colaborativa e sistêmica não significa, no entanto, uma postura protecionista exacerbada. Não basta reduzir o custo e o risco para inovar, é preciso também tornar a inovação um imperativo para as empresas. Nesse sentido, a pressão competitiva dos rivais é uma das principais ferramentas de incentivo à inovação no âmbito empresarial. Restrições às importações, por exemplo, podem desestimular o processo de aprendizagem e acumulação de capacidades tecnológicas dentro das empresas. Desse modo, por um lado, é preciso que as empresas brasileiras intensifiquem ainda mais no mercado global. Por outro lado, também é necessário possibilitar a essas empresas condições de competitividade similares aos seus pares de outros países. Especificamente com relação ao setor siderúrgico, o Instituto Aço Brasil compartilhou dois estudos que demonstram que *os custos financeiros e tributários são mais pesados para as empresas brasileiras do que para os seus competidores em outros países*. Ademais, essa constatação é confirmada para a economia brasileira em geral por indicadores como o Índice de Competitividade Global e o Doing Business, que deixam claro que as empresas brasileiras são penalizadas, entre outras coisas, por um ambiente de negócios hostil, especialmente pela altíssima carga tributária (sua correspondente pesada burocracia), por um ambiente macroeconômico inadequado e pela infraestrutura precária. Então, o desafio em termos de política pública é caminhar na direção de reformas que melhorem as condições de competitividade de nossa economia, e que, ao mesmo tempo, gradativamente nos exponha, de maneira eficaz, à competição internacional.

Referências

ANDRADE, M.; CUNHA, M. O setor siderúrgico. In: HERBER, F. (Ed.). *BNDES 50 anos*: história setorial. Rio de Janeiro: BNDES, 2002.

ARCELLORMITTAL. *Nova tecnologia de soldagem*. 2016. Disponível em: <http://blog.arcelormittal.com.br/nova-tecnologia-de-soldagem/>. Acesso em: 22 mar. 2016.

CASTRO, E. C.; FIGUEIREDO, P. N. Aprendizagem tecnológica compensa? Implicações da acumulação de competências tecnológicas para o aprimoramento de performance técnico-econômica em uma unidade de aciaria no Brasil (1997-2001). *Revista de Administração Contemporânea*, p. 109, 2005.

DE PAULA, G. *Economia de baixo carbono*: avaliação de impactos de restrições e perspectivas tecnológicas-siderurgia. Relatório final. Ribeirão Preto: EBC, 2012.

FIGUEIREDO, P. N. Aprendizagem tecnológica e *performance* competitiva: programa de pesquisa e aprendizagem tecnológica e inovação industrial. *Revista de Administração Pública*, Rio de Janeiro, v. 3, n. 2, p. 323-361, 2003.

____. Does technological learning pay off? Interfirm differences in technological capability – accumulation paths and operational performance improvement. *Research Policy*, v. 31, n. 1, p. 73-94, 2002.

____. *Technological learning and competitive performance*. Chelteham, UK; Northampton, USA: Edward Elgar, 2001.

GOMES, F. M. *História da siderurgia brasileira*. São Paulo: Edusp, 1983.

GÜLER, H. Investigation of Usibor 1500 formability in a hot forming operation. *Materials Science*, v. 19, n. 2, p. 144-146, 2013.

INSTITUTO Aço Brasil. Disponível em: <http://www.acobrasil.org.br/site2015/>. Acesso em: 5 ago. 2016.

____. *Fluxo de produção*. Disponível em: <www.acobrasil.org.br/site/portugues/images/imagem_fluxoa%C3%A7o.jpg>. Acesso em: 10 nov. 2017.

SOUZA, F. *Simulação numérica do processo de estampagem a quente do aço*: Usibor 1500P. 2013. 131f. Dissertação (mestrado em engenharia metalúrgica, materiais e de minas) — Universidade Federal de Minas Gerais, Belo Horizonte, 2013.

WORLD STEEL ASSOCIATION. *Steel statistical yearbook 2017*. 2017. Disponível em: <www.worldsteel.org/dms/internetDocumentList/bookshop/2015/Steel-Statistical-Yearbook-2015/document/Steel%20Statistical%20Yearbook%20 2015.pdf>. Acesso em: 9 ago. 2017.

CAPÍTULO 5

Acumulação de capacidades tecnológicas em empresas fornecedoras de equipamentos e serviços da indústria de petróleo e gás brasileira

5.1 Introdução

O objetivo deste capítulo é examinar como empresas fornecedoras de equipamentos e serviços da indústria de petróleo e gás no Brasil acumulam capacidades tecnológicas por meio de mecanismos de aprendizagem e seus impactos na sua competitividade. Essas organizações desempenham atividades e funções distintas dentro da indústria de petróleo e gás, podendo essas diferenças se refletir em seus esforços para desenvolvimento de capacidades tecnológicas.

A indústria de petróleo e gás tem grande importância econômica e tecnológica para a indústria e economia do Brasil. A extração de petróleo e gás e suas atividades de apoio têm uma participação no PIB industrial do país superior a 10% (IBGE, 2016). Ainda, o petróleo e seus derivados são produtos de grande relevância na pauta exportadora (11% do total exportado em 2014) (Brasil, 2016), sendo ele a principal fonte energética usada no mundo e no Brasil (representando 33% e 39% da matriz energética mundial e brasileira, respectivamente) (EPE, 2016; BP Global, 2015). Do ponto de vista tecnológico, essa indústria tem apresentado novas oportunidades de inovação, com transbordamentos para os demais setores econômicos, como a indústria química e de construção civil.

As parcerias para a realização de atividades tecnológicas são uma característica notável desse setor. O desenvolvimento da indústria de fornecedores de serviços e equipamentos de petróleo e gás tem a Petróleo Brasileiro S.A. (Petrobras) como sua principal orquestradora. Ao longo de sua trajetória, ela esteve envolvida no desenvolvimento de fornecedores locais para a superação de desafios tecnológicos, contribuindo para que as empresas fornecedoras alcançassem capacidades inovadoras cada vez mais complexas. Por outro lado, as iniciativas de inovação das empresas fornecedoras têm sido determinadas pelas demandas de empresas produtoras, como a Petrobras.

Em 1986, a Petrobras engajou-se no desenvolvimento de soluções próprias em equipamentos para a produção em águas entre 400/500 m e 1.000 m de profundidade. Para tanto, criou o Programa de Capacitação Tecnológica em Águas Profundas (Procap 1000). Com isso, fomentou o desenvolvimento de fornecedores locais para absorver e adaptar equipamentos importados ou desenvolver tecnologias próprias. Essa tendência continuou com o Procap 2000 e 3000. No processo de desenvolvimento de tecnologias próprias e de substituição de importações, a Petrobras assumiu grande parte dos custos do desenvolvimento dos equipamentos (Dantas e Bell, 2011:1570-1591). Para realizar as parcerias e promover o desenvolvimento de capacidade tecnológica dos fornecedores de equipamentos, foram assinados termos de cooperação tecnológica.

No caso específico dos desenvolvimentos para o pré-sal, a empresa criou, em 2007, o Programa Tecnológico para o Desenvolvimento da Produção dos Reservatórios do Pré-Sal (Prosal), em função dos altos custos dos poços perfurados e da necessidade de melhor conhecimento do tipo de rocha predominante. Assim como em projetos anteriores, o Prosal foi implementado à base de diversos projetos de P&D, realizados em parceria com universidades brasileiras e internacionais e com a cadeia de fornecedores. Assim, no decorrer do processo de criação da rede de fornecedores para suprir as necessidades tecnológicas da indústria de petróleo e gás no Brasil, especialmente as demandas da Petrobras, formaram-se empresas com capacidades tecnológicas heterogêneas.

Para examinar o processo de acumulação de capacidades tecnológicas em algumas delas, a pesquisa subjacente a este livro baseou-se em evidências colhidas diretamente da indústria de petróleo e gás por meio da aplicação de questionários, combinados com trabalhos de campo. O período de cobertura da pesquisa é de 2003 a 2014, tendo sido selecionadas 14 empresas fornecedoras de equipamentos e serviços da indústria de petróleo e gás no Brasil. Dessas empresas, nove atuam na área de serviços de perfuração e equipamentos associados, 10, na área de revestimento e completação de poços[1] e 11, na área de produção e manutenção de poços.[2]

O restante deste capítulo está organizado da seguinte forma: inicialmente, apresenta-se a organização da indústria de equipamentos e serviços para a indústria de petróleo e gás (seção 5.2); em seguida, discute-se, na seção 5.3, a trajetória de acumulação de capacidades tecnológicas nas empresas estudadas; os impactos do uso de mecanismos de aprendizagem na acumulação de capacidades tecnológicas são indicados na seção 5.4; as implicações dessa acumulação na competitividade das empresas estudadas são exploradas na seção 5.5; por fim, a seção 5.6 apresenta as conclusões do capítulo.

5.2 Características e aspectos tecnológicos da indústria de equipamentos e serviços para petróleo e gás

A indústria de petróleo e gás é responsável pelo aproveitamento econômico dos hidrocarbonetos encontrados em rochas sedimentares. Sua cadeia produtiva está dividida em duas partes: (i) a montante, compreendendo atividades de exploração e produção; (ii) a jusante, envolvendo atividades de transporte e refino, petroquímica e distribuição. Ainda, há dois grandes tipos de organização que atuam na cadeia de valor petrolífera: o primeiro refere-se às empresas de petróleo (ou operadoras), estatais ou privadas, com a função de localizar um reservatório em potencial, enquanto o segundo envolve as empresas fornecedoras de equipamentos e serviços (ou parapetrolíferas), que fornecem as tecnologias necessárias para a execução das atividades. As operadoras têm, cada vez mais, direcionado seus esforços e capital à gestão de suas reservas de petróleo e terceirizado as atividades de execução. Desse modo, as atividades das empresas fornecedoras de equipamentos e serviços

[1] Na produção de petróleo, trata-se do processo de preparar um poço para a produção. Pode envolver, por exemplo, injeção de água, diversos fluidos de tratamento e estimulação do reservatório ou gases (Bellarby, 2009).

[2] Algumas empresas atuam em mais de uma área tecnológica.

chegam a representar mais de 70% dos gastos totais de exploração e produção (Bain & Company, 2009).

A indústria parapetrolífera[3] pode ser dividida em oito áreas, de acordo com sua função tecnológica na etapa de exploração e produção: (i) informação de reservatórios; (ii) contratos de perfuração; (iii) serviços de perfuração e equipamentos associados; (iv) revestimento e completação de poços; (v) produção e manutenção de poços; (vi) infraestrutura; (vii) desativação; (viii) apoio logístico (Bain & Company, 2009). As empresas que atuam nessas oito áreas apresentam grandes diferenças em relação ao tamanho, capacidade de acumulação de capital e bases tecnológicas (Ruas, 2012). Considerando tal heterogeneidade, foram examinadas três áreas no âmbito desta pesquisa, quais sejam: (i) serviços de perfuração e equipamentos associados; (ii) revestimento e completação de poços; (iii) serviços de perfuração e equipamentos associados. O principal critério para a escolha dessas áreas relaciona-se às similaridades existentes entre suas atividades produtivas e tecnológicas, de modo que, na maioria das vezes, a mesma empresa atua em duas ou mais das áreas selecionadas.

5.2.1 *Área de serviços de perfuração e equipamentos associados*

A área de serviços de perfuração e equipamentos associados envolve as atividades de suporte à perfuração, medida e registro. Com a área de revestimento e completação de poços, tem o propósito de entregar novos poços prontos para as empresas operadoras. As receitas desta área podem chegar a 18% do total da indústria de equipamentos e serviços para exploração e produção (Bain & Company, 2009). O quadro 5.1 relaciona os segmentos e as funções desenvolvidas pela área.

[3] Trata-se do segmento industrial dedicado a fornecer tecnologias necessárias para executar as atividades de exploração, desenvolvimento e produção de petróleo que são realizadas pela indústria petrolífera (Jesus Junior, 2015).

Quadro 5.1

Segmentos e funções desenvolvidas pela área de serviços de perfuração e equipamentos associados

Segmento	Funções tecnológicas
Perfilagem convencional	Fornece informações geofísicas que permitem inferir a presença de petróleo e/ou gás em um potencial reservatório com determinada precisão. Para isso, os fornecedores disponibilizam equipamentos especiais (por exemplo, instrumentos de medição) e equipes de operação e executam a análise dos resultados.
Perfuração direcional	Realiza a perfuração de poços em direções diferentes à vertical ou perfurações que demandam mudanças na direção. Os fornecedores disponibilizam os equipamentos necessários, como motores de perfuração, estabilizadores e instrumentação de medição durante a perfuração, em conjunto com as equipes de operação especializadas.
Lamas de perfuração	Fornece lamas e fluidos de perfuração, adaptados para cada aplicação em particular.
Aluguel de ferramentas e serviço de pesca	Disponibiliza ferramentas de poço (por exemplo, ferramentas de alargamento).
Brocas de perfuração	Fornece brocas de perfuração apropriadas aos requerimentos particulares de cada aplicação. Para tanto, além de fabricar as brocas, fazem-se necessários o desenho, o desenvolvimento e/ou a seleção da melhor solução para cada caso.
Controle de sólidos	Filtra e controla as características das lamas (por exemplo, densidade e viscosidade), assim como realiza o descarte final destas. Para tal propósito, são disponibilizados equipamentos específicos por venda ou aluguel.
Perfilagem durante a perfuração	Fornece a entrega em tempo real das informações geofísicas ao longo da atividade de perfuração. Para tanto, utilizam-se instrumentos de medição mais robustos que podem ser agregados à coluna de perfuração, conseguindo, assim, obter as medições simultaneamente.
Ferramentas de poço	Disponibiliza diversos equipamentos utilizados em operações efetuadas dentro do poço (como percussores e juntas de segurança).
Registro de lamas	Entrega de informações relacionadas com as aparas, os gases e os fluidos contidos nas lamas que retornam dos poços durante a perfuração. Os fornecedores disponibilizam os equipamentos específicos e as equipes para análise de amostras.

Fonte: Adaptado de Bain & Company (2009).

Nesta pesquisa, foram estudadas nove empresas da área de serviços de perfuração e equipamentos associados. Entre elas, apenas uma é de origem nacional, sendo as demais de origem europeia ou estadunidense. A empresa de capital nacional foi fundada em 2008 e as multinacionais estão há pelo menos 20 anos atuando no Brasil.

5.2.2 Área de revestimento e completação de poços

Revestimento e completação de poços é a atividade sequencial à perfuração do poço. Essa área é responsável por fornecer serviços que garantam a resistência estrutural para que o poço entre em operação e as atividades de completação, podendo compreender 22% das receitas totais da indústria de equipamentos e serviços para exploração e produção (Bain & Company, 2009). O quadro 5.2 apresenta os segmentos da área de revestimento e completação de poços e as funções tecnológicas relacionadas.

Quadro 5.2
Segmentos e funções desenvolvidas pela área de revestimento e completação de poços

Segmento	Funções tecnológicas
Serviços de bombeamento de pressão (*pressure pumping*)	Proporciona o bombeamento do fluido ou substância viscosa através do revestimento (cimentação) ou tubulação de produção do poço em alta pressão.
Inspeção e revestimentos de tubulações (*inspection and coating*)	Garante a integridade física das colunas de perfuração, revestimento, tubulação de produção e varetas de sucção.
Testes de produção (*production testing*)	Determina se as taxas de produção do poço são aceitáveis ou não. Os principais testes empregados são: teste de coluna (*drill steam test*), teste de superfície (*surface production test*) e teste de pressão (*pressure test*).
Serviços de tubulação flexível contínua (*coiled tubing services*)	Consiste em alternativa à tubulação de produção convencional (rígida e com conexões), o que confere maior velocidade de instalação e a capacidade de inserir ou retirar tubos contínuos de poços, mesmo enquanto eles se encontram sob pressão.
Serviços de revestimento e instalação de tubulação de produção (*casing and tubing services*)	Prepara um poço para que ele possa entrar em produção por meio do revestimento e instalação de tubos de produção.
Equipamentos de completação (*completion equipment*)	Fornece vedador permanente ou reutilizável (*retrievable and permanent packer*), conjunto vedador (*bridge plug*), suporte de revestimento (*liner hanger*), completação multilateral (*multilateral completions*), sistema de completação inteligente (*intelligent completion system*) e tubulação expansível (*expandable tubular*).
Tubos de aço para revestimento e tubulação de produção	Fornece tubos e acessórios aplicados a colunas de perfuração (contratos de perfuração), revestimento de poços e tubulação de produção.
Equipamentos de revestimento e cimentação (*casing hardware*)	Fornece centralizadores, sapatas-guia/de flutuação, colares de flutuação, vedadores infláveis, ferramentas para cimentação em estágios, raspadeiras, cestas e tampões usados para centralizar e ancorar devidamente o revestimento.

Fonte: Adaptado de Bain & Company (2009).

Foram estudadas 10 empresas da área de revestimento e completação de poços, sendo duas de capital nacional, fundadas há 10 e 20 anos, e oito originárias da Europa e dos Estados Unidos, as quais atuam no Brasil há mais de 20 anos.

5.2.3 Área de produção e manutenção de poços

Após a perfuração, o tratamento do poço e a instalação da infraestrutura para a produção, as operadoras contam com o fornecimento de equipamentos e serviços vinculados à operação e ao suporte da infraestrutura de produção. As atividades dessa área representam 13% das receitas totais da indústria de equipamentos e serviços para exploração e produção. O quadro 5.3 apresenta as funções tecnológicas, de acordo com os segmentos da área de produção e manutenção de poços.

Quadro 5.3

Segmentos e funções desenvolvidas pela área de produção e manutenção de poços

Segmento	Funções tecnológicas
Equipamentos submarinos (*subsea equipment*)	Proporciona o controle da vazão de hidrocarbonetos de um poço em produção, da mesma forma que os equipamentos de superfície, com a diferença de que estão posicionados no leito marinho. Os principais tipos de equipamento são: base submersa (*template*), árvore de Natal (*Christmas tree*), piano de válvulas de produção (*manifold*), cabos umbilicais (*umbilicals*) e tubulação de fluxo flexível ou rígida (*flowlines*).
Equipamentos de superfície (*surface equipment*)	Consiste em equipamentos que controlam a vazão de hidrocarbonetos de um poço em produção. Os principais tipos de equipamentos são: cabeça ou topo do revestimento/tubo (*casing and tubing heads*), árvores de Natal (*Christmas tree*), sistemas de fechamento de segurança (*safety shutdown systems*), medidores e equipamento de controle de fluxo (*gauges and flow control equipment*)
Extração artificial (*artificial lift*)	Consiste em equipamentos para extrair fluidos dos poços, em especial aqueles cuja pressão ascendente natural não é suficiente.
Manutenção de poços (*well servicing*)	Compreende os serviços de manutenção e reparos a poços, como *simple rod Jobs, swabbing, water hauling, site preparation*, entre outros.
Produtos químicos especiais (*specialty chemicals*)	Inclui produtos utilizados para estender a vida útil de equipamentos de exploração e produção, melhorar a composição do petróleo ou gás e preparar fluidos que auxiliem na extração do petróleo e na diminuição de perdas.
Serviços de compressão (*contract compression services*)	Compreende as atividades de compressão aplicada antes do gasoduto, isto é, tubulações através das quais o gás é enviado da plataforma até a costa ou infraestrutura de consolidação de produção. As principais atividades compreendidas são: *wellhead*, captação de gás e processamento.

Fonte: Adaptado de Bain & Company (2009).

A pesquisa para a área de produção e manutenção de poços envolveu 11 empresas, das quais duas são de capital nacional e nove são multinacionais. Estas, de origem europeia e estadunidense, atuam no Brasil há mais de duas décadas.

5.3 Acumulação de capacidades tecnológicas nas empresas fornecedoras de equipamentos e serviços na indústria de petróleo e gás estudadas (2003-14)

Nesta seção, examinam-se os processos de acumulação de capacidades tecnológicas nas empresas estudadas. Esse exame foi realizado à luz da base analítica da pesquisa e, particularmente, com base na escala de capacidades tecnológicas apresentada no capítulo 2 (quadro 2.1). As empresas com trajetórias semelhantes de acumulação de capacidades tecnológicas foram classificadas no mesmo grupo, chamado, neste estudo, de padrão de acumulação de capacidades tecnológicas. Normalmente, diferentes padrões estão associados a distintos mecanismos de aprendizagem e resultados em termos de desempenho competitivo. Ainda que a relação entre as áreas seja relevante, em alguns casos a mesma empresa apresentou padrões distintos para cada área tecnológica. Assim, esta seção apresenta a organização das empresas em termos de padrões de acumulação de capacidades tecnológicas, como também algumas das características de cada um desses grupos de empresas para cada área tecnológica.

5.3.1 Acumulação de capacidades tecnológicas na área de serviços de perfuração e equipamentos associados

A figura 5.1 apresenta a evolução dos padrões de acumulação de capacidades tecnológicas encontrados na área de serviços de perfuração e equipamentos associados. Entre as nove empresas estudadas, foram encontrados três padrões, que refletem a manutenção de acumulação de capacidades tecnológicas ao longo do período de 2003 a 2014. A seguir, são comentadas algumas das diferenças e similaridades entre as empresas que constituem cada um deles.

Figura 5.1

Padrões de acumulação de capacidades tecnológicas na área de serviços de perfuração e equipamentos associados (2003-14)

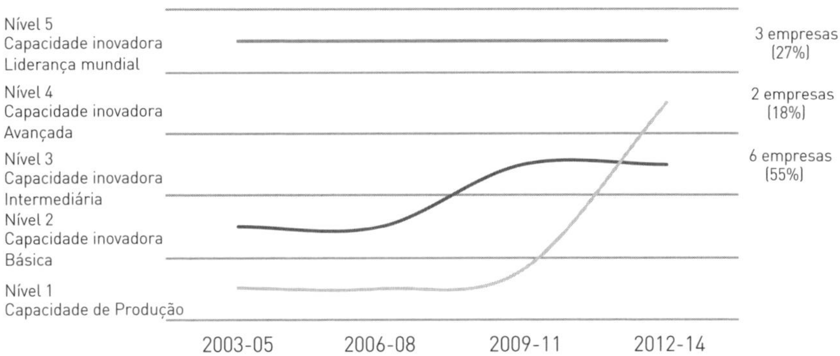

Padrão 1 Produção de Poços: evolução da capacidade inovadora básica à intermediária
Padrão 2 Produção de Poços: evolução da capacidade de produção à inovação avançada
Padrão 3 Producão de Pocos: manutencão em capacidade inovadora de lideranca mundial

Fonte: Os autores (2018).

(i) Padrão 1 Perfuração: permanência em capacidade inovadora básica

Este padrão compreende duas empresas (22%) que, no período de 2003 a 2014, se mantiveram com capacidade tecnológica de nível básico. Elas conseguiram realizar pequenas adaptações e melhorias em diferentes serviços de perfuração e equipamentos associados. Contudo, não foram capazes de realizar aprimoramentos e modificações relativamente complexos nessas atividades.

Por exemplo, implementaram pequenas adaptações e melhorias em brocas e lamas de perfuração, no uso de ferramentas de poço e registro de lamas, assim como realizaram aproveitamento energético e introduziram novas técnicas de gestão para aumento de produtividade e melhoria da confiabilidade, segurança e qualidade dos processos e sistemas de produção. No entanto, houve pouco esforço inovador para a implementação de atividades tecnológicas mais complexas.

(ii) Padrão 2 Perfuração: permanência em capacidade inovadora intermediária

O Padrão 2 Perfuração é composto por três empresas (33%) que, entre 2003 e 2014, se mantiveram estáveis no nível de capacidade intermediário. Elas implementaram, de maneira sistemática, ao longo do período examinado, aprimoramentos e modificações relativamente complexos em diferentes serviços de perfuração e equipamentos associados. Tais atividades envolveram, por exemplo, melhorias substanciais de produtos para atender às exigências de clientes específicos; otimização de matérias-primas e de etapas específicas dos processos de produção; e aperfeiçoamentos em serviços de pesca, brocas de perfuração, lamas de perfuração ou controle de sólidos.

As empresas desse padrão são subsidiárias de organizações multinacionais originárias de outros países. Nesse conjunto, as atividades de P&D não são realizadas no Brasil. Desse modo, os novos produtos são projetados e desenvolvidos na matriz estrangeira e posteriormente fabricados no Brasil. Os representantes das empresas informaram em entrevista que as subsidiárias brasileiras funcionam para captar as demandas de inovação por parte das empresas-clientes e que ainda não há esforços em P&D nessa área no país. Assim, seus esforços de aprendizagem e inovadores foram insuficientes para fazê-las acumular nível de capacidade tecnológica na área de perfuração mais próximo daquele dos líderes globais.

Deve-se ressaltar também que a acumulação do nível de capacidade intermediário contou com parcerias em iniciativas pontuais para resolução de problemas específicos ao longo do período analisado. Essas parcerias envolveram, por exemplo, solução conjunta de problemas e treinamento para o credenciamento de fornecedores. De fato, as empresas do Padrão 2 Perfuração realizaram mais parcerias do que as do padrão, que se mantiveram estáveis no nível de capacidade tecnológica básico.

(iii) Padrão 3 Perfuração: permanência em capacidade inovadora de liderança mundial

O Padrão 3 Perfuração compreende empresas (quatro ou 44%) que, no período analisado por esta pesquisa, se mantiveram estáveis no nível de capacidade tecnológica de liderança mundial. Em outras palavras, conseguiram permanecer sistematicamente realizando P&D básicos e aplicados, desenvolvidos por contra própria ou em parceria, no mesmo nível das empresas líderes mundiais em serviços de perfuração e equipamentos associados.

Essas empresas implementaram atividades inovadoras à base de P&D básicos e engenharia avançada em processos e sistemas de produção novos para o mundo nas áreas de sondas de perfuração, plataformas de perfuração, bombas de lama e guindastes. Adicionalmente, engajaram-se no desenvolvimento de novos materiais e tecnologias que reduzem significativamente os impactos ambientais dos processos de produção e manutenção de poços. Também desenvolveram novos equipamentos e sistemas de produção para manutenção de poços. Segundo os gestores entrevistados, tais equipamentos envolveram, entre outros, bombas e brocas, para diminuir o custo de manutenção e o tempo de perfuração das empresas-clientes.

Este padrão comporta empresas que têm unidades organizacionais dedicadas, como centros de pesquisa para desenvolvimento de produtos/serviços de forma contínua e de P&D básicos. Esses centros atuam, em sua maioria, à base de rede com centros parceiros de outras unidades da empresa no mundo. São o lócus principal das inovações desenvolvidas na área de processo e organização da produção.

As parcerias com clientes ou usuários tiveram papel fundamental para o desenvolvimento de novos produtos nas empresas do Padrão 3 Perfuração e foram importantes para acumular capacidade tecnológica na área de perfuração e equipamentos associados. Foram realizadas em maior número do que no caso das empresas do Padrão 2 Perfuração. A investigação de desafios tecnológicos que surgirão no longo prazo foi também uma característica das empresas deste padrão.

5.3.2 Acumulação de capacidades tecnológicas na área de revestimento e completação de poços

A figura 5.2 apresenta a evolução dos padrões de acumulação de capacidades tecnológicas encontrados na área de revestimento e completação de poços. Entre as 10 empresas estudadas, foram encontrados três padrões, dois dos quais refletem apenas a manutenção dos níveis avançado e intermediário de capacidades tecnológicas, enquanto um indica a evolução da capacidade de produção para o nível avançado ao longo do período examinado.

Figura 5.2

Padrões de acumulação de capacidades tecnológicas na área de revestimento e completação de poços (2003-14)

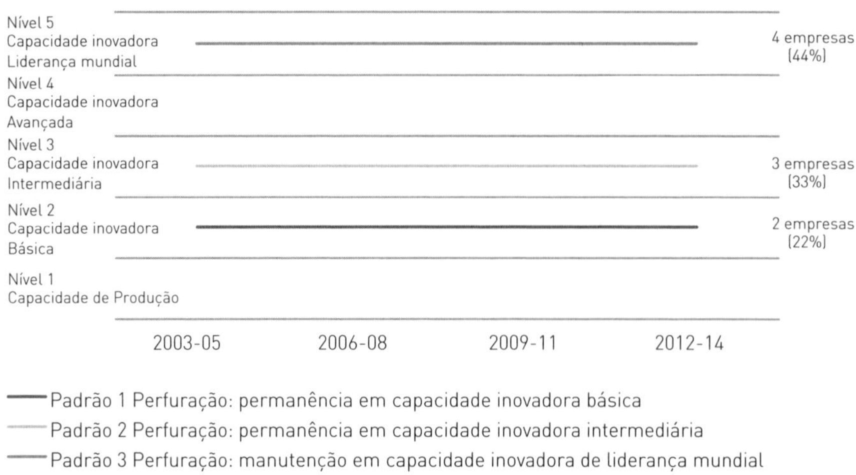

Fonte: Os autores (2018).

(i) Padrão 1 Revestimento: permanência em capacidade inovadora intermediária

Este padrão é composto por duas empresas (20%), que se mantiveram no nível de inovação intermediário, isto é, durante todo o período examinado, foram capazes de realizar atividades relativamente complexas baseadas em engenharia e experimentações. Embora estabilizadas no nível intermediário de inovação, em oposição às empresas do Padrão 2 Revestimento, fizeram tentativas de acúmulo de nível de capacidade que se mostraram insuficientes. Ademais, elas se mostraram satisfatoriamente organizadas em relação à otimização do seu processo produtivo e a alguns esforços para a realização de inovações incrementais.

A manutenção das empresas do Padrão 1 Revestimento no nível de capacidade intermediário relacionou-se, principalmente, à ausência de iniciativas mais robustas na direção de criar um departamento de P&D no Brasil, capaz de implementar atividades inovadoras próximas àquelas dos líderes globais da indústria — característica fundamental para obtenção do nível de capacidade tecnológica avançado. Conforme relatado nas entrevistas, as demandas tecnológicas mais complexas das empresas-clientes são repassadas para os centros de pesquisa localizados fora do Brasil.

Ainda, essas empresas envolveram-se de maneira não sistemática e apenas pontual em parcerias. Embora haja evidências na literatura e na indústria sobre os ganhos obtidos por meio delas, em termos de conhecimento tecnológico para inovação, observaram-se escassas iniciativas para a realização de parcerias nessa área, as quais poderiam incluir criação de arranjos organizacionais envolvendo interações entre P&D, engenharia, produção, *marketing*, fornecedores e clientes, para suporte às atividades de inovação em processos de produção.

(ii) Padrão 2 Revestimento: evolução de capacidade de produção para capacidade inovadora avançada

O Padrão 2 Revestimento é composto por duas empresas (20%), que progrediram até a capacidade inovadora avançada. Essa mudança de nível ocorreu entre os triênios 2009-11 e 2012-14. São empresas que, entre 2003 e 2011, apenas eram capazes de fabricar produtos e/ou realizar serviços nas áreas de equipamentos de completação, revestimento e instalação de tubulação de produção, além de implementar atividades de produção com uso das mais avançadas técnicas de organização e com base em certificações internacionais.

Entre 2012 e 2014, avançaram para a capacidade de implementar atividades inovadoras próximas àquelas realizadas pelos líderes globais. Essa evolução relacionou-se a uma estratégia de *fast follower*, à base de P&D aplicados e engenharia para o desenvolvimento de processos de produção, nas áreas de tubos de aço para revestimento e tubulação de produção, equipamentos de revestimento e cimentação (*casing hardware*) ou serviços de bombeamento de pressão.

O aumento de nível de capacidade tecnológica, de produção para inovadora avançada, deu-se por dois motivos principais: (i) uma estratégia das empresas, que atuavam no setor de elétricos, de adquirir firmas já estabelecidas no setor de petróleo e gás que possuíam níveis mais elevados de capacidade inovadora; (ii) criação de centros de P&D no Brasil. Conforme mencionado nas entrevistas, esses fatores surgiram de uma mudança na estratégia global das empresas, que intensificou os investimentos produtivos e de inovação no Brasil.

Percebeu-se um esforço mais propositivo por parte das empresas pertencentes a esse padrão, de fortalecer parcerias com clientes. As empresas também informaram que foram capazes de implementar atividades inovadoras próximas àquelas realizadas pelos líderes globais da indústria, porém a P&D básicos ainda não são realizados de forma sistemática. Como mencionado nas entrevistas, a criação de departamentos de P&D e a realização de P&D básicos são importantes para a eficiência da produção.

As empresas do Padrão 1 Revestimento apresentaram conduta diferente daquelas do Padrão 2 Revestimento para dar suporte às atividades de inovação em processos de produção. Criaram arranjos organizacionais envolvendo interações entre P&D, engenharia, produção, *marketing*, fornecedores, clientes e/ou universidades e institutos de pesquisa.

(iii) Padrão 3 Revestimento: permanência em capacidade inovadora avançada

O Padrão 3 Revestimento compreende seis empresas (60%), que permaneceram em nível de capacidade tecnológica avançado. No período estudado, elas se mantiveram capazes de implementar atividades inovadoras próximas àquelas realizadas pelos líderes globais. Essa característica, por sua vez, reflete uma estratégia de *fast follower*, à base de P&D aplicados e engenharia, levada a cabo internamente e/ou em colaboração com universidades e institutos de pesquisa.

Essas empresas realizaram, no período estudado, atividades de P&D aplicados e engenharia em diferentes áreas, como desenvolvimento de processos de produção nas áreas de tubos de aço para revestimento e tubulação de produção, revestimento de poços e tubulação de produção etc. Exemplos dessas atividades foram relatados pelas empresas, como o encapsulamento de sensores em ferramentas que ficam dentro de dutos de alta pressão, para monitorar e melhorar o processo de montagem; e o desenvolvimento de cimento autocicatrizante para evitar vazamentos de dióxido de carbono decorrentes de fissuras pelo movimento tectônico no pré-sal.

Outra característica comum às empresas deste padrão é a utilização de tecnologias emergentes, como *big data* e nanotecnologia, nos seus processos produtivo e de inovação, assim como a interação constante com parceiros, sobretudo com universidades, institutos de pesquisa e clientes.

5.3.3 Acumulação de capacidades tecnológicas na área de produção e manutenção de poços

A figura 5.3 representa a evolução dos padrões encontrados de acumulação de capacidades tecnológicas na área de produção e manutenção de poços. Entre as 11 empresas estudadas pela pesquisa, foram encontrados três padrões, e um deles se manteve constante no nível de liderança mundial e os outros dois tiveram evolução ao longo do período estudado.

Figura 5.3

Padrões de acumulação de capacidades tecnológicas na área de produção e manutenção de poços (2003-14)

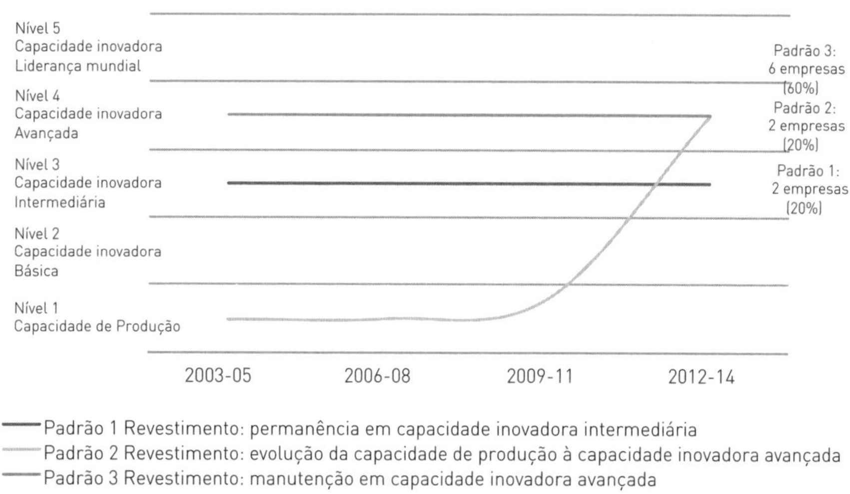

Fonte: Os autores (2018).

(i) Padrão 1 Produção de Poços: evolução de capacidade inovadora básica para intermediária

Este padrão é composto por seis empresas (55%), cujas capacidades inovadoras evoluíram do nível básico para o intermediário nos triênios 2006-08 e 2009-11. Essas empresas, entre 2003 e 2008, apenas eram capazes de realizar pequenas adaptações em tecnologias de operações; a partir de então, acumularam capacidades para implementar modificações relativamente complexas baseadas em engenharia e experimentações.

As evidências da pesquisa sugerem que elas tiveram evolução em suas capacidades de realizar atividades tecnológicas específicas na área de produção e manutenção de poços. Até o triênio 2006-08, por exemplo, realizavam pequenas adaptações e melhorias no uso de bombas elétricas submersíveis (*electric submersible pump*) e de piano de válvulas de produção[4] (*manifold*) ou base submersa (*template*). A partir do triênio 2009-11, passaram também a realizar modificações relativamente complexas em tecnologias de produção e manutenção de poços, incluindo melhoramento em automação de processos e equipamentos para atender a especificidades de produtos e clientes, e aprimoramento e otimização de matérias-primas e de etapas específicas dos processos de produção.

Um dos fatores que permitiram às empresas avançar de nível foi a aquisição de companhias competidoras que atuavam com capacidade tecnológica inovadora superior. Conforme relatado nas entrevistas, essas aquisições também estiveram alinhadas à estratégia de intensificar os esforços de inovação com a ampliação dos investimentos ou a criação de departamentos de P&D. A capacidade de colocar em prática modificações relativamente complexas passou a ser reforçada por parcerias mais frequentes com fornecedores e clientes a partir de 2008. As empresas começaram a se inserir em projetos conduzidos pela Petrobras, relacionados com adaptações em produtos e processos e mudanças de *design*.

(ii) Padrão 2 Produção de Poços: evolução de capacidade de produção para capacidade inovadora avançada

O Padrão 2 Produção de Poços é composto por duas empresas (18%), cujas capacidades evoluíram do nível de produção para o de inovação avançado, entre os triênios 2009-11 e 2012-14. São empresas que, entre 2003 e 2011, eram capazes de implementar atividades de produção com uso das mais avançadas técnicas de organização da produção com base em certificações internacionais; a partir daí, acumularam capacidades para implementar atividades inovadoras próximas àquelas realizadas pelos líderes mundiais, à base de P&D aplicados.

[4] Trata-se de um conjunto de válvulas acessórias que serve para direcionar a produção de vários poços para um duto coletor, o qual conduz a produção total para uma unidade de produção (Bellarby, 2009).

As evidências da pesquisa sugerem que elas tiveram evolução das suas capacidades de realizar atividades tecnológicas específicas na área de produção e manutenção de poços. Até o triênio 2009-11, por exemplo, fabricavam produtos e/ou realizavam serviços nas áreas de equipamentos submarinos, equipamentos de superfície, extração artificial, manutenção de poços, produtos químicos especiais e serviços de compressão, utilizando as práticas mais avançadas e internacionalmente reconhecidas de gestão de energia, que integram a eficiência energética à gestão da produção.

A partir do triênio 2012-14, essas empresas passaram também a implementar atividades inovadoras próximas àquelas realizadas pelos líderes globais no Brasil, refletindo uma estratégia de *fast follower*. A principal diferença em relação ao período anterior foi a aplicação de P&D e engenharia de ponta nas atividades que desenvolviam.

Três fatores contribuíram para essa evolução: (i) adquiriram empresas já estabelecidas na área de produção e manutenção de poços em petróleo e gás no Brasil, cuja operação possuía níveis de capacidade tecnológica mais avançados; (ii) são empresas multinacionais com larga experiência na área e com centros de P&D estabelecidos nos principais polos tecnológicos mundiais de petróleo e gás, e que adotaram uma estratégia de transferir parte de seu esforço de inovação às subsidiárias brasileiras; (iii) instalaram centros de tecnologia no Brasil, nos quais realizaram P&D aplicados em colaboração com universidades, institutos de pesquisa, clientes e fornecedores.

O desafio tecnológico de extrair petróleo e gás da camada pré-sal foi o fator que estimulou as empresas deste padrão a investir nos centros de P&D no Brasil. As empresas têm focado no desenvolvimento de produtos mais compactos, menos sensíveis à pressão e com maior flexibilidade de operação em alta profundidade. As evidências também sugerem que as empresas do Padrão 2 Produção de Poços tiveram uma reação anticíclica em decorrência da crise que atingiu o setor:[5] enquanto a maioria das organizações do setor petrolífero reduziu investimentos, postergou projetos e cortou custos, elas buscaram outras possibilidades de parcerias e de diversificação, de modo a não ficarem exclusivamente sujeitas às demandas da Petrobras.

[5] A partir de 2014, o preço internacional do barril de petróleo passou a declinar fortemente. As companhias de petróleo engajaram-se numa revisão de suas estratégias de exploração e produção. Como consequência, houve redução dos investimentos e aumento do desemprego na indústria do petróleo em todo o mundo (Pedrosa e Correa, 2016).

(iii) Padrão 3 Produção de Poços: permanência em capacidade inovadora de liderança mundial

O Padrão 3 Produção de Poços é composto por três empresas (27%), que mantiveram suas capacidades inovadoras no patamar de liderança mundial em todo o período estudado. Elas estabilizaram suas capacidades de implementar atividades inovadoras à base de P&D e engenharia avançada, relativas à criação e ao desenvolvimento de tecnologias novas para o mundo e que abrem oportunidades para a entrada em novos negócios na operação de produção e manutenção de poços. Neste caso, possuíam departamentos formais de P&D, que desenvolveram produtos e serviços de ponta em direções substancialmente diferentes das linhas convencionais de P&D já realizadas pela indústria mundial de petróleo e gás.

As evidências da pesquisa sugerem que essas empresas desenvolveram, por meio de P&D (com e/ou sem parcerias), processos e sistemas de produção novos para o mundo nas áreas de equipamentos submarinos e de superfície, extração artificial, produtos químicos especiais e serviços de compressão, novos materiais e tecnologias que reduzem significativamente os impactos ambientais e novos equipamentos e sistemas de produção para manutenção de poços. Assim, suas atividades inovadoras contribuíram para avanços na fronteira tecnológica internacional nessa indústria.

As parcerias foram muito importantes para essas organizações, que desenvolveram, em colaboração com a Petrobras, tecnologias que viabilizaram economicamente a exploração do pré-sal. Antes desse evento, não havia tecnologia no mundo disponível que pudesse ser aplicada à extração do petróleo localizado no pré-sal, devido à elevada profundidade dessa camada e às características da reserva, como a grande concentração de dióxido de carbono, a alta pressão em águas ultraprofundas e as diferenças na temperatura. Segundo relatado nas entrevistas, essas empresas realizaram investimentos significativos nas operações no Brasil para atender às necessidades da Petrobras e proporcionar maior conteúdo local nesses projetos. Como resultado da intensificação de esforços de inovação para viabilizar a exploração do pré-sal, tornaram-se líderes em fornecimento de equipamentos para o mercado de águas ultraprofundas.

Nas três áreas examinadas e nos seus padrões correspondentes, a acumulação de capacidades tecnológicas ocorreu em função do uso, pelas empresas, de vários mecanismos de aprendizagem. Os tipos de mecanismo e sua intensidade serão examinados na seção seguinte.

5.4 A importância dos mecanismos de aprendizagem para a acumulação de capacidades tecnológicas nas empresas de petróleo e gás estudadas

Como mostrado anteriormente (capítulo 2), os mecanismos de aprendizagem referem-se aos esforços e investimentos feitos pelas empresas para adquirir e assimilar conhecimento tecnológico, acumulando capacidades tecnológicas tanto para atividades de produção quanto para atividades inovadoras. No capítulo 2, foram detalhados todos os tipos examinados e suas formas de mensuração. Esses mecanismos podem ser intra, quando ocorrem dentro da empresa, ou interorganizacionais, quando ocorrem dentro ou fora da empresa, ou seja, quando são realizados à base de parcerias. Nesta seção, examina-se até que ponto as empresas que usaram mais intensamente determinados mecanismos de aprendizagem acumularam mais capacidades tecnológicas. A seguir, discutem-se as consequências do uso desses mecanismos no nível de capacidade tecnológica das empresas de fornecimento de equipamentos e serviços para a indústria de petróleo e gás no Brasil.

5.4.1 Área de serviços de perfuração e equipamentos associados: interação com clientes/usuários na acumulação de capacidades tecnológicas

Na área de serviços de perfuração e equipamentos associados, as empresas que compõem os padrões com níveis menores de capacidades tecnológicas (Padrão 1 Perfuração e Padrão 2 Perfuração) apresentaram menores frequências no uso de mecanismos intraorganizacionais do que o Padrão 3 Perfuração. A exceção foi o mecanismo de criação interna de conhecimento, usado com maior frequência pelas empresas do padrão 2 do que do padrão 3 (figura 5.4).

As empresas do padrão 3 geraram, por meio dos mecanismos internos de aprendizagem, resultados com frequência média semelhante à das empresas do padrão 2 (figura 5.5). Dessa forma, a utilização de mecanismos internos teve menor influência para diferenciar padrões de acumulação tecnológica entre esses dois últimos padrões.

Figura 5.4

Diferenças entre os padrões de acumulação de capacidades tecnológicas na área de serviços de perfuração e equipamentos associados na frequência média do uso de mecanismos de aprendizagem intraorganizacionais, valores médios em % (2003-14)

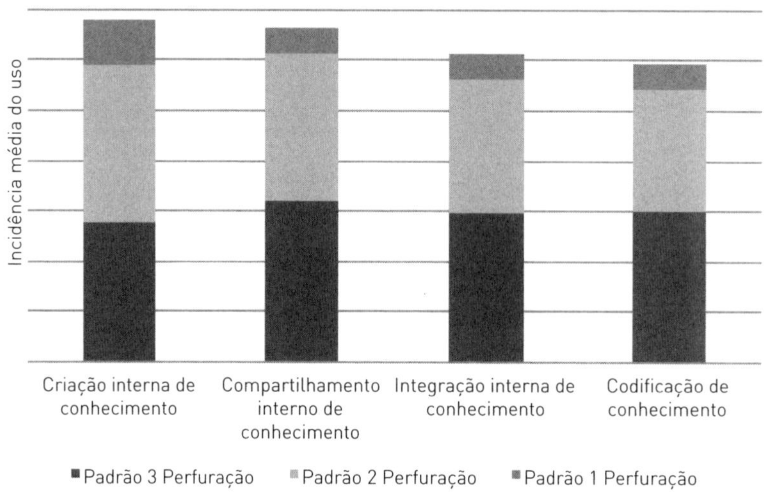

Fonte: Os autores (2018).

Nota: Utilizou-se a Anova com distribuição F para o teste de diferenças entre os padrões e suas frequências médias do uso de mecanismos de aprendizagem intraorganizacionais. Todos os mecanismos foram estatisticamente significativos a 1%. Os valores representam o teste de Duncan, no qual cada par de padrões foi comparado separadamente. Por esse teste, os padrões 2 e 3 não apresentaram diferenças estatisticamente significativas entre si.

Figura 5.5

Diferenças entre os padrões de acumulação de capacidades tecnológicas na área de serviços de perfuração e equipamentos associados na frequência média dos resultados intraorganizacionais, valores médios em % (2003-14)

Fonte: Os autores (2018).

Nota: Utilizou-se a Anova com distribuição F para o teste de diferenças entre os padrões e suas frequências médias do resultado de mecanismos de aprendizagem intraorganizacionais. Apenas o mecanismo H não foi estatisticamente significativo, ao menos a 10%.

O panorama para os mecanismos interorganizacionais na área de serviços de perfuração e equipamentos associados foi distinto, pois houve diferença na incidência média de uso de acordo com cada padrão de empresa. As do padrão 2 utilizaram parcerias e delas obtiveram resultados em frequência média superior à das empresas do padrão e inferior à do padrão 3 (figura 5.6). As empresas do Padrão 2 Perfuração relataram fazer parcerias para atender a demandas específicas dos clientes para modificar ferramentas ou adaptar peças. Desse modo, aguardam ser demandadas por oportunidades de desenvolvimento tecnológico e não procuram desenvolver produtos inovadores por conta própria, o que justifica sua permanência em capacidade inovadora intermediária.

Por sua vez, as médias das empresas do Padrão 3 Perfuração para todas as categorias (frequência de uso de mecanismos, parcerias realizadas e resultados da parceria) foram sempre bastante superiores às dos demais padrões, indicando a relevância das parcerias para as organizações desse nível de capacidade tecnológica. Os mecanismos mais utilizados por elas foram atividades de P&D e de assistência técnica com clientes e universidades e institutos de pesquisa locais (figura 5.7). Ainda, elas realizaram parcerias para desenvolvimento tecnológico com diversas universidades, inclusive pequenas e locais, em que desenvolveram atividades de pesquisa básica. Os principais resultados gerados a partir do uso desses mecanismos de aprendizagem tecnológica foram a criação de novos conhecimentos científicos e melhorias e adaptações em produtos existentes (figura 5.8).

Figura 5.6

Diferenças entre os padrões de acumulação de capacidades tecnológicas na área de serviços de perfuração e equipamentos associados na frequência média do uso de mecanismos de aprendizagem interorganizacionais, valores médios em % (2003-14)

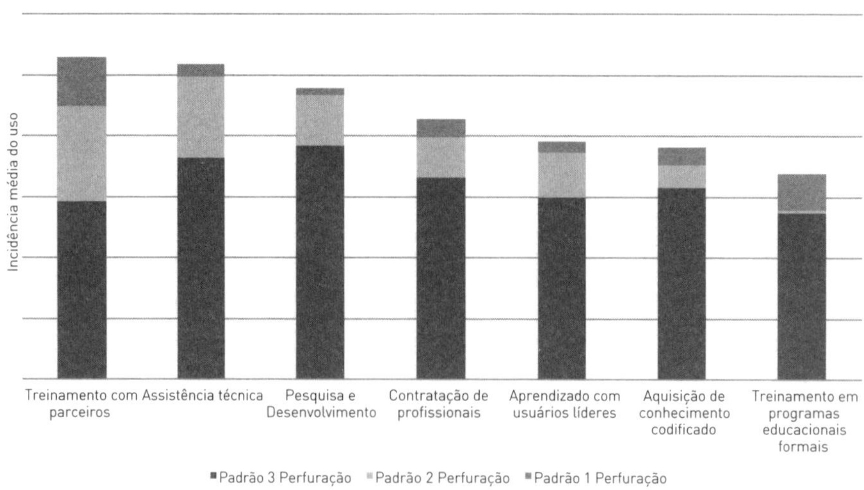

Fonte: Os autores (2018).
Nota: Utilizou-se a Anova com distribuição F para o teste de diferenças entre os padrões e suas frequências médias do uso de mecanismos de aprendizagem interorganizacionais. Apenas o mecanismo A não foi estatisticamente significativo, ao menos a 10%. Os valores representam o teste de Duncan, no qual cada par de padrões foi comparado separadamente.

Figura 5.7

Diferenças entre os padrões de acumulação de capacidades tecnológicas na área de serviços de perfuração e equipamentos associados na frequência média das parcerias interorganizacionais, valores médios em % (2003-14)

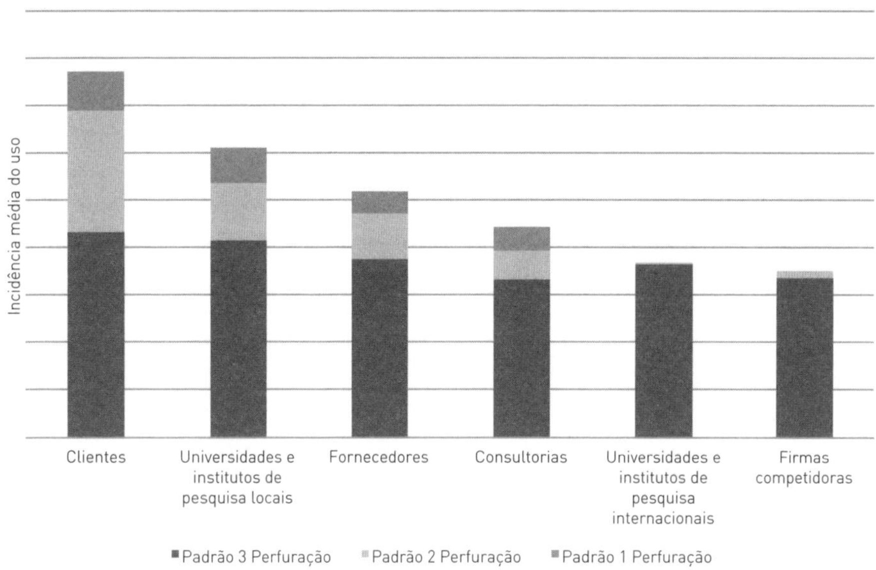

Fonte: Os autores (2018).
Nota: Utilizou-se a Anova com distribuição F para o teste de diferenças entre os padrões e suas frequências médias das parcerias interorganizacionais. Todas as variáveis foram estatisticamente significativas, ao menos a 10%. Os valores representam o teste de Duncan, no qual cada par de padrões foi comparado separadamente.

Figura 5.8

Diferenças entre os padrões de acumulação de capacidades tecnológicas na área de serviços de perfuração e equipamentos associados na frequência média dos resultados interorganizacionais, valores médios em % (2003-14)

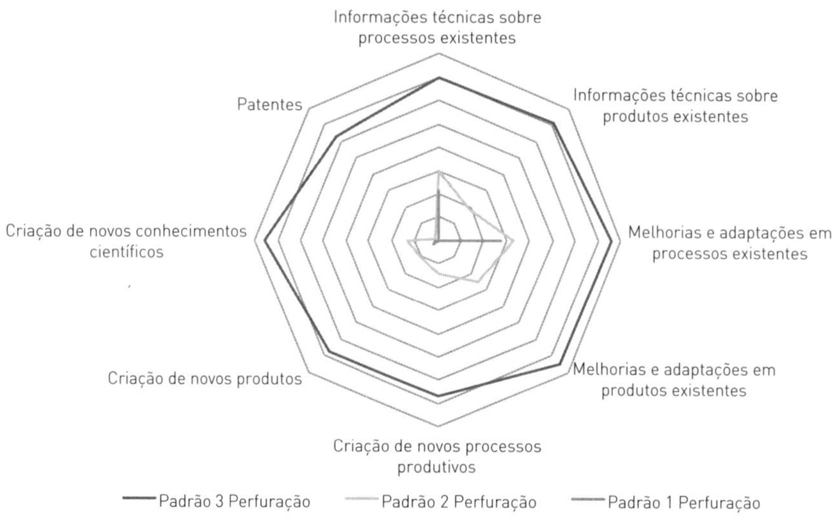

Fonte: Os autores (2018).
Nota: Utilizou-se a Anova com distribuição F para o teste de diferenças entre os padrões e suas frequências médias dos resultados de mecanismos de aprendizagem interorganizacionais. Apenas os resultados A e C não foram estatisticamente significativos, ao menos a 10%. Os valores representam o teste de Duncan, no qual cada par de padrões foi comparado separadamente.

Na área de serviços de perfuração e equipamentos associados, a diferença entre os padrões de acumulação de capacidades tecnológicas parece assentar-se no uso dos mecanismos de aprendizagem tecnológica à base de parcerias interorganizacionais. Por esse motivo, as empresas do Padrão 3 Perfuração, que estão no nível de capacidade inovadora de liderança mundial, revelaram incidência média de uso de parcerias e de resultados destas muito superior à das empresas dos demais padrões. Em uma indústria na qual desenvolvimento conjunto, sobretudo com clientes, é uma vantagem competitiva relevante, percebe-se que as iniciativas dessas empresas se mostraram compatíveis com a maioria das grandes empresas de petróleo e gás do mundo.

5.4.2 Área de revestimento e completação de poços: a importância dos mecanismos de aprendizagem intraorganizacionais para a acumulação de capacidades tecnológicas

Na área de revestimento e completação de poços, as empresas dos padrões com níveis mais elevados de capacidades tecnológicas apresentaram maiores intensidades no uso de mecanismos intraorganizacionais (internos) do que as dos padrões com níveis mais baixos (figura 5.9). No caso das organizações do Padrão 1 Revestimento, o mecanismo interno mais utilizado foi o compartilhamento de conhecimento, o que gerou, principalmente, informações técnicas sobre processos e produtos existentes (figura 5.10). A incidência média do uso e dos resultados gerados pelos mecanismos internos de aprendizagem foi, em média, duas vezes menor que nos demais padrões, justificando a dificuldade das empresas do Padrão 1 Revestimento de evoluir para o nível de capacidade inovadora avançado.

Por sua vez, o uso dos mecanismos de aprendizagem intraorganizacionais e seus decorrentes resultados tiveram importante impacto na acumulação de capacidades tecnológicas das empresas do Padrão 2 Revestimento (nível de inovação avançado). A incidência média dos mecanismos internos nessas empresas foi muito próxima à das empresas do Padrão 3 Revestimento. Como se trata de firmas que não operavam regularmente na área de revestimento e completação de poços e passaram a atuar mediante a aquisição de outras empresas, elas tiveram que intensificar os esforços internos para alcançar o nível de capacidade tecnológica avançado — por exemplo, pela criação de departamentos de P&D no Brasil. As empresas do Padrão 2 Revestimento relataram que, nesses departamentos, são realizadas a pesquisa básica, em casos pontuais, e a pesquisa aplicada, no caso de necessidades específicas do cliente.

Figura 5.9

Diferenças entre os padrões de acumulação de capacidades tecnológicas na área de revestimento e completação de poços na frequência média do uso de mecanismos de aprendizagem intraorganizacionais, valores médios em % (2003-14)

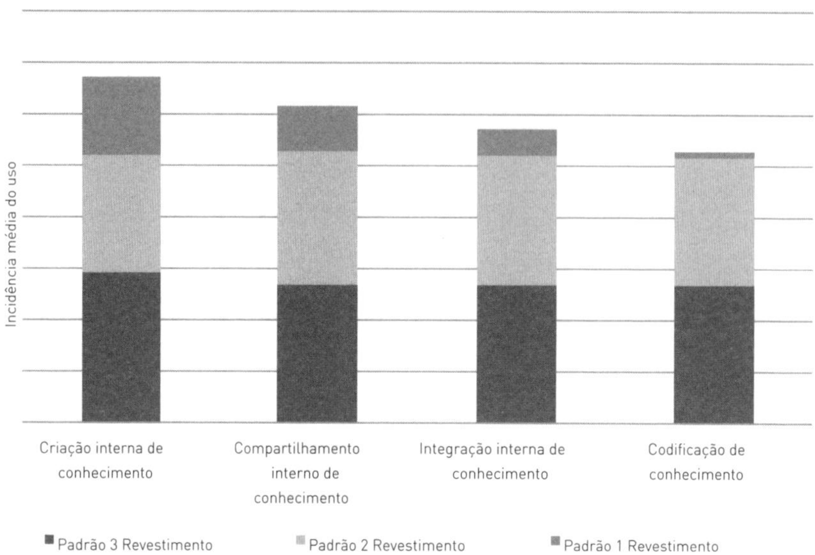

Fonte: Os autores (2018).
Nota: Utilizou-se a Anova com distribuição F para o teste de diferenças entre os padrões e suas frequências médias do uso de mecanismos de aprendizagem intraorganizacionais. Apenas o mecanismo A não foi estatisticamente significativo, ao menos a 10%. Os valores representam o teste de Duncan, no qual cada par de padrões foi comparado separadamente.

As empresas do Padrão 3 Revestimento foram as únicas que apresentaram resultados relevantes em patentes decorrentes do uso de mecanismos intraorganizacionais. Elas realizaram investimentos para tornar o centro de P&D brasileiro parâmetro de excelência mundial. Por exemplo, esses centros têm departamento de provas, que possibilita fazer testes em escala real, o que não é visto em outros centros do mundo na área de revestimento e completação de poços.

Figura 5.10

Diferenças entre os padrões de acumulação de capacidades tecnológicas na área de revestimento e completação de poços na frequência média dos resultados intraorganizacionais, valores médios em % (2003-14)

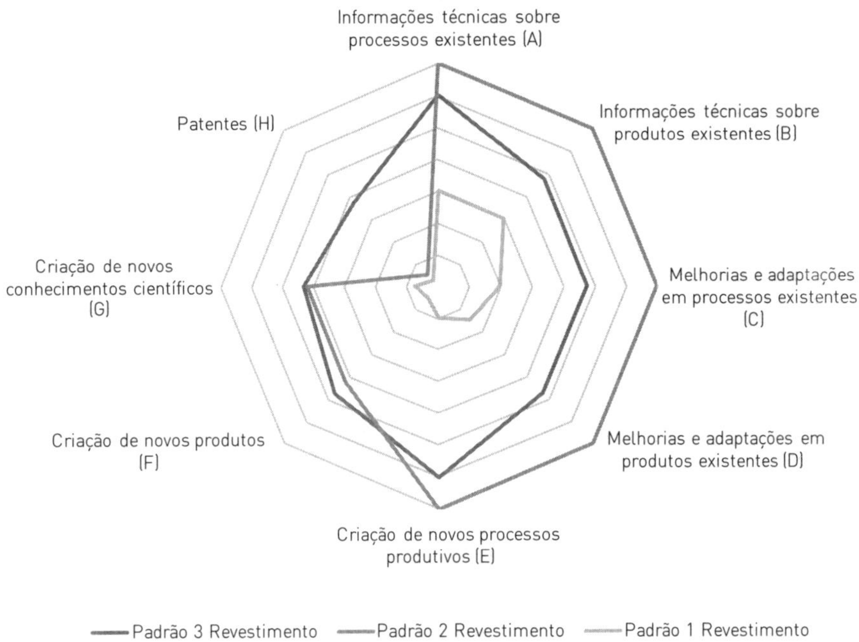

Fonte: Os autores (2018).
Nota: Utilizou-se a Anova com distribuição F para o teste de diferenças entre os padrões e suas frequências médias dos resultados de mecanismos de aprendizagem intraorganizacionais. Todos os resultados foram estatisticamente significativos, ao menos a 10%.

De maneira distinta do que foi encontrado para a área de serviços de perfuração e equipamentos associados, os esforços em parcerias foram significativamente menores para todos os padrões e com pouca diferenciação entre eles. Isso foi evidenciado não só pela não significância estatística das variáveis analisadas, como também pela presença de médias parecidas até nos casos em que havia significância. As únicas evidências destacadas ficaram por conta de casos pontuais. Nota-se, por exemplo, que as empresas do Padrão 3 Revestimento formaram parcerias mais frequentes com universidades e institutos de pesquisa locais para realizar atividades de P&D.

5.4.3 Área de produção e manutenção de poços: o papel das parcerias com clientes e universidades na acumulação de capacidades tecnológicas

Na área de produção e manutenção de poços, a média de uso dos mecanismos internos das empresas dos padrões 2 e 3 foi semelhante e superior à incidência média dos mecanismos das empresas do padrão 1 (figura 5.11). Os resultados gerados pelo uso dos mecanismos também foram semelhantes para as empresas dos padrões 2 e 3, com exceção da criação de novos produtos e de novos conhecimentos científicos, que foram maiores para as empresas do último padrão (figura 5.12).

A incidência média do uso de mecanismos intraorganizacionais foi menor nas empresas do Padrão 1 Produção de Poços do que nos demais padrões. Contudo, eles se mostraram importantes para que as empresas evoluíssem de capacidade inovadora básica para intermediária. Por exemplo, em uma das empresas desse padrão, foi implementado um programa interno para a gestão da inovação, em que os funcionários compartilhavam e sugeriam soluções para desafios tecnológicos da operação da empresa.

Os mecanismos intraorganizacionais de aprendizagem tecnológica também foram importantes para as empresas do Padrão 2 Produção de Poços, que possuíam processos de documentação e codificação para que o conhecimento gerado em determinada operação pudesse ser aproveitado na aplicação de outra. Outro exemplo foi a implantação de plataformas analíticas com *big data* para fundamentar tomadas de decisão. Os esforços em mecanismos intraorganizacionais geraram resultados em processos de produção importantes para o acúmulo de capacidades tecnológicas das empresas desse padrão nos momentos de aquisição de outras empresas e da criação de departamentos internos de P&D. Embora as parcerias também tenham sido importantes para a aprendizagem, os mecanismos internos parecem ter sido determinantes para avançar ao nível de inovação avançado.

Figura 5.11

Diferenças entre os padrões de acumulação de capacidades tecnológicas na área de produção e manutenção de poços na frequência média do uso de mecanismos de aprendizagem intraorganizacionais, valores médios em % (2003-14)

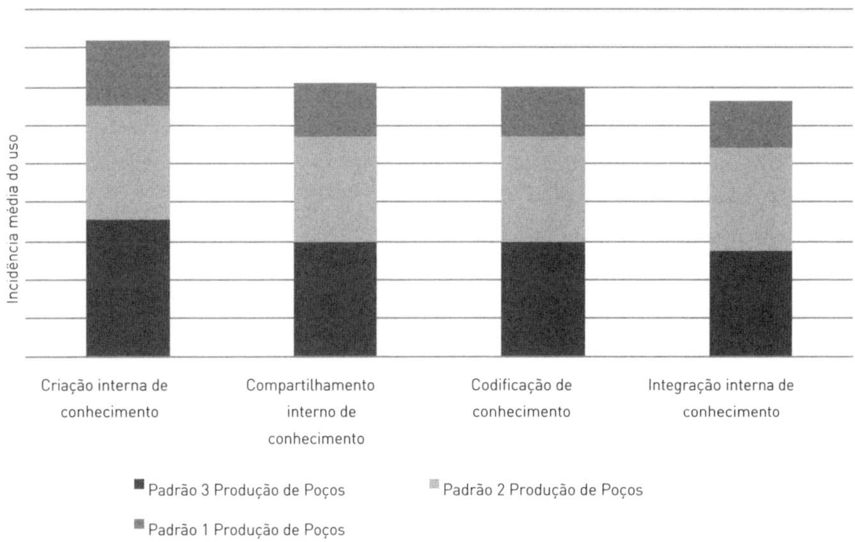

Fonte: Os autores (2018).

Nota: Utilizou-se a Anova com distribuição F para o teste de diferenças entre os padrões e suas frequências médias do uso de mecanismos de aprendizagem intraorganizacionais. Todos os mecanismos foram estatisticamente significativos, ao menos a 10%. Os valores representam o teste de Duncan, no qual cada par de padrões foi comparado separadamente.

Figura 5.12

Diferenças entre os padrões de acumulação de capacidades tecnológicas na área de produção e manutenção de poços na frequência média dos resultados intraorganizacionais, valores médios em % (2003-14)

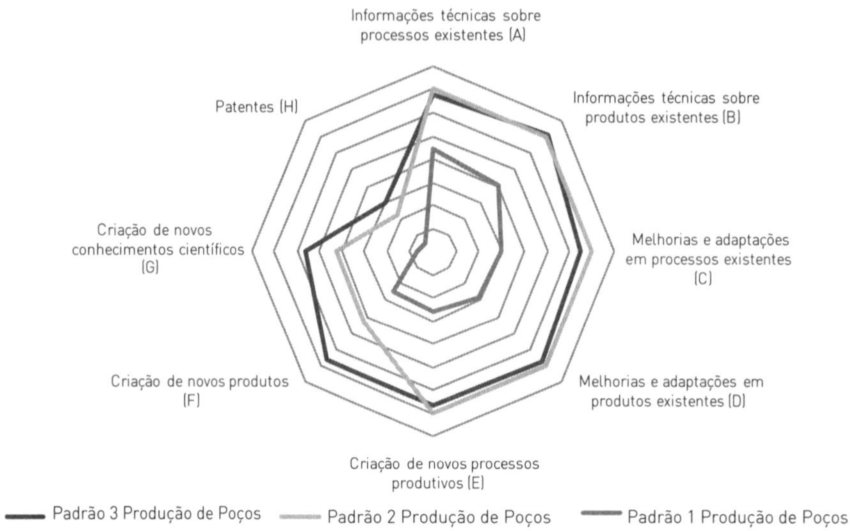

Fonte: Os autores (2018).
Nota: Utilizou-se a Anova com distribuição F para o teste de diferenças entre os padrões e suas frequências médias dos resultados de mecanismos de aprendizagem intraorganizacionais. Apenas o mecanismo H não foi estatisticamente significativo, ao menos a 10%.

Um panorama distinto ao visto para os mecanismos intraorganizacionais foi encontrado para os mecanismos interorganizacionais na área de produção e manutenção de poços. As médias do Padrão 3 Produção de Poços para todas as categorias (uso de mecanismos de aprendizagem, parceiros e resultados da parceria) foram sempre muito superiores às dos demais padrões. As parcerias das empresas do padrão 1, que tiveram incidência média bastante inferior à dos demais padrões, começaram a ser firmadas com mais frequência entre 2009 e 2011, período em que avançaram para o nível de capacidade inovador. Já as parcerias das empresas do Padrão 2 Produção de Poços foram firmadas, de forma mais frequente, com universidades e institutos de pesquisa locais e clientes para a realização de assistência técnica e treinamento, especialmente. As evidências sugerem que as empresas do padrão 2 buscaram diversificar as parcerias, de forma que não ficassem sujeitas às demandas de somente um cliente (figuras 5.13 e 5.14).

Os principais mecanismos utilizados pelas firmas do Padrão 3 Produção de Poços — P&D e assistência técnica — focaram-se particularmente em clientes, fornecedores e institutos de pesquisa e universidades locais. Entre os resultados dessas parcerias, as patentes foram os mais expressivos em comparação com as empresas dos demais padrões (figura 5.15).

A manutenção da capacidade inovadora de liderança mundial pelas empresas do Padrão 3 Produção de Poços parece ter derivado das parcerias e de seus decorrentes resultados. Elas informaram estar envolvidas com pesquisa básica em parceria com universidades, sendo capazes de suprir as demandas tecnológicas das empresas-clientes. Os representantes relataram que os departamentos de P&D das empresas desse padrão têm o mesmo nível de excelência dos centros internacionais.

Figura 5.13

Diferenças entre os padrões de acumulação de capacidades tecnológicas na área de produção e manutenção de poços na frequência média do uso de mecanismos de aprendizagem interorganizacionais, valores médios em % (2003-14)

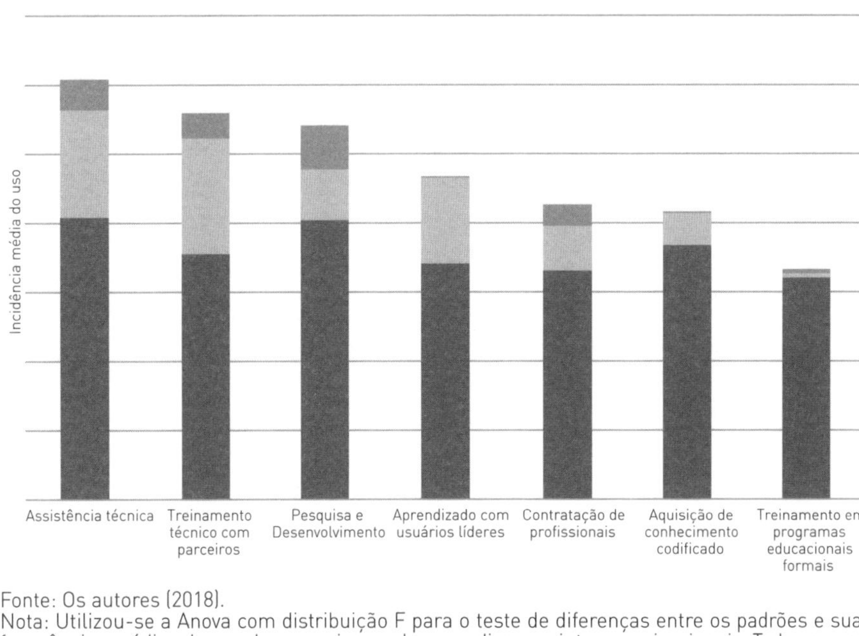

Fonte: Os autores (2018).
Nota: Utilizou-se a Anova com distribuição F para o teste de diferenças entre os padrões e suas frequências médias do uso de mecanismos de aprendizagem interorganizacionais. Todos os mecanismos foram estatisticamente significativos, ao menos a 10%. Os valores representam o teste de Duncan, no qual cada par de padrões foi comparado separadamente.

Figura 5.14

Diferenças entre os padrões de acumulação de capacidades tecnológicas na área de produção e manutenção de poços na frequência média das parcerias interorganizacionais, valores médios em % (2003-14)

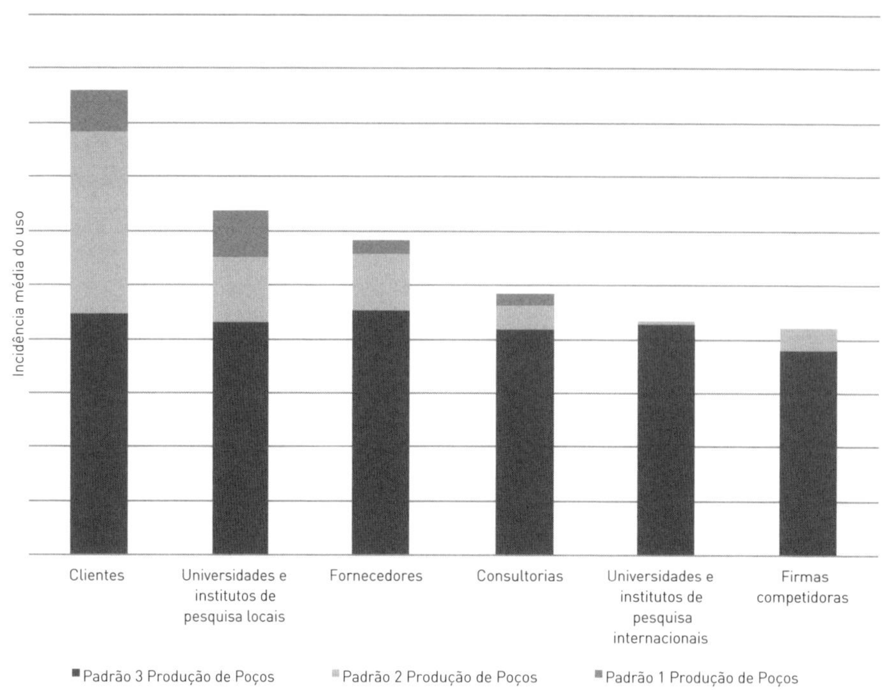

Fonte: Os autores (2018).
Nota: Utilizou-se a Anova com distribuição F para o teste de diferenças entre os padrões e suas frequências médias das parcerias de mecanismos interorganizacionais. Todas as variáveis foram estatisticamente significativas, ao menos a 10%. Os valores representam o teste de Duncan, no qual cada par de padrões foi comparado separadamente.

Figura 5.15

Diferenças entre os padrões de acumulação de capacidades tecnológicas na área de produção e manutenção de poços na frequência média dos resultados interorganizacionais, valores médios em % (2003-14)

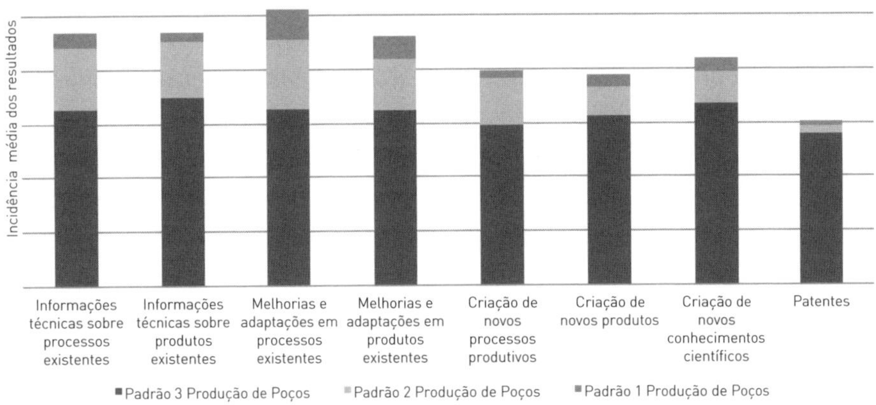

Fonte: Os autores (2018).
Nota: Utilizou-se a Anova com distribuição F para o teste de diferenças entre os padrões e suas frequências médias dos resultados de mecanismos de aprendizagem interorganizacionais. Todos os resultados foram estatisticamente significativos, ao menos a 10%. Os valores representam o teste de Duncan, no qual cada par de padrões foi comparado separadamente.

Em síntese, as evidências permitem inferir que, no caso das empresas do Padrão 2 Produção de Poços, os esforços em mecanismos intraorganizacionais para gerar resultados nos processos de produção foram fundamentais para que acumulassem capacidade tecnológica a partir da aquisição de outras empresas e da criação de departamentos internos de P&D. Embora as parcerias também tenham sido importantes para o desenvolvimento de capacidades tecnológicas, os mecanismos internos parecem ter sido determinantes para avançar ao nível de inovação avançado.

Já no caso das empresas do Padrão 3 Produção de Poços, a manutenção no nível de inovação de liderança mundial deveu-se muito às parcerias tecnológicas e aos resultados delas decorrentes. Empresas relacionadas a esse padrão estiveram engajadas com universidades e clientes para desenvolver produtos inovadores à base de P&D compatíveis com a exploração do pré-sal.

5.5 O impacto da acumulação de capacidades tecnológicas no desempenho competitivo das empresas fornecedoras de equipamentos e serviços na indústria de petróleo e gás

Tendo demonstrado que as empresas que usaram mais intensamente mecanismos de aprendizagem acumularam níveis mais elevados de capacidades tecnológicas, nesta seção objetiva-se examinar até que ponto a acumulação de capacidades tecnológicas impactou no desempenho competitivo dessas empresas. Para isso, consideraram-se como variáveis de desempenho competitivo: a produtividade do trabalho (receita bruta dividida pela quantidade de trabalhadores) e o desempenho exportador (proporção de receitas obtidas com exportação). Assim como foi feito para medir a relação de mecanismos de aprendizagem e capacidade tecnológica, também foram realizados testes estatísticos para as áreas de serviços de perfuração e equipamentos associados, revestimento e completação de poços e produção e manutenção de poços.

Na área de serviços de perfuração e equipamentos associados, identificou-se que, quanto maior foi o padrão de acumulação de capacidades tecnológicas das empresas, maiores foram os ganhos de produtividade do trabalho. A produtividade média das empresas do padrão 3 (R$ 639,6 por trabalhador) foi quase seis vezes maior que a das empresas do padrão 1 (R$ 154,2 por trabalhador). As empresas do Padrão 2 Perfuração, por sua vez, tiveram produtividade média de R$ 425,5 por trabalhador, valor intermediário entre os outros padrões (figura 5.16).

Figura 5.16

Diferenças entre os padrões de acumulação de capacidades tecnológicas na área de serviços de perfuração e equipamentos associados na frequência média da variável de desempenho competitivo, valores médios (2003-14)

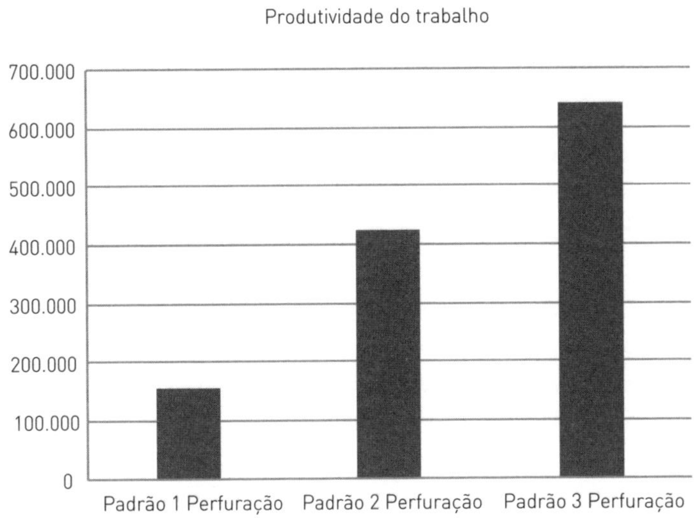

Fonte: Os autores (2018).
Nota: Utilizou-se a Anova com distribuição F para o teste de diferenças entre os padrões e suas frequências médias das variáveis de desempenho. A variável foi estatisticamente significativa a 1%. Os valores representam o teste de Duncan, no qual cada par de padrões foi comparado separadamente. Por esse teste, todos os padrões apresentaram diferenças estatisticamente significativas entre si.

As empresas do Padrão 2 Perfuração não fizeram investimentos contínuos em atividades inovativas e não possuíam departamentos de P&D dedicados na área de serviços de perfuração e equipamentos associados. O fato de não manterem esforços progressivos em mecanismos de aprendizagem ajuda a explicar por que elas estagnaram em nível de capacidade tecnológica inovadora intermediário. Já as empresas do padrão 3 confirmaram melhor desempenho competitivo em decorrência dos investimentos contínuos em inovações, que garantiram a permanência na capacidade tecnológica de liderança mundial nessa área.

A proporção das receitas obtidas com exportações não pôde ser considerada na área de perfuração e equipamentos associados, pois não houve variabilidade entre os padrões de acumulação de capacidades tecnológicas.[6]

[6] A Anova não detectou diferenças quantitativas suficientes para fazer a distinção entre os padrões de acumulação tecnológica.

Constatou-se que não houve uma participação de destaque no mercado externo das empresas da área. Esse fato decorreu, em parte, das exigências de especificações técnicas dos produtos demandados pelo principal cliente do mercado de petróleo e gás brasileiro, a Petrobras. As empresas foram requisitadas a cumprir determinados detalhamentos nos produtos, o que levou à perda de competitividade no mercado externo. Em razão disso, a Petrobras modificou sua forma de contratação, de modo que seja possível haver um comportamento diferente das empresas no futuro.

Na área de revestimento e completação de poços, a maior produtividade do trabalho foi verificada nas empresas do Padrão 2 Revestimento, situando-se, em média, em R$ 645,2 mil por trabalhador. Nas empresas do padrão 3, observou-se uma produtividade por trabalhador menor, de R$ 445,7 mil em média. Ambos os padrões chegaram ao último triênio observado com nível de capacidade inovadora avançado. No entanto, o esforço que as empresas do padrão 2 realizaram para acumular capacidades tecnológicas até o nível avançado justificou, em parte, o melhor resultado no desempenho competitivo (figura 5.17).

Figura 5.17

Diferenças entre os padrões de acumulação de capacidades tecnológicas na área de revestimento e completação de poços na frequência média da variável de desempenho competitivo, valores médios (2003-14)

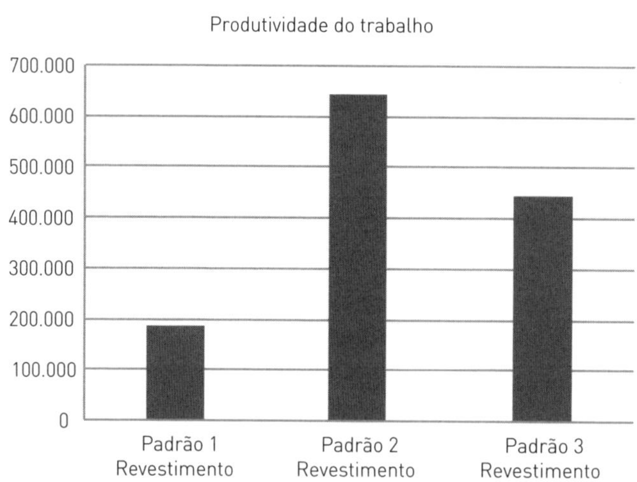

Fonte: Os autores (2018).
Nota: Utilizou-se a Anova com distribuição F para o teste de diferenças entre os padrões e suas frequências médias das variáveis de desempenho. A variável foi estatisticamente significativa a 1%. Os valores representam o teste de Duncan, no qual cada par de padrões foi comparado separadamente.

Os resultados em termos de desempenho exportador não se mostraram suficientemente relacionados com o nível de capacidade tecnológica das empresas na área de revestimento e completação de poços.[7] Assim como na área de serviços de perfuração e equipamentos associados, a razão do fraco desempenho das empresas no mercado internacional esteve parcialmente relacionada com as exigências de especificações técnicas nos produtos demandados pela Petrobras, fato que também prejudicou seu fornecimento às outras operadoras locais.

No que tange ao desempenho das empresas da área de produção e manutenção de poços, as empresas do Padrão 2 Produção de Poços possuíam produtividade do trabalho superior (R$ 645,2 mil por trabalhador) à das empresas do Padrão 3 Produção de Poços (R$ 561 mil por trabalhador). De modo semelhante, os esforços em mecanismos de aprendizagem internos das empresas do padrão 2 em elevar seu nível de capacidade tecnológica para avançado, no período coberto pela pesquisa, resultaram em melhor desempenho da sua produtividade. Contudo, esse desempenho significativo ainda não foi observado na proporção das receitas obtidas com exportação, no caso desse padrão (figura 5.18).

Ainda, os resultados relacionados com a inserção externa foram os únicos, para as três áreas, que pareceram estar relacionados com o nível de capacidade tecnológica das empresas. Isso porque, no caso das outras duas áreas, o volume exportado não se alterou conforme o nível de acumulação de capacidades tecnológicas. Já para as empresas da área de produção e manutenção de poços, foi possível ver uma relação entre o volume exportado e o nível de acumulação de capacidades tecnológicas.

Enquanto os padrões 1 e 2 apresentaram média de receita com exportação de 7% e 4%, respectivamente, as empresas do Padrão 3 Produção de Poços teve média quase nove vezes superior (45,9%). Isso é explicado pelo fato de que as empresas desse último padrão desenvolveram produtos inovadores para o mundo, direcionados à exploração em águas ultraprofundas, e se tornaram atrativos ao mercado externo. No caso da área de produção e manutenção de poços, as exigências de especificações técnicas pela Petrobras não pareceram ter impactado na inserção internacional dos produtos.

7 A Anova não detectou diferenças quantitativas suficientes para fazer a distinção entre os padrões de acumulação tecnológica.

Figura 5.18

Diferenças entre os padrões de acumulação de capacidades tecnológicas na área de produção e manutenção de poços na frequência média das variáveis de desempenho competitivo, valores médios (2003-14)

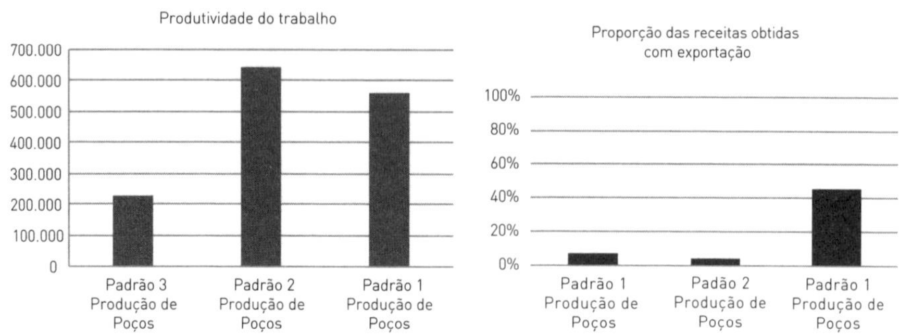

Fonte: Os autores (2018).
Nota: Utilizou-se a Anova com distribuição F para o teste de diferenças entre os padrões e suas frequências médias das variáveis de desempenho. Todas as variáveis foram estatisticamente significativas a 1%. Os valores representam o teste de Duncan, no qual cada par de padrões foi comparado separadamente.

5.6 Conclusões

Neste capítulo, objetivou-se examinar os processos de acumulação de capacidades tecnológicas e o papel dos mecanismos subjacentes de aprendizagem tecnológica. Também se examinaram os impactos da acumulação de capacidades tecnológicas no desempenho competitivo das empresas estudadas, fornecedoras de equipamentos e serviços para a indústria de petróleo e gás no Brasil. Os resultados mostraram que há diferenças *entre* as empresas estudadas, bem como *dentro* delas, no que diz respeito às suas áreas tecnológicas. Essas diferenças foram aqui demonstradas por meio do exame de níveis e padrões de acumulação de capacidades tecnológicas. Nas três áreas tecnológicas examinadas — serviços de perfuração e equipamentos associados, revestimento e completação de poços e produção e manutenção de poços —, foram encontrados três padrões distintos.

Na área de serviços de perfuração e equipamentos associados, todos os padrões permaneceram inalterados durante o período observado, e 44% das empresas mantiveram nível de capacidade inovadora de liderança mundial,

33%, nível intermediário e 22%, nível básico. Já nas demais áreas, foram encontradas mudanças nos níveis de capacidade tecnológica. Por exemplo, na área de revestimento e completação de poços, 60% das empresas permaneceram estagnadas com nível de capacidade inovadora avançado, 20%, nível intermediário e 20% evoluíram do nível de produção para o avançado. Por sua vez, na área de produção e manutenção de poços, 27% mantiveram-se em nível de capacidade inovadora avançado, 18% evoluíram de capacidade de produção para o nível avançado e 55%, do nível de capacidade inovadora básico para o intermediário.

Esses níveis de capacidade tecnológica das empresas foram alcançados por meio do uso de mecanismos de aprendizagem intra e interorganizacionais, em intensidades distintas e com parceiros diversos entre as empresas de cada padrão tecnológico, porém dois procedimentos destacaram-se. As empresas que alcançaram nível de capacidade inovadora de liderança mundial tiveram em comum o uso acentuado de parceiros para desenvolvimento conjunto de novas soluções.

As organizações das áreas que alcançaram capacidades tecnológicas em níveis de liderança mundial (serviços de perfuração e equipamentos associados, e produção e manutenção de poços) passaram a concentrar-se no desenvolvimento de soluções para a extração de petróleo em águas ultraprofundas. Observou-se também que houve esforços ainda incipientes de diversificação por parte das empresas para outras atividades industriais, como o setor metalomecânico, elétrico e de construção. A diversificação pode ser uma forma de fortalecer as capacidades inovadoras já conquistadas e aprimorar o desempenho competitivo das empresas.

No tocante ao desempenho competitivo, as evidências mostraram que as empresas que realizaram maiores esforços para aumentar seu nível de capacidade inovadora apresentaram maiores valores de produtividade do trabalho. Assim, entende-se que a utilização de mecanismos de aprendizagem, tanto internos quanto externos à empresa, está diretamente ligada ao aumento de produtividade do trabalho.

Em relação ao desempenho exportador, a pesquisa sugere que não houve uma participação de destaque no mercado internacional das empresas nas áreas de serviços de perfuração e equipamentos associados e de revestimento e completação de poços. Esse fato deveu-se, em parte, às exigências da Petrobras, principal cliente do mercado de petróleo e gás brasileiro, de especificações técnicas dos produtos que são usados no Brasil. Assim, para a empresa estar apta a fornecer à Petrobras, precisa seguir uma variedade de requisitos que encarecem o produto, perdendo competitividade no mercado internacional. Para a área de produção e manutenção de poços, as especificações técnicas exigidas pela Petrobras não tiveram tanto impacto, pois as organizações desenvolveram produtos inovadores para o mundo, direcionados à exploração em águas ultraprofundas, e que se tornaram atrativos no mercado externo.

Parece altamente recomendável que a indústria brasileira de petróleo e gás persiga metas de internacionalização. Nesse sentido, um alinhamento estratégico da Petrobras faz-se necessário em termos da padronização de requisitos impostos aos serviços e equipamentos com os requisitos internacionalmente demandados.

É importante notar que a internacionalização da indústria de petróleo e gás tem sido uma alta prioridade nas políticas públicas para o setor em diversos países. Na Noruega, por exemplo, o objetivo da política contempla a utilização da capacidade tecnológica desenvolvida internamente para o mercado internacional, fortalecendo, dessa forma, o crescimento e desenvolvimento do *cluster* de petróleo no país no longo prazo. Atualmente, os produtos e sistemas avançados criados naquele país competem com sucesso no mercado global, inclusive no Brasil.

Recomendações de estratégias empresariais e de políticas públicas que tratam a indústria como uma unidade homogênea escondem a complexidade e a variabilidade das atividades inovadoras e suas capacidades tecnológicas. Isso é importante não apenas para formuladores de políticas públicas, como também para gestores de empresas de petróleo e gás, que precisam implementar estratégias competitivas distintas para as áreas de serviços de perfuração e equipamentos associados, revestimento e completação de poços e produção e manutenção de poços.

Referências

BAIN & COMPANY. *Estudos de alternativas regulatórias, institucionais e financeiras para a exploração e produção de petróleo e gás natural e para o desenvolvimento industrial da cadeia produtiva de petróleo e gás natural no Brasil*: relatório consolidado. Boston, 2009.

BELLARBY, J. *Well completion design*. Amsterdam: Elsevier, 2009. v. 56.

BP GLOBAL. *BP statistical review of world energy*. 2015. Disponível em: <www.bp.com/statisticalreview>. Acesso em: 18 jul. 2016.

BRASIL. Ministério do Desenvolvimento, Indústria e Comércio Exterior. Secretaria de Comércio Exterior. Disponível em: <www.mdic.gov.br/comercio-exterior>. Acesso em: 15 maio 2016.

DANTAS, E.; BELL, M. The co-evolution of firm-centered knowledge networks and capabilities in late industrializing countries: the case of Petrobras in the offshore oil innovation system in Brazil. *World Development*, v. 39, n. 9, p. 1570-1591, 2011.

EPE. Empresa de Pesquisa Energética. Disponível em: <www.epe.gov.br/>. Acesso em: 18 jul. 2016.

IBGE. Instituto Brasileiro de Geografia e Estatística. *Sistema de contas nacionais*. Disponível em: <www.ibge.gov.br>. Acesso em: 1º dez. 2016.

JESUS JUNIOR, L. *Petrobras, intervenção governamental e maximização do valor para o acionista*: uma sugestão de interpretação. 2015. Tese (doutorado em ciências econômicas) — Instituto de Economia, Universidade Estadual de Campinas, Campinas, 2015.

PEDROSA, O.; CORREA, A. A crise do petróleo e os desafios do pré-sal. *FGV Energia*, Caderno Opinião, fev. 2016.

RUAS, J. A. G. *Dinâmica de concorrência na indústria parapetrolífera* offshore: evolução mundial do setor de equipamentos *subsea* e o caso brasileiro. 2012. 311f. Tese (doutorado em ciências econômicas) — Instituto de Economia, Universidade Estadual de Campinas, Campinas, 2012.

CAPÍTULO 6

Acumulação de capacidades tecnológicas e fontes de aprendizagem na indústria sucroenergética no Brasil

6.1 Introdução

Neste capítulo, tem-se o objetivo de examinar o processo de acumulação de capacidades tecnológicas nas empresas estudadas da indústria sucroenergética e o papel dos mecanismos subjacentes de aprendizagem tecnológica. Especificamente, busca-se mostrar como os vários mecanismos de aprendizagem tecnológica influenciam diferenças entre empresas de uma mesma indústria em termos de acumulação de capacidades tecnológicas para inovação. Para alcançar esse objetivo, baseou-se em evidências de 15 empresas da indústria sucroenergética no Brasil durante o período de 2003 a 2014. Diferentemente dos capítulos anteriores, não há aqui uma análise da relação entre acumulação de capacidades tecnológicas e desempenho competitivo.

O açúcar e o bioetanol são produtos tradicionais no setor sucroalcooleiro. Após intensa transformação nos últimos 15 anos, que culminou na adição de um novo produto, a energia, esse setor tem sido identificado como sucroenergético. Além disso, novas rotas tecnológicas para a produção do etanol e de coprodutos, como vinhaça e torta de filtro, estão em curso. O crescente interesse por esse setor (Furtado, Scandiffio e Cortez, 2011:156-166) é respaldado por sua participação nos indicadores da economia brasileira: (i) uma parcela de 18% da energia consumida no país provém da produção de bioetanol e bioeletricidade; (ii) geração de mais de 1,2 milhão de empregos diretos; (iii) participação de 5,7% nas exportações brasileiras em 2013 (US$ 15 bilhões) (Agrostat Brasil, 2014); (iv) representou 2% do PIB nacional em 2014 (Neves e Trombin, 2014).

Com essa expansão, surgiram também novas formas empresariais com estrutura, rota tecnológica e estratégias distintas. Essas rotas têm influenciado o engajamento de empresas para além da produção de etanol — algumas têm buscado diversificar suas atividades para a bioenergia e bioprodutos. Tem havido iniciativas relevantes no tratamento sustentável de resíduos da produção de etanol, tal como a vinhaça, assim como inovações nas técnicas de plantio e colheita da cana-de-açúcar. Adicionalmente, algumas empresas têm se engajado em novas rotas tecnológicas com base na biomassa da cana-de-açúcar.[1] Por isso, o estudo da indústria sucroenergética no Brasil é de alta relevância.

Além desta seção introdutória, na seção 2 apresenta-se um breve panorama da indústria sucroenergética. Na sequência (seção 3), são trazidos e analisados os padrões de acumulação de capacidades tecnológicas das empresas estudadas. A seção 4 examina as implicações do uso de mecanismos de aprendizagem internos e externos à empresa nos seus níveis de capacidade tecnológica acumulados. A seção 5 apresenta as conclusões e recomendações do capítulo.

6.2 Breve panorama da indústria sucroenergética

A indústria sucroenergética pode ser descrita a partir de pelo menos três áreas tecnológicas, a saber: *feedstock* (insumo ou matéria-prima), processos agrícolas e processos industriais. Cada área envolve um dado conjunto de atividades com diferentes graus de complexidade tecnológica, que são realizadas por todas ou por algumas empresas dessa indústria. Em outras palavras, as empresas podem realizar atividades tecnológicas de distintos graus de complexidade. Especificamente, podem se tornar capazes, ao longo do tempo, de

[1] Sobre os vários tipos de inovação e as correspondentes capacidades tecnológicas em nível de empresas de etanol no Brasil, ver: Figueiredo (2017:416-431).

realizar atividades cada vez mais complexas em uma ou em todas as áreas tecnológicas. As empresas da amostra desta pesquisa possuem todas as três áreas tecnológicas, porém algumas têm departamentos específicos para cada uma e outras não.

O Brasil destaca-se mundialmente pela produção de bioetanol a partir da cana-de-açúcar; este, a partir da Segunda Guerra Mundial, passou a ser usado em larga escala como combustível automotivo. A reversão das condições de acesso ao petróleo — após os grandes choques de preço — induziu o país a lançar o Programa Nacional do Álcool (Proálcool), na década de 1970, marcando uma relativa profissionalização do setor. Nesse contexto, a cadeia de fornecedores de bens de capital desempenhou um papel muito importante na introdução de novas tecnologias na área industrial, assim como os institutos de pesquisa quanto à área de *feedstock*, os quais são, em grande parte, relevantes até o período recente.

A figura 6.1 representa uma visão esquemática da cadeia produtiva sucroenergética com suas áreas tecnológicas, cada qual associada a um grupo de atores, bem como de recursos que, combinados, permitem a produção de açúcar, bioetanol e bioenergia ao consumidor final. Por exemplo, o acesso e/ou desenvolvimento de variedades de cana-de-açúcar mais bem adaptadas às condições de solo e clima (edafoclimáticas) têm efeito direto no rendimento da produção agrícola, que pode ocorrer pela empresa ou pode ser adquirida de terceiros. Ademais, da mesma forma que os fertilizantes, os corretivos, combinados a um controle mais avançado das condições de produção e desenvolvimento das variedades por meio de *big data*, exercem efeito sobre *feedstock* e processos agrícolas.

A cana-de-açúcar picada (no caso da colheita mecanizada) é a matéria-prima em processos industriais, nos quais, a julgar pela rota tecnológica, são necessários equipamentos industriais (como moendas, extratores etc.), química com microrganismos e leveduras. A logística, em termos de transporte da matéria-prima até a usina e, depois, do produto final até os pontos de comercialização, também tem influência no desempenho. Cada área guarda suas próprias características e desafios, ainda que, na indústria sucroenergética, o desempenho de uma influencie o da outra.

Figura 6.1

Áreas tecnológicas e cadeia produtiva da indústria sucroenergética

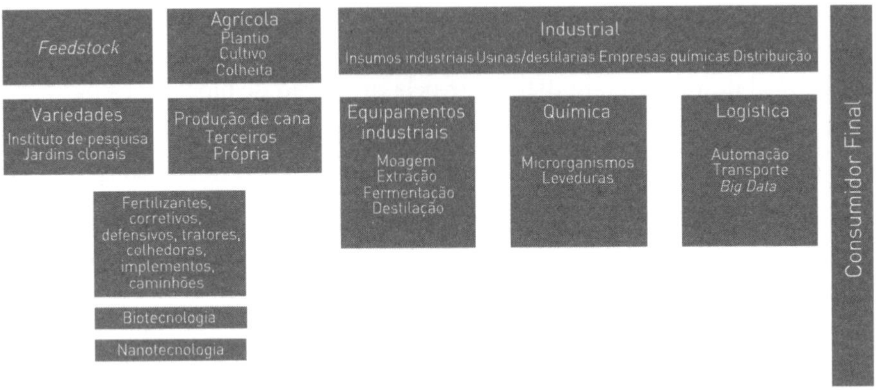

Fonte: Os autores (2018).

Na área de *feedstock*, destacam-se atividades relacionadas com o melhoramento genético da cana-de-açúcar, com o objetivo de obter novas variedades mais produtivas, com maior tolerância ao estresse hídrico, maior resistência às pragas e doenças e melhor adaptação a diferentes ambientes de produção e/ou ao tipo de colheita empregado (manual ou mecânica). As atividades inovadoras podem ser realizadas à base de melhoramento genético convencional ou de transgenia. Ambas as rotas tecnológicas permitem a aplicação de ferramentas (atividades) biotecnológicas, com o objetivo de melhorar o ganho genético e reduzir o tempo necessário para obter uma nova variedade de cana-de-açúcar.

A área de processos agrícolas envolve o plantio, o cultivo e a colheita da cana. É uma fase determinante para a produtividade da indústria, pois uma maior quantidade de Açúcar Total Recuperável (ATR), obtido da colheita de cana, influencia o rendimento industrial e depende da adaptação das variedades ao solo, além do controle biológico de pragas. A mecanização da colheita da cana-de-açúcar, a partir de protocolo ambiental baseado na eliminação de queima da palha, deflagrou novos desafios na fase agrícola.

Na área de processos industriais, o conhecimento e a experiência acumulados pelo Brasil na produção de etanol de primeira geração são consideráveis, bem como reconhecidos internacionalmente. Entre as principais etapas do processo produtivo, estão a extração — a difusão representa avanço tecnológico em relação à moagem —, fermentação, destilação, retificação e desidratação do etanol hidratado, isto é, obtenção do etanol anidro. As etapas de recepção, preparo e extração do caldo são bastante críticas na produção de bioetanol e açúcar. A fermentação é a etapa mais relevante para a obtenção de etanol no Brasil, tanto na produção de etanol de primeira geração a partir da cana-de-açúcar quanto de segunda geração.

6.3 Acumulação de capacidades tecnológicas nas empresas estudadas da indústria sucroenergética (2003-14)

Para analisar as diferenças existentes em termos de acumulação de capacidades tecnológicas para as empresas da indústria sucroenergética nas 15 empresas estudadas, baseou-se nos procedimentos metodológicos apresentados no capítulo 2. Entre eles, houve um agrupamento das empresas com base em processos similares de acumulação de capacidades tecnológicas. Esses agrupamentos foram denominados padrões de acumulação de capacidades tecnológicas, tendo sido estas examinadas e classificadas de acordo com a escala do quadro 2.1. Em alguns casos, a mesma empresa apresentou padrões distintos nas áreas tecnológicas de *feedstock*, processos agrícolas e processos industriais.

6.3.1 Padrões de acumulação de capacidades tecnológicas na área de feedstock

A figura 6.2 mostra cinco padrões de acumulação de capacidades tecnológicas na área de *feedstock*: (i) Padrão 1 *Feedstock*: permanência em capacidade de produção (13% das empresas estudadas); (ii) Padrão 2 *Feedstock*: permanência em capacidade inovadora básica (47% da amostra); (iii) Padrão 3 *Feedstock*: evolução de capacidade inovadora básica para intermediária (27% das empresas estudadas); (iv) Padrão 4 *Feedstock*: evolução de capacidade inovadora básica para avançada (7% da amostra); (v) Padrão 5 *Feedstock*: permanência em capacidade inovadora avançada (7% das empresas estudadas). Enquanto os padrões 1, 2 e 3 mantiveram-se com a mesma trajetória ao longo de 2003 a 2014, os padrões 4 e 5 detiveram um ponto de inflexão entre os triênios 2006-08 e 2009-11.

É importante esclarecer que, na área de *feedstock* da indústria sucroenergética no Brasil, a grande maioria das capacidades tecnológicas inovadoras, especialmente as de nível 4 (avançada) e 5 (liderança mundial), encontra-se acumulada fora das empresas produtoras. Reúnem-se nas demais organizações do sistema setorial de inovação, como institutos de pesquisa (Centro de Tecnologia Canavieira — CTC, Instituto Agronômico de Campinas — IAC) e redes de universidades (Rede Interuniversitária para o Desenvolvimento do Setor Sucroenergético — Ridesa). Assim, outros estudos no âmbito do mesmo programa de pesquisa no qual foi realizado o estudo subjacente a este livro examinaram empresas e outras organizações da indústria sucroenergética que acumularam nível 5 de capacidade tecnológica (liderança mundial) para *feedstock*.[2] De fato, o Brasil detém liderança mundial em termos de capacidade tecnológica inovadora na área para a produção de etanol de cana-de-açúcar. Não obstante, há casos excepcionais de empresas nessa indústria que detêm nível 5 de capacidades tecnológicas para *feedstock*, porém elas não foram aqui examinadas.

Figura 6.2

Padrões de evolução das capacidades tecnológicas em *feedstock* para as empresas estudadas — 2003-14

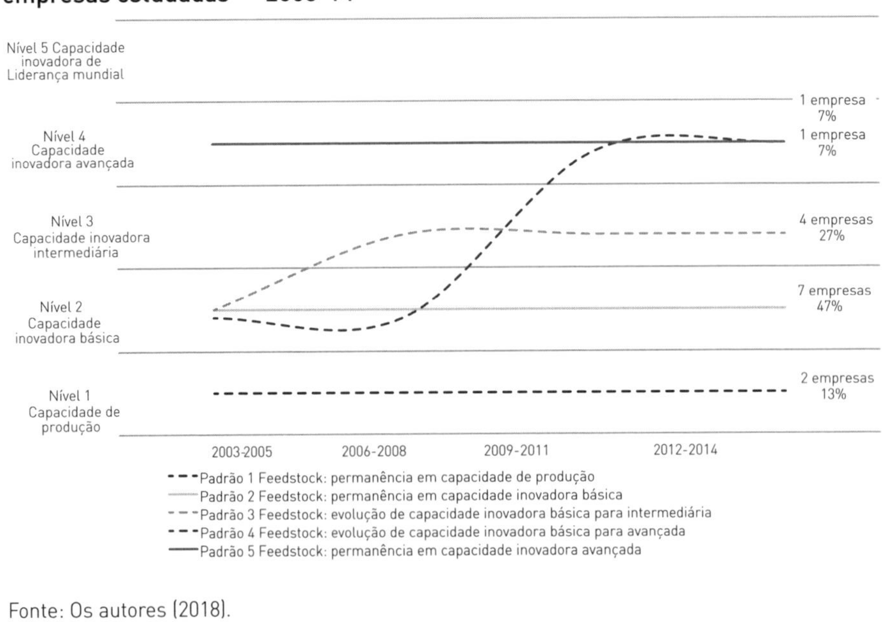

Fonte: Os autores (2018).

2 Ver, por exemplo: Gonzalez (2016); Figueiredo (2017).

Em relação à análise por padrões de acumulação de capacidades tecnológicas, duas observações podem ser destacadas sobre a figura 6.2. Em *feedstock*, um grupo de empresas conseguiu simultaneamente elevar suas capacidades tecnológicas desde 2009-11, concentrando-se em realizar modificações e melhorias relativamente complexas. Elas terminaram os dois últimos triênios com capacidade inovadora intermediária. Por outro lado, outro grupo elevou simultaneamente suas capacidades tecnológicas desde 2009-11 de básica para avançada. Cada um desses padrões é examinado a seguir.

(i) Padrão 1 *Feedstock*: permanência em capacidade de produção

Este padrão 1 é composto por empresas que se mantiveram em capacidade de produção ao longo de todo o período analisado. Foram aquelas cujo principal produto era o açúcar e que mantiveram áreas para experimentações e testes em parceria com institutos de pesquisa. Além disso, conseguiram o fornecimento de matéria-prima de maneira uniforme, com qualidade consistente e planejada de acordo com as características de solo e clima da sua unidade agrícola ao longo dos triênios considerados.

(ii) Padrão 2 *Feedstock*: permanência em capacidade inovadora básica

O padrão 2 é composto por empresas que, de 2003 a 2014, realizaram atividades que caracterizam o nível de capacidade de inovação básico, isto é, desenvolveram capacidades tecnológicas para implementar modificações e melhorias em tecnologias existentes, bem como atender a certificações e testes de qualidade com base nas exigências de regulamentação vigentes no mercado. Em relação às novas variedades de cana-de-açúcar, mapearam e controlaram a qualidade, cabendo às instituições e consultorias desenvolver novas variedades.

Entre as empresas classificadas no Padrão 2 *Feedstock*, algumas foram afetadas pelos desafios da expansão de suas unidades produtivas agrícolas para novas áreas, como a região Centro-Oeste, e precisaram adaptar e melhorar as variedades existentes.

As empresas desse padrão, portanto, diferenciaram-se daquelas do Padrão 1 *Feedstock* ao implementar pequenas melhorias na tecnologia já consolidada no mercado. Por exemplo, implementaram estações de multiplicação, análises, testes e seleção de novas variedades. Isso significa que, na operação de seus viveiros e de estações experimentais, passaram a empregar novas técnicas fitossanitárias. Entretanto, essas melhorias não foram desenvolvidas pelas empresas produtoras, que mantiveram, em geral, departamentos de controle de qualidade, mas não laboratórios de P&D.

As empresas do Padrão 2 *Feedstock* realizaram suas atividades inovadoras com base em parcerias com organizações como CTC e Ridesa, além de universidades.

(iii) Padrão 3 *Feedstock*: evolução de capacidade inovadora básica para intermediária

O Padrão 3 *Feedstock* é composto pelas empresas que elevaram, em 2009-11, suas capacidades tecnológicas de inovadora básica para intermediária, mantendo-se nesse nível até 2012-14. De 2003 a 2008, foram capazes de realizar pequenas adaptações em tecnologias de variedades de cana-de-açúcar (capacidade inovadora básica) e, a partir de 2009, acumularam suas capacidades para implementar modificações relativamente complexas baseadas em engenharia e experimentações (capacidade intermediária).

Nesse padrão, as empresas envolveram-se em maior número de parcerias, tendo em vista sua busca por desenvolver variedades adaptadas às novas condições trazidas pela exigência da colheita mecanizada. Assim, realizaram esforços na criação de programas próprios de melhoramento genético e no lançamento de novas variedades de cana-de-açúcar. Isso foi feito com apoio operacional para criação de bancos de germoplasma (conjuntos de genótipos representativos da variabilidade genética da cana-de-açúcar, como sementes, mudas, DNA, tecidos e demais materiais genéticos) por parte dos institutos de pesquisa especializados, como CTC, IAC e Ridesa.

Empresas do Padrão 3 *Feedstock* renovaram a técnica de multiplicação de mudas usada no Brasil desde o século XIX (boxe 6.1). Ao implementar novas tecnologias em *feedstock*, avançaram, especialmente por meio de parcerias, para o desenvolvimento de novas atividades, como banco de germoplasma, leveduras e novas técnicas de Mudas Pré-Brotadas (MPBs). A renovação em termos de pré-cultivo ocorreu em parceria com empresas fornecedoras tradicionais do setor, bem como institutos de pesquisa. Além disso, essas empresas mantiveram funcionários de fornecedoras atuando em suas unidades produtivas para apoiar a produção.

Boxe 6.1

Descrição do processo da técnica de MPBs

A técnica de MPBs consiste em substituir os colmos na função de sementes pelas MPBs de cana-de-açúcar. A forma como esse processo ocorre tem variações entre as organizações (empresas fornecedoras e institutos de pesquisa). Com base na técnica do IAC, pode-se descrever o processo de pré-brotação de mudas de cana-de-açúcar como segue.

Essas mudas são produzidas por meio de cortes de cana nos quais estão as gemas (minirrebolos). Após esse corte, uma equipe de profissionais realiza uma seleção visual somente dos minirrebolos saudáveis, que receberão o banho térmico e serão tratados com fungicida. A efetiva produção das mudas começa a ocorrer quando os minirrebolos tratados são colocados em caixas de brotação e levados à estufa, na qual faz-se a individualização (tubetes) depois de pelo menos 10 dias.

A aclimatação é então iniciada e, após 15 dias de duração, as mudas passam pela rustificação, isto é, são expostas às condições reais do ambiente no qual serão cultivadas. Assim, o ciclo completo da MPB dura 60 dias. No fim dele, a muda é retirada do tubete e pode ser plantada. A técnica de MPB representa uma resposta mais eficiente a falhas de plantio, como pragas e doenças.

Fonte: Adaptado de Novacana (2016).

(iv) Padrão 4 *Feedstock*: evolução da capacidade inovadora básica para avançada

Este padrão corresponde à empresa que evoluiu, em 2009-11, suas capacidades tecnológicas de inovadora intermediária para avançada, mantendo-se até 2012-14. Entre 2003 e 2008, foi capaz de implementar modificações relativamente complexas baseadas em engenharia e experimentações e, a partir de 2009 até 2014, acumulou capacidades tecnológicas para implementar atividades inovadoras em *feedstock* próximas àquelas realizadas pelos líderes mundiais à base de P&D aplicados.

Essa empresa manteve como principais variedades cultivadas em suas unidades aquelas desenvolvidas pela Ridesa. Variedades como RB86-7515, RB85-5156, 96-6928 e RB85-5453 representavam, em 2013, 50% do total cultivado, tendo diferentes características, tais como: maior produtividade, brotação de soqueira, brotação e riqueza. Houve investimento de forma constante em parcerias e melhoramentos para adaptar variedades já tradicionalmente utilizadas às condições de solo e clima de suas unidades produtivas em diferentes regiões do país. Tais atividades envolveram uma equipe de engenheiros e técnicos dedicados a avaliar o desempenho de todas as variedades cultivadas.

(v) Padrão 5 *Feedstock*: permanência em capacidade inovadora avançada

A empresa do Padrão 5 *Feedstock* iniciou, em 2012-14, suas atividades em nível de inovação avançado, sendo capaz de implementar atividades inovadoras em *feedstock* próximas àquelas realizadas pelas líderes mundiais à base de P&D aplicados. Acumulou capacidades tecnológicas para realizar projetos de P&D em novos germoplasmas, bem como de diferentes marcadores moleculares.

Tais atividades, especialmente as que envolveram marcadores moleculares, foram realizadas em parceria com o Programa de Melhoramento Genético da Cana-de-Açúcar (PMGCA) da Universidade Federal São Carlos (UFSCar). A empresa também trabalhou de forma colaborativa com o Laboratório Nacional de Ciência e Tecnologia do Bioetanol (CTBE) para pesquisas de genômica e sequenciamentos.

Outra fonte de inovação colaborativa para a empresa nesse padrão de acumulação de capacidades tecnológicas foi o projeto Genoma Cana-de-Açúcar (Sucest), do Programa Fapesp de Pesquisa em Bioenergia (Bioen), que envolveu universidades, institutos de pesquisa e empresas produtoras do Brasil e do mundo. O projeto sequenciou aproximadamente 238 mil marcadores genéticos, de 26 bibliotecas de DNA, e depositou em torno de 7 mil leituras (*reads*) com boa qualidade (*Phred-Phrap-Consed*) por ano, com a utilização do sequenciador automático ABI-377 para 36 amostras.

6.3.2 Padrões de acumulação de capacidades tecnológicas na área de processos agrícolas

A figura 6.3 mostra que, em processos agrícolas, cinco padrões de acumulação de capacidades tecnológicas foram identificados: (i) *Padrão 1 Agrícola*: permanência em capacidade de produção (7% das empresas estudadas); (ii) *Padrão 2 Agrícola*: permanência em capacidade inovadora básica (43% das empresas); (iii) *Padrão 3 Agrícola*: evolução de capacidade inovadora básica para intermediária (36% das empresas); (iv) *Padrão 4 Agrícola*: permanência em capacidade inovadora intermediária (7% da amostra); (v) *Padrão 5*

Agrícola: permanência em capacidade inovadora avançada (7% das empresas estudadas). Apenas o Padrão 3 Agrícola apresentou ponto de inflexão na acumulação de capacidades tecnológicas entre os triênios 2006-08 e 2009-11.

Figura 6.3

Padrões de acumulação de capacidades tecnológicas em processos agrícolas na indústria sucroenergética do Brasil (2003-14)

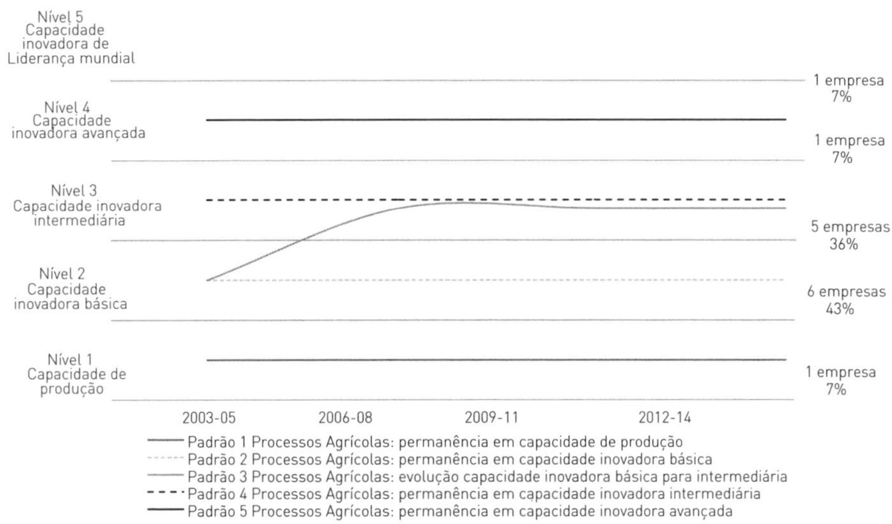

Fonte: Os autores.

A Figura 6.3 mostra que, na área de processos agrícolas, se identificou apenas um grupo de empresas que elevaram suas capacidades tecnológicas de nível de inovação básico para intermediário simultaneamente (padrão 3). As demais mantiveram-se em igual nível de capacidade inovadora ao longo dos triênios, podendo-se identificá-las em seus respectivos níveis de acumulação de capacidades tecnológicas.

(i) Padrão 1 Agrícola: permanência em capacidade de produção

O Padrão 1 Agrícola corresponde a uma das empresas da amostra, que permaneceu em capacidade de produção de 2003 a 2014, ou seja, com capacidade de usar tecnologias existentes na produção de cana-de-açúcar. Como mostrado anteriormente, empresas com capacidade de produção, sem capacidade inovadora, não realizam alterações significativas no seu processo produtivo.

No entanto, esta foi capaz de realizar as atividades de produção ou operação com adequados níveis de eficiência.

O principal motivo para esse resultado foi a falta de esforços na firma para realizar atividades com maior grau de complexidade. Além disso, não houve preocupação, até o momento, em avançar em iniciativas inovadoras — ainda que nas primeiras etapas do processo inovativo (imitação duplicativa, por exemplo).

(ii) Padrão 2 Agrícola: permanência em capacidade inovadora básica

O Padrão 2 Agrícola corresponde às empresas que, de 2003 a 2014, permaneceram com sua capacidade de realizar pequenas adaptações e melhorias nas tecnologias existentes para produção de etanol. Elas mantiveram um grupo de engenheiros e técnicos qualificados trabalhando na implementação de pequenas adaptações em produtos e processos da área de processos agrícolas.

As empresas produtoras desse padrão passaram a utilizar técnicas avançadas de tratos culturais, controle de pragas (químico e biológico) e técnicas computadorizadas de otimização do *layout* da fazenda. Essa otimização deu-se com zonas de tráfego controlado, padrão de espaçamento de cana e *layout* de sulcação. Empresas como Lambda, Mi e Iota empregaram técnicas de controle de pragas, como nematoides, cupins, besouro *Migdolus* e ervas daninhas, além do tratamento de doenças — mosaico, escaldadura, amarelecimento, ferrugens etc. —, pelo uso de herbicidas, fungicidas, inseticidas, outros produtos químicos e predadores naturais dessas pragas.

A empresa Iota, em parceria com a Universidade Federal do Paraná (UFPR) e a Mafes, uma empresa de projetos agronômicos, desenvolveu novos processos de preparação de solo, que possibilitaram um crescimento maior das raízes de cana-de-açúcar. A empresa utilizou o equipamento Penta, fabricado pela empresa Lipow Agromecânica, uma empresa metalmecânica para área agrícola. Trata-se de um equipamento formado por um subsolador alado de 80 cm de profundidade com uma enxada rotativa de 40 cm de profundidade por 1,2 m de largura. As terras sem preparo tinham capacidade de absorção de água de aproximadamente 100 mm/h, enquanto as terras com preparo profundo possuíam uma capacidade de absorção de água de 700 mm/h. A partir da adoção desse novo equipamento, a empresa Iota conseguiu, em média, 20% a mais de produtividade. Em algumas regiões, a empresa Gama produziu mais de 200 toneladas/hectare de cana-de-açúcar.

(iii) Padrão 3 Agrícola: permanência em capacidade inovadora intermediária

O Padrão 3 Agrícola é composto por empresas que, de 2003 a 2014, permaneceram em capacidade inovadora intermediária, tendo realizado atividades como implementar modificações relativamente complexas baseadas em engenharia e experimentações. Em relação aos padrões 1 e 2, diferenciaram-se ao sustentar uma equipe composta por engenheiros e técnicos alocados em diferentes unidades relativas ao desenvolvimento de produto, redesenho de produto e sistemas de automação. Outra característica geral dessas empresas está na expansão de suas unidades produtivas para outras regiões do país e no seu ímpeto em enfrentar as modificações trazidas pela cana picada (colheita mecanizada).

Em cooperação com fornecedores e institutos de pesquisa, envidaram esforços para realizar atividades inovadoras com base em engenharia, engenharia reversa e projetos na concepção de novos processos, equipamentos e *softwares*.

De acordo com o diretor Agrícola da empresa Alfa, a empresa estruturou, em 2008, uma área para realizar atividades de monitoramento via satélite das condições da lavoura, plantio e previsão de safra. Entre as atividades dessa área, estavam contemplados estudos de: (i) estimativa de produtividade das operações agrícolas; (ii) acompanhamento de desenvolvimento da cana-de-açúcar; (iii) estudos de biometria da cana-de-açúcar; (iv) mapeamento geográfico da produção agrícola; (v) avaliação de qualidade da cana-de-açúcar e teor de açúcar; (vi) avaliação de disponibilidade, quantidade e previsão de colheita. Para realizar esses estudos, de acordo com o coordenador de Tecnologia Agrícola da empresa, essa área agronômica utilizou técnicas desenvolvidas anteriormente pelo CTC e aprimoradas dentro da Alfa.

A empresa Alfa, em parceria com CTC e Geo Agri, desenvolveu atividade de monitoramento remoto das plantações. Assim, tornou-se possível realizar estudos de estimativas de produtividade das operações agrícolas, acompanhamento e desenvolvimento da cana-de-açúcar, biometria da cana-de-açúcar e avaliação de qualidade e do teor de açúcar.

A empresa Delta também desenvolveu, em parceria com empresas parceiras e um fornecedor, um novo *software* que permite que as informações do piloto automático das máquinas agrícolas sejam coletadas e analisadas no AgroCAD, auxiliando na tomada de decisão agrícola. Por exemplo, uma vez que a empresa trabalhava com adubo líquido, era necessário um sistema mecânico e eletrônico para gerenciar a vazão de aplicação de adubo nas áreas a serem plantadas.

Portanto, as empresas do Padrão 3 Agrícola acumularam capacidades tecnológicas para, sobretudo, implementar melhorias em termos de novos métodos de manejo e equipamentos agrícolas. As parcerias, principalmente com empresas fornecedoras, foram primordiais para que avançassem em atividades de desenvolvimento de máquinas e implementos agrícolas apropriados para a colheita de cana-de-açúcar.

(iv) Padrão 4 Agrícola: evolução de capacidade inovadora básica para intermediária

O Padrão 4 Agrícola é composto por uma empresa produtora que elevou suas capacidades tecnológicas de inovadora básica para intermediária. Até 2006-08, era capaz de realizar pequenas adaptações em tecnologias de produção de cana-de-açúcar e, a partir de 2009-11, aprimorou suas capacidades tecnológicas, passando a implementar modificações relativamente complexas baseadas em experimentações e engenharia. Houve expansão da sua equipe, composta por engenheiros e técnicos alocados em diferentes unidades relativas a desenvolvimento de produto, redesenho de produto e sistemas de automação. Realizando essas modificações e melhorias, conseguiu acumular capacidades tecnológicas para realizar parcerias, com vistas a conceber máquinas e implementos agrícolas, bem como sistemas de cultivo e controle de pragas.

Houve reconhecimento de que a busca por colhedoras e implementos mais eficientes tem dinamizado as interações entre empresas produtoras, fornecedores e institutos de pesquisa. De fato, novos projetos de máquinas agrícolas têm sido desenvolvidos. Segundo essa empresa, esses projetos mantêm-se restritos a algumas empresas produtoras da indústria sucroenergética e aos maiores fornecedores.

(v) Padrão 5 Agrícola: permanência em capacidade inovadora avançada

O Padrão 5 Agrícola é composto por uma empresa, a qual já iniciou suas operações, entre 2011 e 2014, em capacidade inovadora avançada. Contava com uma rede de engenheiros e técnicos especializados com habilidades para absorver e compartilhar conhecimento externo. Por meio desses profissionais e de suas unidades organizacionais, implementou pesquisa básica e desenvolveu pesquisa aplicada, bem como desenho e desenvolvimento mais complexos dos processos industriais.

A única empresa que acumulou capacidades tecnológicas em nível de inovação avançado foi capaz, portanto, de desenvolver processos agrícolas automatizados e utilizar *software* para as operações de processos agrícolas. Nessa perspectiva, entre 2003 e 2014, duas inovações relevantes podem ser citadas: (i) P&D em sistema de mecanização de baixo impacto realizado em parceria com CTBE e Jacto; (ii) concepção, prototipagem e desenvolvimento de novos sistemas de colheita e plantio realizados em parceria com CTBE, Agricef[3] e empresa Ômega. Ambas as atividades não foram completadas, isto é, sua implementação pelas empresas não ocorreu em larga escala.

6.4 Padrões de acumulação de capacidades tecnológicas na área de processos industriais

A figura 6.4 representa os quatro padrões de acumulação de capacidades tecnológicas encontrados na área de processos industriais: (i) *Padrão 1 Industrial*: permanência em capacidade inovadora básica (13% das empresas estudadas); (ii) *Padrão 2 Industrial*: involução de capacidade inovadora intermediária para básica (13% das empresas); (iii) *Padrão 3 Industrial*: permanência em capacidade inovadora intermediária (40% da amostra); (iv) *Padrão 4 Industrial*: evolução de capacidade inovadora básica para avançada (26% das empresas estudadas). Os padrões 2 e 4 apresentaram mudança entre os triênios 2006-08 e 2009-11 quanto à acumulação de capacidades tecnológicas, enquanto o padrão 4 elevou suas capacidades de inovação básica para intermediária e o padrão 2 refletiu uma involução do nível de capacidade intermediário para básico.

[3] Trata-se de empresa de consultoria criada, em 2005, em Campinas (SP), que objetiva desenvolver projetos de engenharia, bem como soluções inovadoras para otimizar a produção agrícola. Mantém parceria com a Universidade Estadual de Campinas (Unicamp) e empresas privadas para desenvolver ações nesse sentido. Basicamente, sua área de atuação envolve: desenvolvimento e avaliação de máquinas e equipamentos agrícolas, avaliação de componentes de máquinas agrícolas e automação agrícola.

Figura 6.4

Padrões de acumulação de capacidades tecnológicas em processos industriais

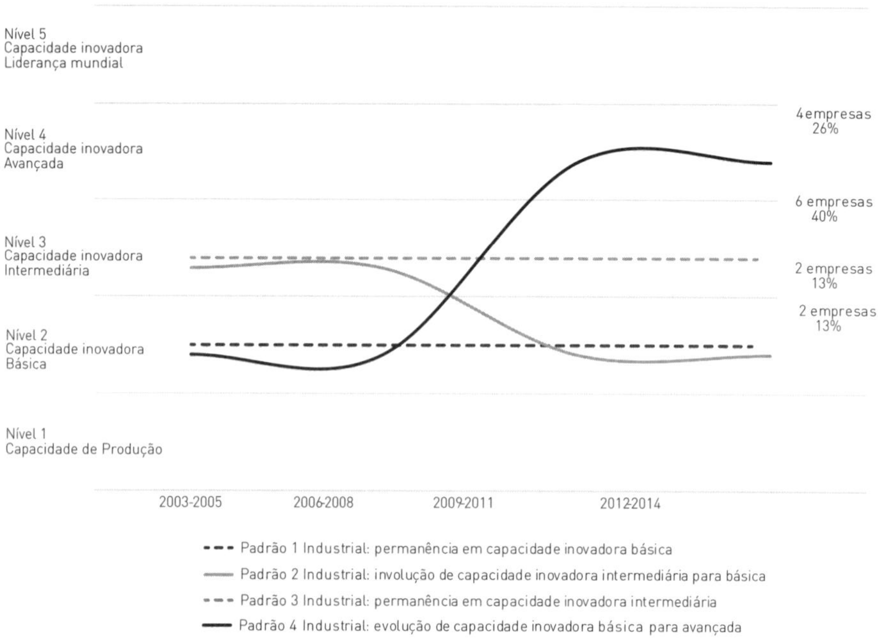

Fonte: Os autores (2018).

(i) Padrão 1 Industrial: permanência em capacidade inovadora básica

O Padrão 1 Industrial é composto por empresas produtoras que permaneceram em capacidade inovadora básica. Durante o período de 2003 a 2014, realizaram pequenas adaptações e melhorias nas tecnologias existentes e contaram com grupos de engenheiros e técnicos trabalhando na implementação dessas pequenas adaptações em processos e produtos. Elas introduziram modificações e melhorias, sobretudo, em termos de aproveitamento dos resíduos em processos industriais. Essa atividade avançou também em direção à economia de água, cujo consumo na indústria sucroenergética é elevado.

Para atender aos mercados de exportação, as empresas do Padrão 1 Industrial precisaram criar capacidades para melhorar as características do bioetanol e, assim, conquistar algumas certificações de qualidade internacionais. Empresas como Delta, Beta e Ômega conquistaram a certificação de padrão internacional Better Sugarcane Initiative (Bonsucro). Outros registros e certificações conquistados por empresas desse padrão podem ser citados: registro na Agência de Proteção Ambiental dos Estados Unidos (Environmental Protection Agency — EPA), atendendo ao padrão norte-americano Renewable Fuel Standard (RFS2), e a certificação ISO 22000:2005 — Sistema de Gestão da Segurança de Alimentar.

Ademais, ressaltam-se o registro no California Air Resources Board (Carb), que exige a adequação dos produtos ao Low Carbon Fuel Standard (LCFS) — padrão de combustível de baixa emissão de carbono —, e o Certificado Etano Verde 2012, por serem signatárias e cumpridoras das diretivas descritas no Protocolo Agroambiental, firmado entre a União da Indústria de Cana-de-Açúcar (Única) e o governo do estado de São Paulo.

(ii) Padrão 2 Industrial: involução de capacidade inovadora intermediária para básica

O Padrão 2 Industrial é composto por empresas que involuíram de capacidade inovadora intermediária para básica, de 2003 a 2014. Isso significa que deixaram de ser capazes de realizar melhorias relativamente complexas e/ou modificações em processos industriais. Nessas empresas, houve diminuição nos investimentos em atividades baseadas em engenharia, o que acarretou a redução da complexidade de seus esforços inovadores. No começo do período examinado, eram capazes de realizar atividades inovadoras relativamente complexas à base de engenharia, porém, ao longo do tempo, as capacidades para a realização dessa atividade foram enfraquecidas.

(iii) Padrão 3 Industrial: permanência em capacidade inovadora intermediária

O Padrão 3 Industrial é composto por empresas que, de 2003 a 2014, permaneceram em capacidade inovadora intermediária, isto é, realizaram atividades condizentes com a implementação de modificações relativamente complexas baseadas em engenharia e experimentações. Contaram com uma equipe composta por engenheiros e técnicos alocados em diferentes unidades relativas a desenvolvimento de produto, redesenho de produto e sistemas de automação.

Nesse grupo, destaca-se a empresa Beta, que utilizava a consultoria de um profissional da indústria petroquímica para avaliar as instalações e os aspectos de controle e pessoas. Já a área de manutenção e engenharia dessa empresa empregava métodos para aferir a confiabilidade de projetos. Foram mais de 50 subsistemas mapeados que mediam e estimavam as taxas de falha individualmente. Na década de 2010, a empresa Beta assinou um acordo para a criação de uma *joint venture* com a Amyris Biotechnologies (SMA Indústria Química S.A.), com vista ao desenvolvimento de uma tecnologia para a produção da farneceno da cana-de-açúcar para a geração de uma molécula de 15 carbonos. No entanto, essa empreitada enfrentou retrocessos nos últimos anos e a continuidade da *joint venture* foi interrompida.

Em processos industriais, o desenvolvimento de equipamentos e melhorias nos processos para extração do caldo, tratamento, fermentação e separação do bioetanol constitui tema considerado de maior relevância. De fato, a renovação tecnológica das moendas, a partir da década de 2000, perpassou as empresas do Padrão 3 Industrial. O diretor da área agrícola da empresa Gama, por exemplo, pontuou esse evento como tendo representado um divisor de águas em processos industriais da indústria sucroenergética brasileira.

Empresas produtoras desse padrão buscaram parcerias para melhorar seus processos de fermentação, sendo as universidades e consultorias os parceiros mais visados. Existe alguma percepção, na indústria sucroenergética, de que o processo fermentativo deve ser melhorado a partir dos microrganismos utilizados, de modo que a fermentação passou a ser objeto de maior atenção entre as empresas produtoras. Especificamente, aquelas do Padrão 3 Industrial envidaram esforços para implementar técnicas novas na fermentação.

(iv) Padrão 4 Industrial: evolução de capacidade inovadora básica para avançada

O Padrão 4 Industrial é composto por empresas que evoluíram de capacidade inovadora básica para avançada. Até 2006-08, eram capazes de realizar pequenas adaptações e melhorias nas tecnologias existentes e, a partir de 2009-11, acumularam capacidades tecnológicas para realizar atividades de P&D aplicados próximas da fronteira tecnológica internacional.

Entre 2006-08 e 2009-11, investimentos na rota tecnológica do bioetanol celulósico (segunda geração) tornaram-se viáveis, especialmente para algumas empresas da indústria sucroenergética, que obtiveram financiamento do Plano de Apoio Conjunto à Inovação Tecnológica Agrícola no Setor Sucroenergético (Paiss Agrícola). Tais investimentos são importantes para a diversificação de biocombustíveis mais avançados a partir da biomassa lignocelulósica. Para o aproveitamento da biomassa (bagaço da cana-de-açúcar) ou a maior eficiência da quebra das cadeias de celulose, as empresas produtoras envolveram-se em parcerias para inovar nos processos fermentativos, na área de processos industriais.

Ainda em termos de esforços para a diversificação de atividades tecnológicas, vale mencionar um exemplo da pesquisa em biorrefinaria e biocombustíveis avançados em andamento, sobretudo, no âmbito das empresas Alfa e Delta (boxe 6.2). Contudo, existe o reconhecimento entre as empresas produtoras de que os avanços em biorrefinaria deverão ser retardados em função das dificuldades financeiras enfrentadas recentemente pela indústria.

Boxe 6.2

A pesquisa em biorrefinarias e biocombustíveis avançados: notas sobre o surgimento das empresas Alfa e Delta

A empresa Alfa, nas décadas de 2000 e 2010, desempenhou uma série de atividades de P&D aplicados de forma individual e cooperada com diferentes parceiros para diversificar sua produção industrial. Em seguida, lançou seus próprios centros de P&D para pesquisa e desenvolvimento de processos e produtos na área de bioalimentos, bioquímicos e biofármacos. Ao criar seu centro de P&D, realizou desenvolvimento de novos processos, produtos e pesquisas com genética, biologia e leveduras transgênicas.

Conforme relatado pelo diretor da Delta, na realização de outra pesquisa, a diversificação industrial e a criação de novos produtos para mercados inexplorados foram possíveis com um conjunto mais complexo de mecanismos de aprendizagem. As atividades de P&D não foram por si suficientes. Colaborações com fornecedores, clientes, universidades e institutos de pesquisa foram de crucial importância:

> A compra da fábrica americana permitiu que a organização tivesse um grande aprendizado, principalmente na questão comercial e regulatória americana, além de acessar um conhecimento em bactérias que complementou os conhecimentos em microrganismos da Delta. A compra da empresa norueguesa trouxe uma grande *expertise* em biotecnologia e deu as bases para que a empresa explorasse comercialmente uma marca de nutrição reconhecida mundialmente. Adicionalmente, a compra da Immunocorp foi um movimento da Delta para se apropriar de patentes importantes. Para a criação desses diferentes produtos, a Delta, além de contar com apoio técnico, programas de pesquisa com universidades e institutos de pesquisa nacionais e internacionais, seu próprio centro de P&D e aquisição de empresas de biotecnologia dos Estados Unidos e Noruega, mantém um processo de *feedback* constante com os clientes. Esse elemento foi o componente-chave para a inovação na Delta. Os processos de troca de informações com clientes-chave foram determinantes para escolhas de produtos e aumento da qualidade. Uma das relações mais importantes da Delta foi realizada com a empresa Abac [Suíça], chefiada pelo Prof. Othmar Käppeli, do Instituto Federal Suíço de Tecnologia. Desenvolvemos em parceria e lançaremos três produtos para a indústria de cosméticos.

De fato, Bastos (2012) ressalta que os investimentos em biorrefinaria, quando ocorrem, acontecem por meio de parcerias estratégicas e *joint ventures* entre empresas de indústrias afins, como produtoras de alimentos e matérias-primas de biomassas.

Fonte: Adaptado de Bastos (2012) e Gonzalez (2016).

Outras empresas classificadas nesse padrão realizaram esforços relevantes em tecnologias e produtos existentes. Por exemplo, a empresa Beta estabeleceu atividades com base em P&D próximas da fronteira em duas frentes. Primeiramente, na década de 2010, os esforços de inovação industrial para produção de etanol foram concentrados nas melhorias ao processo de fermentação, de acordo com o diretor Agroindustrial da empresa. Essa iniciativa foi um empreendimento autônomo dos técnicos e engenheiros industriais da Beta, que buscaram encontrar melhorias no processo químico, no *design* dos equipamentos e em protocolos de processo. Entretanto, a crise financeira enfrentada pela indústria em 2008 dificultou a adoção dessas tecnologias pelas empresas produtoras.

6.5 O que explica as diferenças entre os padrões de acumulação de capacidades tecnológicas? O papel dos mecanismos de aprendizagem

As diferenças entre as empresas produtoras da indústria sucroenergética no Brasil em termos de padrões de acumulação de capacidades tecnológicas podem ser explicadas pelas distintas fontes de mecanismos de aprendizagem intra e interorganizacionais utilizadas pelas empresas da amostra desta pesquisa. Como definido no capítulo 2, os mecanismos de aprendizagem referem-se aos esforços e investimentos feitos pelas empresas para adquirir e assimilar conhecimento tecnológico, sendo os principais insumos para a acumulação de capacidades tecnológicas, tanto para atividades de produção quanto para atividades inovadoras.

6.5.1 Área de feedstock*: o papel dos mecanismos de aprendizagem na acumulação de capacidades tecnológicas*

Na área de *feedstock*, foi possível distinguir distintos níveis de acumulação de capacidades tecnológicas nas empresas estudadas, entendidos como reflexos da sua frequência média de uso de todos os mecanismos intraorganizacionais. A figura 6.5 sugere que, em comparação às empresas que acumularam capacidades inovadoras em *feedstock* (padrões 2, 3 e 5), as do padrão 1 (capacidade de produção) utilizaram mecanismos internos de aprendizagem com menor frequência média, tendo sido o mais frequente a integração interna de conhecimento.

Figura 6.5

Diferenças entre os padrões de acumulação de capacidades tecnológicas na área de *feedstock* na frequência média de uso de mecanismos de aprendizagem intraorganizacionais

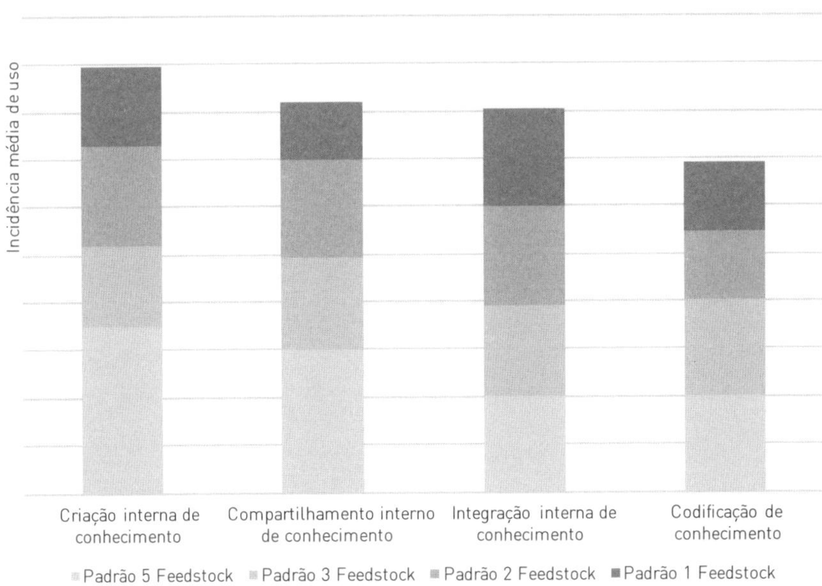

Fonte: Os autores (2018).
Nota: Utilizou-se a Anova com distribuição F para o teste de diferenças entre os padrões e suas frequências médias dos mecanismos de aprendizagem intraorganizacionais. Todas as variáveis foram estatisticamente significativas ao menos a 1%. Os valores representam o teste de Duncan, no qual cada par de padrões foi comparado separadamente.

Com relação aos esforços das empresas para o uso de mecanismos de aprendizagem interorganizacionais (uso de parcerias para aquisição e assimilação de conhecimento tecnológico), a figura 6.6 sugere que as empresas que acumularam capacidades de produção — Padrão 1 *Feedstock* — praticamente não usaram tais mecanismos. Os mais usados pelas organizações que acumularam outros padrões de acumulação de capacidades tecnológicas foram aquisição de conhecimento codificado e treinamento técnico com parceiros. A figura 6.7 indica que a empresa do Padrão 5 *Feedstock* realizou com frequência média maior, comparativamente aos demais padrões, parcerias com universidades e institutos de pesquisa locais e internacionais.

Figura 6.6

Diferenças entre os padrões de acumulação de capacidades tecnológicas na área de *feedstock* na frequência média de uso de mecanismos de aprendizagem interorganizacionais

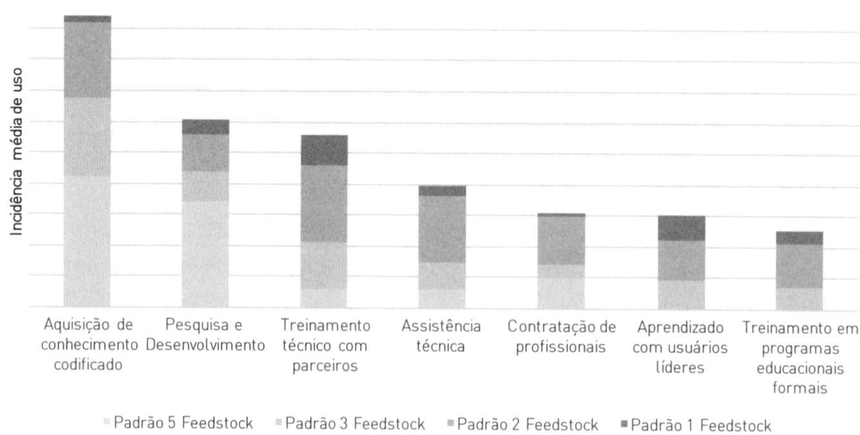

Fonte: Os autores (2018).
Nota: Utilizou-se a Anova com distribuição F para o teste de diferenças entre os padrões e suas frequências médias dos mecanismos de aprendizagem interorganizacionais. Todas as variáveis foram estatisticamente significativas ao menos a 1%. Os valores representam o teste de Duncan, no qual cada par de padrões foi comparado separadamente.

Figura 6.7

Diferenças entre os padrões de acumulação de capacidades tecnológicas na área de *feedstock* na frequência média de parceiros em mecanismos de aprendizagem interorganizacionais

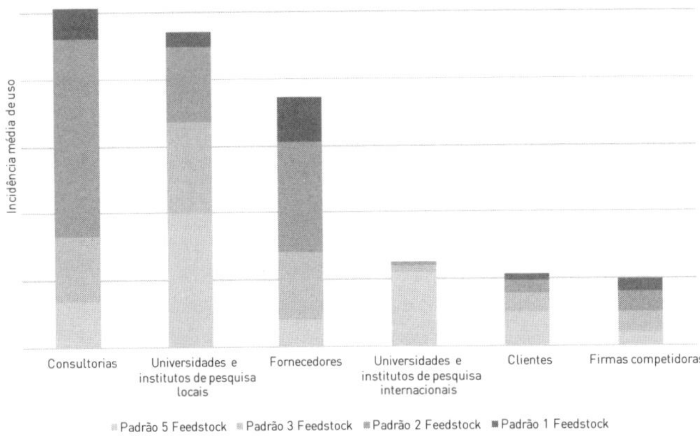

Fonte: Os autores (2018).
Nota: Utilizou-se a Anova com distribuição F para o teste de diferenças entre os padrões e suas frequências médias dos parceiros em mecanismos de aprendizagem interorganizacionais. Todas as variáveis foram estatisticamente significativas ao menos a 1%. Os valores representam o teste de Duncan, no qual cada par de padrões foi comparado separadamente.

De modo geral, na área de *feedstock*, as empresas que realizaram parcerias com universidades locais e internacionais, assim como apresentaram alta frequência média de uso de mecanismos como aquisição de conhecimento codificado e P&D (padrões 3 e 5), geraram resultados mais relevantes que aquelas dos demais padrões (figura 6.8).

Figura 6.8

Diferenças entre os padrões de acumulação de capacidades tecnológicas na área de *feedstock* na frequência média de resultados de mecanismos de aprendizagem interorganizacionais

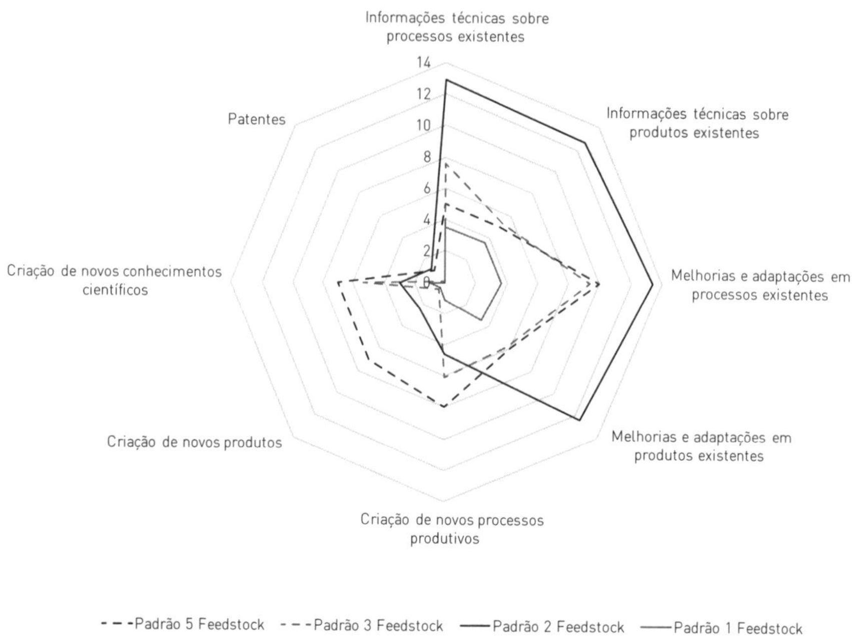

Fonte: Os autores (2018).
Nota: Utilizou-se a Anova com distribuição F para o teste de diferenças entre os padrões e suas frequências médias dos resultados de mecanismos de aprendizagem interorganizacionais. Todas as variáveis foram estatisticamente significativas ao menos a 1%. Os valores representam o teste de Duncan, no qual cada par de padrões foi comparado separadamente.

Na área de *feedstock*, as empresas apoiam-se em grande parte nas capacidades tecnológicas acumuladas das organizações do sistema setorial (CTC, IAC, Ridesa) para a implementação de atividades inovadoras. Todo o avanço da indústria em termos de desenvolvimento de novas variedades de cana-de-açúcar pode ser creditado a esse arranjo (ver também o comentário inicial na seção 6.3.1). Mais recentemente, algumas empresas que têm acumulado níveis mais elevados de capacidades tecnológicas intensificaram suas parcerias com as organizações externas para atividades inovadoras em *feedstock*.

Boxe 6.3

Parcerias de aprendizagem em *feedstock* e inovação de liderança global: Programa CanaVertix®

Os esforços em P&D básicos realizados pelo CTC e pela Ridesa contribuíram para a criação de conhecimentos na área de biotecnologia, biologia, agronomia e bioinformática, como também para avançar o conhecimento do uso de ferramentas biotecnológicas para o mapeamento genético da cana-de-açúcar, a compreensão de suas características genotípicas e o uso da biotecnologia para acelerar o processo de obtenção de novas variedades de cana-de-açúcar.

Fundamentalmente, instituições de pesquisa e fornecedores, como CTC, Ridesa, IAC, CTBE, Embrapa Agroenergia, assim como empresas como Basf, Bayer e Novozymes, têm se engajado em atividades inovadoras de P&D básicos e aplicados em áreas de conhecimento de fronteira (*cutting-edge technologies*), como transgenia, genética de plantas e marcadores moleculares. As empresas produtoras não acumularam capacidades tecnológicas até a fronteira ou de liderança mundial (Seção 6.3.1). Contudo, empresas como a Teta e a Ômega buscaram desenvolver atividades de inovação de liderança mundial em *feedstock*. O desenvolvimento de variedades específicas para o bioetanol de segunda geração, com a utilização de técnicas de transgenia ou de marcadores moleculares, requer criar capacidades por meio de pesquisa básica e aplicada realizada de forma interna e cooperada. Assim, para a criação da primeira cana desenvolvida especificamente para o bioetanol de segunda geração, foi feito um consórcio interinstitucional entre a empresa Teta, Ridesa e IAC.

Desenvolver a CanaVertix® representa o esforço de criar a primeira cana-de-açúcar específica para o bioetanol de segunda geração, a cana-energia da Teta. Para isso, foram buscadas sementes em bancos de germoplasmas do Brasil e do mundo. A cana-energia é uma variedade desenvolvida a partir do cruzamento genético de tipos ancestrais e híbridos comerciais de cana-de-açúcar. O resultado é uma cana mais robusta, com maior teor de fibra e potencial produtivo, ideal para fabricação de biocombustíveis e bioquímicos de segunda geração. Uma de suas maiores vantagens é poder ser plantada em áreas degradadas de pasto — não competindo, assim, com alimentos — e colhida em qualquer período do ano. Seu potencial é enorme: o Brasil tem 32 milhões de hectares de pastagens degradadas que podem ser ocupadas com cana-energia, mais do que toda a área agricultável da Europa. Sua rusticidade permite ainda outros ganhos: a planta exige menos água e menos insumos para crescer. A cana-energia é considerada uma das matérias-primas mais competitivas atualmente.

A Teta desenvolveu a CanaVertix® em Alagoas, porque nessa região estava o microclima ideal para hibridização e seleção da variedade. Desde maio de 2013, há uma estação experimental no município de Barra de São Miguel, com 60 hectares de área e foco no desenvolvimento de cana-energia, além de estudar outras fontes de biomassa para futuras unidades industriais. O projeto tem como parceiros o IAC e a Ridesa. Além do Programa CanaVertix® da Teta, Ridesa e

IAC, a empresa produtora tem trabalhado de forma cooperada com a Embrapa para a realização de pesquisas com outras matérias-primas.

O coordenador nacional da Ridesa, Edelclaiton Daros, anunciou, em dezembro de 2015, que a cana-energia já é realidade dentro dos programas de melhoramento de cana-de-açúcar da rede, que já possui materiais em fase de multiplicação próximos de lançamento. A empresa Pi associou-se com a empresa Beta para desenvolver a cana-energia. A despeito das dificuldades enfrentadas para dar prosseguimento ao projeto experimental, o ex-diretor da área de biocombustíveis da empresa Pi afirmou:

Pesquisas mostraram que a cana-energia tem uma produtividade muito maior do que as variedades modernas, o dobro da produtividade, aliás. Ela é muito grande, tem muita fibra e caldo. Se você pensar no processo produtivo de bioetanol de primeira geração, ela não vale a pena (muita fibra e pouco caldo), mas, se combinar seus processos com bioetanol de segunda geração, o potencial de aumentar a produtividade vale a pena. A gente fez as contas, na usina que hoje talvez seja o estado da arte, que é a Beta, em Quirinópolis. Ela tem capacidade de 4 milhões de toneladas e deve ter uns 150 mil hectares, para produzir 250 mil m^3 de etanol. Os cálculos que a gente fez mostraram que, se substituísse toda essa cana por cana-energia, se produziria 1 milhão m^3 de bioetanol de primeira e segunda geração. A produção maior acaba sendo de celulósico.

Fonte: Adaptado de UFSCAR (2017), relatórios da empresa Teta e evidências da pesquisa.

6.5.2 Área de processos agrícolas: o papel dos mecanismos de aprendizagem na acumulação de capacidades tecnológicas

Na área de processos agrícolas, foi possível distinguir níveis de acumulação de capacidades tecnológicas pelas diferenças entre as empresas produtoras quanto à frequência média de uso de todos os mecanismos de aprendizagem intraorganizacionais. A figura 6.9 sugere que, nas empresas do Padrão 2 Agrícola, essa frequência foi a menor. Mecanismos como criação interna de conhecimento e compartilhamento interno de conhecimento apresentaram frequência média de uso maior pela empresa do padrão 5. São mecanismos cuja incidência de uso está associada a uma organização mais complexa da empresa em termos de departamentos de engenharia e P&D.

Figura 6.9

Diferenças entre os padrões de acumulação de capacidades tecnológicas na área de processos agrícolas na frequência média de uso de mecanismos de aprendizagem intraorganizacionais

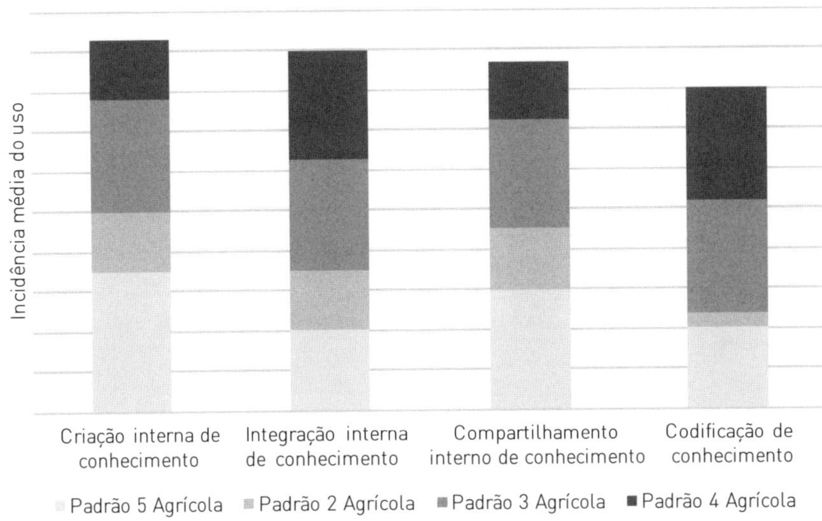

Fonte: Os autores (2018).
Nota: Utilizou-se a Anova com distribuição F para o teste de diferenças entre os padrões e suas frequências médias dos mecanismos de aprendizagem intraorganizacionais. Todas as variáveis foram estatisticamente significativas ao menos a 1%. Os valores representam o teste de Duncan, no qual cada par de padrões foi comparado separadamente.

Em relação aos mecanismos de aprendizagem interorganizacionais, a figura 6.10 sugere que aquisição de conhecimento codificado foi o mais utilizado por empresas do Padrão 5 Agrícola e Padrão 3 Agrícola (isto é, aquelas que mais investiram no desenvolvimento de novas máquinas e implementos agrícolas). Já treinamento técnico com parceiros passou a ser mais usado pelas empresas de todos os padrões no período 2009-14.

Figura 6.10

Diferenças entre os padrões de acumulação de capacidades tecnológicas na área de processos agrícolas na frequência média de uso de mecanismos de aprendizagem interorganizacionais

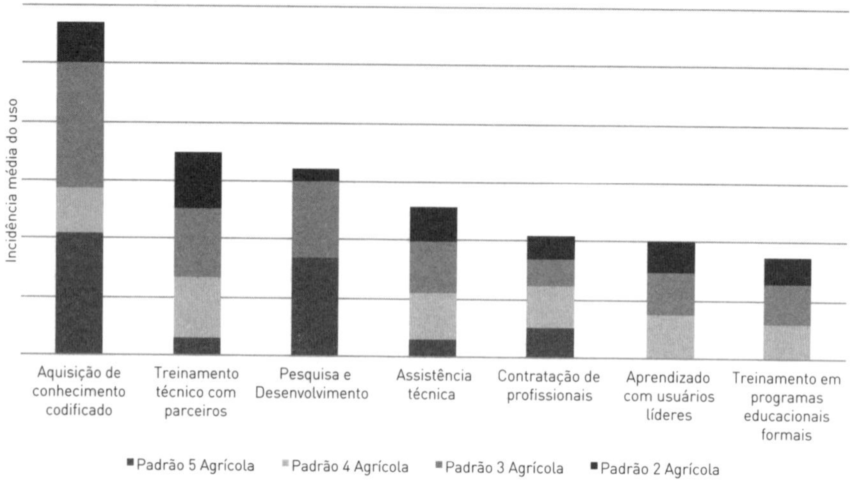

Fonte: Os autores (2018).
Nota: Utilizou-se a Anova com distribuição F para o teste de diferenças entre os padrões e suas frequências médias dos mecanismos de aprendizagem interorganizacionais. Todas as variáveis foram estatisticamente significativas ao menos a 1%. Os valores representam o teste de Duncan, no qual cada par de padrões foi comparado separadamente.

Em termos de parcerias, a figura 6.11 mostra que a aprendizagem externa foi maciçamente realizada com consultorias e fornecedores entre as empresas dos padrões que vão de capacidade inovadora básica até intermediária (padrões 2 e 3) e que evoluíram de capacidade inovadora básica para avançada (Padrão 4 Agrícola).

Figura 6.11

Diferenças entre os padrões de acumulação de capacidades tecnológicas na área de processos agrícolas na frequência média de parceiros em mecanismos de aprendizagem interorganizacionais

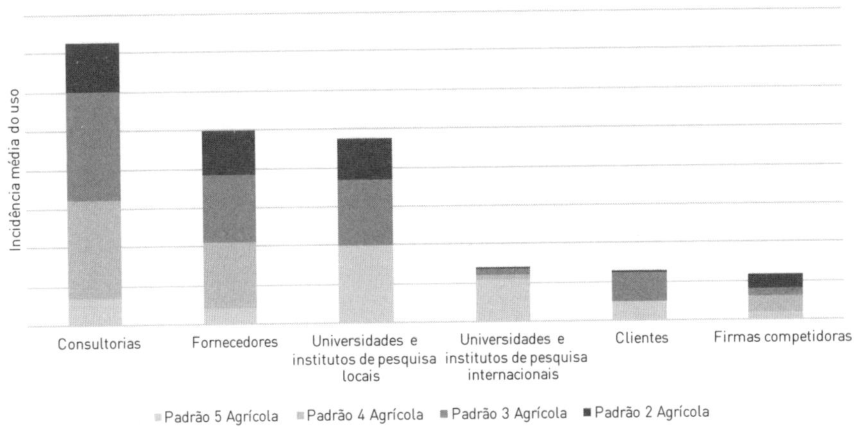

Fonte: Os autores (2018).
Nota: Utilizou-se a Anova com distribuição F para o teste de diferenças entre os padrões e suas frequências médias dos parceiros em mecanismos de aprendizagem interorganizacionais. Todas as variáveis foram estatisticamente significativas ao menos a 1%. Os valores representam o teste de Duncan, no qual cada par de padrões foi comparado separadamente.

As empresas dos padrões 2, 3 e 4 diferenciaram-se na acumulação de capacidades tecnológicas basicamente em relação à frequência média de resultados gerados. As do Padrão 3 Agrícola destacaram-se por terem gerado, em média, uma variedade maior de resultados, utilizando aquisição de conhecimento codificado. Entre os resultados destacados, pode-se comentar principalmente sobre melhorias e adaptações em processos existentes (figura 6.12). Ressalta-se que não houve realização de patentes nesta área entre as empresas estudadas.

Figura 6.12

Diferenças entre os padrões de acumulação de capacidades tecnológicas na área de processos agrícolas na frequência média de resultados de mecanismos de aprendizagem interorganizacionais

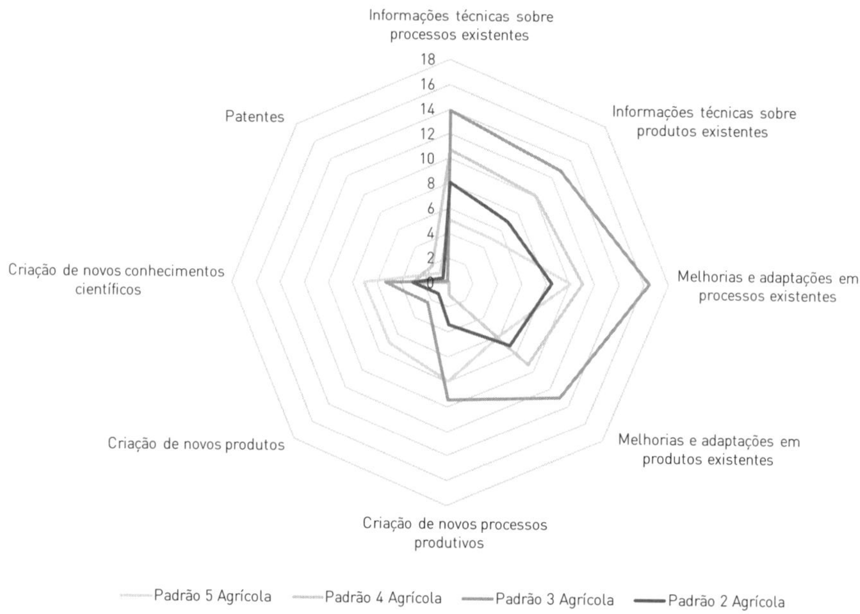

Fonte: Os autores (2018).
Nota: Utilizou-se a Anova com distribuição F para o teste de diferenças entre os padrões e suas frequências médias dos resultados de mecanismos de aprendizagem interorganizacionais. Todas as variáveis foram estatisticamente significativas ao menos a 1%. Os valores representam o teste de Duncan, no qual cada par de padrões foi comparado separadamente.

6.5.3 Área de processos industriais: o papel dos mecanismos de aprendizagem na acumulação de capacidades tecnológicas

A figura 6.13 aponta que integração interna de conhecimento, criação interna de conhecimento e compartilhamento interno de conhecimento foram utilizados com frequência maior pelas empresas que mais evoluíram na acumulação de capacidades tecnológicas, como as do Padrão 4 Industrial. Por outro lado, mecanismos como integração interna do conhecimento e codificação de conhecimento apresentaram frequência média de uso maior entre as empresas do Padrão 1 Industrial.

Figura 6.13

Diferenças entre os padrões de acumulação de capacidades tecnológicas na área de processos industriais na frequência média de uso de mecanismos de aprendizagem intraorganizacionais

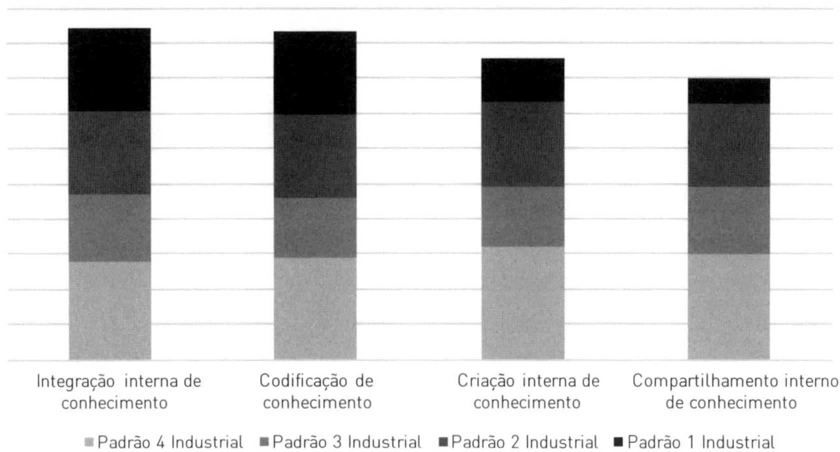

Fonte: Os autores (2018).
Nota: Utilizou-se a Anova com distribuição F para o teste de diferenças entre os padrões e suas frequências médias dos mecanismos de aprendizagem intraorganizacionais. Todas as variáveis foram estatisticamente significativas ao menos a 1%. Os valores representam o teste de Duncan, no qual cada par de padrões foi comparado separadamente.

Em relação às parcerias, a figura 6.14 mostra que a frequência média de uso de aquisição de conhecimento codificado foi maior para a empresa do Padrão 5 Industrial, assim como P&D. Mecanismos como treinamento técnico com parceiros, treinamento em programas educacionais formais e contratação de profissionais, que representam aprendizado para solucionar ou melhorar questões mais pontuais dos processos industriais (por exemplo, amostrador do caldo), apresentaram frequência de uso maior pelas empresas do Padrão 1 Industrial.

Figura 6.14

Diferenças entre os padrões de acumulação de capacidades tecnológicas na área de processos industriais na frequência média de uso de mecanismos de aprendizagem interorganizacionais

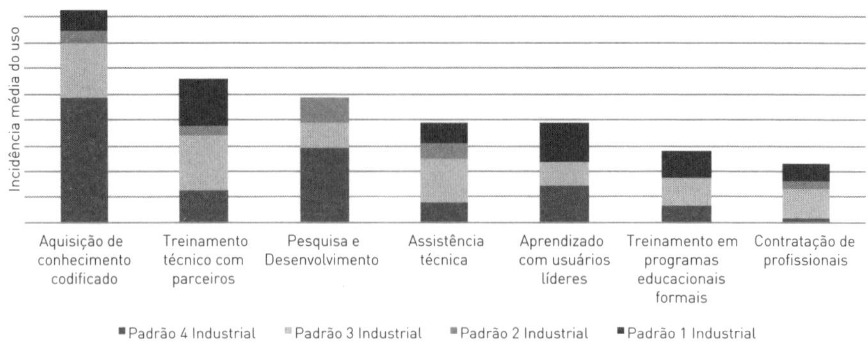

Fonte: Os autores (2018).
Nota: Utilizou-se a Anova com distribuição F para o teste de diferenças entre os padrões e suas frequências médias dos mecanismos de aprendizagem interorganizacionais. Todas as variáveis foram estatisticamente significativas ao menos a 1%. Os valores representam o teste de Duncan, no qual cada par de padrões foi comparado separadamente.

As empresas que se mantiveram em capacidade inovadora básica (Padrão 1 Industrial) recorreram a uma gama menor de parceiros, como consultorias e fornecedores (figura 6.15). Já entre as do Padrão 4 Industrial, houve interação com clientes e universidades e institutos de pesquisa internacionais de forma muito mais intensa do que para os demais padrões.

Figura 6.15

Diferenças entre os padrões de acumulação de capacidades tecnológicas na área de processos industriais na frequência média de parceiros em mecanismos de aprendizagem interorganizacionais

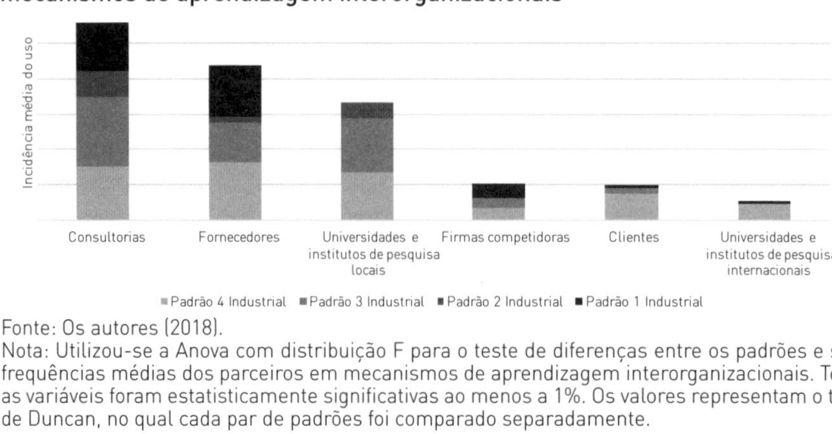

Fonte: Os autores (2018).
Nota: Utilizou-se a Anova com distribuição F para o teste de diferenças entre os padrões e suas frequências médias dos parceiros em mecanismos de aprendizagem interorganizacionais. Todas as variáveis foram estatisticamente significativas ao menos a 1%. Os valores representam o teste de Duncan, no qual cada par de padrões foi comparado separadamente.

As empresas que se mantiveram em capacidade inovadora básica (Padrão 1 Industrial) geraram, no âmbito dos mecanismos usados e respectivos parceiros, apenas resultados de melhorias e informações técnicas. Por outro lado, as do padrão destacaram-se na realização de melhorias e adaptações em processos já existentes, criação de novos processos e, principalmente, criação de novos conhecimentos científicos (figura 6.16).

Figura 6.16

Diferenças entre os padrões de acumulação de capacidades tecnológicas na área de processos industriais na frequência média de resultados de mecanismos de aprendizagem interorganizacionais

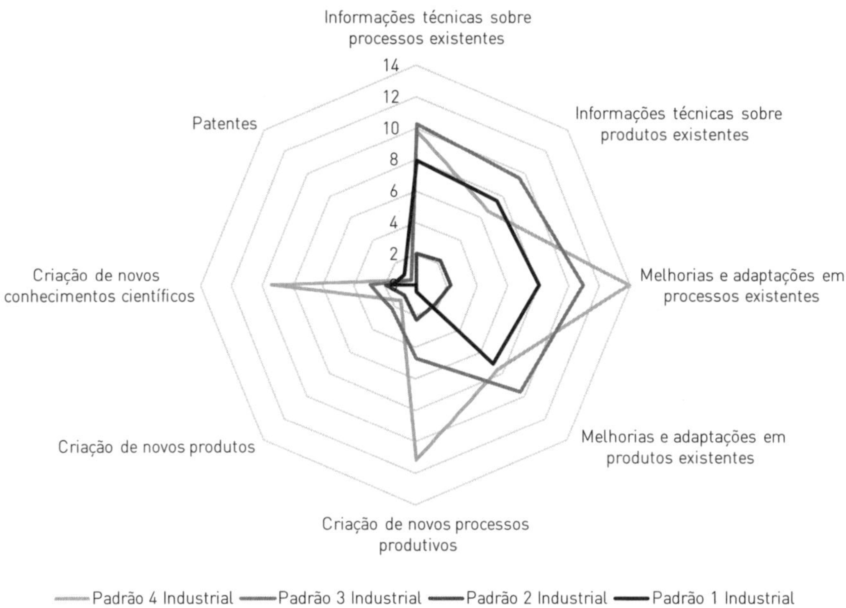

Fonte: Os autores (2018).
Nota: Utilizou-se a Anova com distribuição F para o teste de diferenças entre os padrões e suas frequências médias dos resultados de mecanismos de aprendizagem interorganizacionais. Todas as variáveis foram estatisticamente significativas ao menos a 1%. Os valores representam o teste de Duncan, no qual cada par de padrões foi comparado separadamente.

As empresas que mais avançaram na acumulação de capacidades tecnológicas foram aquelas que realizaram mais parcerias de aprendizagem (padrões 3 e 4), incluindo entre os parceiros firmas competidoras e clientes. Isso mostra que a criação, o aprofundamento e a renovação de capacidades tecnológicas inovadoras dependem cada vez mais de estratégias de aprendizagem baseadas em colaborações interorganizacionais.

A frequência média de incidência do mecanismo aquisição de conhecimento codificado foi maior entre as empresas em níveis de capacidade inovadora intermediário e avançado, em todas as áreas tecnológicas. Da mesma forma, P&D teve incidência maior em empresas de nível de capacidade inovadora avançado (Padrão 4 Industrial), com uma gama maior de parceiros.

6.6 Conclusões

Os resultados da pesquisa mostram que as empresas estudadas da indústria sucroenergética no Brasil se encontram em distintos padrões de acumulação de capacidades tecnológicas para as três áreas tecnológicas relevantes (*feedstock*, processos agrícolas e processos industriais). Recomendações de estratégias empresariais e de políticas públicas concebidas na perspectiva de que essa indústria é um todo homogêneo escondem a complexidade e a variabilidade das atividades inovadoras e seus respectivos níveis de capacidade tecnológica. Por exemplo, empresas que, de 2003 a 2014, permaneceram com capacidade de produção (Padrão 1 Agrícola e Padrão 1 *Feedstock*), ainda devem realizar esforços, especialmente de aprendizagem, para criar e acumular capacidades tecnológicas inovadoras. Aquelas que já acumularam níveis avançados precisam sustentar, renovar e diversificar tais capacidades.

É importante reiterar o que dissemos no início deste capítulo, na área de *feedstock* da indústria sucroenergética no Brasil, a grande maioria das capacidades tecnológicas inovadoras, especialmente as de nível 4 (avançada) e 5 (liderança mundial), encontra-se acumulada fora das empresas produtoras. Estas residem nas demais organizações do sistema setorial de inovação, como institutos de pesquisa (Centro de Tecnologia Canavieira — CTC, Instituto Agronômico de Campinas — IAC) e redes de universidades (Rede Interuniversitária para o Desenvolvimento do Setor Sucroenergético — Ridesa).[4] De fato, o Brasil detém liderança mundial em termos de capacidade tecnológica inovadora na área para a produção de etanol de cana-de-açúcar. Não obstante,

[4] Ver, por exemplo: Gonzalez (2016); Figueiredo (2017).

há casos excepcionais de empresas nessa indústria que detêm nível 5 de capacidades tecnológicas para *feedstock*, porém elas não foram aqui examinadas.

No que diz respeito à natureza colaborativa e sistêmica acumulação de capacidades para inovação, as evidências indicam que as empresas aqui estudadas não são mais autossuficientes em termos de capacidade tecnológica. As que realizaram parcerias com organizações externas variadas acumularam capacidades tecnológicas em níveis mais altos. Em resumo, as atividades inovadoras são cada vez mais fragmentadas entre diferentes parceiros ou organizações. Tal situação impõe desafios aos gestores em termos de coordenação e integração de conhecimentos internos e externos. Capacidades gerenciais são também cada vez mais requeridas no âmbito da inovação, dada a necessidade de interação com parceiros de diferentes matizes (como fornecedores, consultorias, universidades nacionais e internacionais etc.). Mais especificamente:

> A nossa pesquisa corrobora a ideia de que se foi o tempo em que as empresas eram autossuficientes em capacidades tecnológicas e realizavam atividades inovadoras de forma individual. A pesquisa constatou que grande parte das capacidades tecnológicas inovadoras são acumuladas por meio de parcerias com universidades, institutos de pesquisa locais, consultores e agentes ao longo da cadeia produtiva (fornecedores e clientes). Empresas que acumularam níveis mais avançados de capacidades tecnológicas têm sido mais proativas no estabelecimento de vários arranjos colaborativos com esses tipos de parceiro para a realização de atividades inovadoras. A distribuição das capacidades tecnológicas para além dos muros das empresas, assim como o envolvimento de parceiros externos no processo de inovação, é irreversível e confirma a fragmentação das atividades inovadoras.
>
> Essa tendência impõe novos desafios aos gestores, que precisam diariamente criar mecanismos de interface com parceiros diversos, assim como aprimorar práticas de coordenação e integração de conhecimentos externos, vindos de parceiros distintos, para dar eficácia ao processo de inovação.
>
> De modo geral, a indústria sucroenergética no Brasil se caracteriza fortemente pela existência de cooperação entre os centros e as diversas unidades produtoras não só via financiamento, mas também com efetivas parceiras no desenvolvimento tecnológico (por exemplo, para adaptação de uma variedade a diferentes condições de clima e solo).

Essa indústria conta com instituições de pesquisa (CTC, Ridesa, IAC, CTBE) e universidades (UFSCar, Unicamp etc.) que construíram uma rede de aprendizado para todas as áreas tecnológicas, iniciando por *feedstock*. Em processos agrícolas e processos industriais, os fornecedores comumente desempenham papel preponderante nos esforços inovadores das empresas produtoras. Essa natureza colaborativa da inovação tem sido eficaz, em nível de empresas, especialmente para as empresas que acumularam capacidades tecnológicas com base no padrão 4 (Processo Agrícola) e padrão 4 (Processo Industrial).

No entanto, as evidências qualitativas desta pesquisa indicam que esse modelo em *feedstock* parece dar sinais de esgotamento, sobretudo para as empresas que não são sócias de instituições como CTC. Em processos agrícolas e processos industriais, não há um modelo desse tipo, e os fornecedores são os que mais se envolvem em atividades inovadoras. Programas como o Paiss incentivaram a formação de redes de aprendizado com universidades para gerar resultados de maior complexidade tecnológica também em processos industriais. Esse tipo de iniciativa poderia ser aprimorado e continuado.

O CTC deveria pensar em uma política gerencial de longo prazo. Uma variedade nova de cana, por exemplo, é desenvolvida em um ambiente diferente daquele em que será usada e as soluções passam pelo uso de indicativos de *performance*, marcadores no DNA. Nem todas as variedades liberadas são utilizadas, de modo que mensurar as melhorias deveria ocorrer por meio da relação entre o número de variedades melhoradas e o número destas que demonstraram desempenho competitivo.

Em relação à diversificação produtiva ao longo da cadeia em atividades intensivas em conhecimento, esta representa uma das oportunidades a serem oferecidas pela indústria intensiva em recursos naturais, como é o caso da indústria sucroenergética. Tal diversificação deve ser conduzida de modo a identificar tecnologias emergentes (*e.g.*, biotecnologia, nanotecnologia, *big data*) que possam adicionar valor à base de recursos naturais já existente. Isto é, a diversificação ocorreria para indústrias beneficiadoras e distribuição (*forward linkages*); e para produção de insumos, bens de capital e serviços gerenciais (*backward linkages*). A oferta de insumos originalmente para setores de recursos naturais também pode levar a aplicações diferenciadas desses insumos (*horizontal/lateral linkages*).

Especificamente, na indústria sucroenergética no Brasil, algumas empresas iniciaram esforços na direção da diversificação. Destas, algumas poucas passaram a exercer elas mesmas as atividades de distribuição e comercialização (o que foi determinante para que não passassem pelas consequências da crise que afligiu o setor). Nas áreas de processos agrícolas e processos industriais, empresas produtoras estabeleceram parcerias para o desenvolvimento de novas máquinas e equipamentos, mas isso não representou sua entrada nessa nova linha de negócios. Apenas uma empresa relatou uma parceria com universidade para aprimorar o tratamento de dados do cultivo da cana-de-açúcar, gerados na automação agrícola. Ainda em termos de *backward linkages*, houve avanço no aproveitamento de resíduos. E, por fim, algumas poucas empresas buscaram, em parcerias com universidades, a aplicação de novas tecnologias, como a nanotecnologia, para melhorar a eficiência da fermentação (processos industriais), bem como a biotecnologia para o desenvolvimento de novas variedades.

De modo geral, algumas empresas iniciaram esforços para diversificação para ração animal, bioplásticos e combustível de aviação e bioetanol celulósico, e se aproximaram de novas tecnologias (*e.g.*, biotecnologia, nanotecnologia). No entanto, houve o reconhecimento entre as empresas produtoras de que os avanços em biorrefinaria ainda não avançam com a velocidade desejável.

A entrada em novas linhas de negócios, como bioenergia, continuou consolidada na carteira de produtos das empresas da indústria sucroenergética. Contudo, com os desafios do aproveitamento do bagaço de cana-de-açúcar para cogeração energética e para produzir o bioetanol, esses produtos podem se tornar concorrentes a depender da tendência altista ou baixista dos seus respectivos preços.

No que diz respeito à *formação diferenciada de capital humano*, ações para aumentar e melhorar a oferta de recursos humanos, criando massa crítica altamente qualificada, são necessárias para atingir objetivos de inovação na indústria sucroenergética. É importante que o ensino superior público e privado e o sistema de treinamento dentro das empresas forneçam conhecimentos e habilidades apropriados para o alinhamento com novas capacidades inovadoras necessárias para a diversificação industrial.

É relevante fazer a distinção entre capital humano relacionado com *tecnologias existentes*, cujo *mindset* vem sendo preparado desde os bancos das universidades e aprofundado pelas empresas, e capital humano para se engajar em *atividades tecnológicas novas para a indústria e para o país*, ou seja, para a diversificação industrial (por exemplo, biorrefinarias e bioquímicos). Por isso, é preciso que as empresas, em sintonia com as universidades, se engajem na preparação desses diferentes tipos de capital humano.

Na indústria sucroenergética, os esforços de aprendizagem intra e interorganizacionais das empresas estão relacionados com suas capacidades tecnológicas, ainda que de maneiras distintas para cada área. Grande parte desse aprendizado depende da competência e do preparo dos funcionários dessas organizações. Nesse sentido, deve-se pensar na necessidade de as universidades e as empresas prepararem e treinarem o capital humano para lidar com as *futuras rotas tecnológicas da indústria sucroenergética*. A área de processos industriais, por exemplo, costuma concentrar funcionários mais bem formados, bem como exigir deles maiores competências.

Em relação às políticas públicas é altamente recomendável evitar o protecionismo exacerbado. Especificamente, a busca por uma política pública de inovação, numa perspectiva colaborativa e sistêmica, ainda que envolva coordenação do Estado, deve ser realizada sob um ambiente de pressão competitiva internacional. Um ambiente econômico competitivo sistêmico é importante para o desenvolvimento de capacidades inovadoras, pois somente ele estimula o esforço contínuo por parte das empresas para inovar. Restrições às importações dificultam o próprio processo de aprendizagem e acumulação de capacidades tecnológicas dentro das empresas.

Assim, é necessário contemplar diferentes frentes, tais como formação de recursos humanos, incentivo à inovação (em seu sentido amplo) e a definição de parâmetros claros e estáveis para preços do bioetanol combustível e da energia (dado o aproveitamento da biomassa).

Referências

AGROSTAT BRASIL. *Estatísticas de comércio exterior do agronegócio brasileiro*. Brasília, DF, 2014. Disponível em: <www.agricultura.gov.br/portal/page/portal/Internet-MAPA/pagina-inicial/servicos-e- sistemas/sistemas/agrostat>. Acesso em: jun. 2014.

BASTOS, V. D. Biorrefinarias, biocombustíveis e química renovável: revolução tecnológica e financiamento. *Revista do BNDES*, n. 38, p. 85-138, dez. 2012.

FIGUEIREDO, P. N. Micro-level technological capability accumulation in developing economies: insights from the Brazilian sugarcane ethanol industry. *Journal of Cleaner Production*, v. 167, p. 416-431, 2017.

FURTADO, A.; SCANDIFFIO, M.; CORTEZ, L. The Brazilian sugarcane innovation system. *Energy Policy*, v. 39, n. 1, p. 156-166, 2011.

GONZALEZ, R. K. *Processo alternativo de catch-up em indústrias intensivas em recursos naturais*: uma análise empírica da trajetória tecnológica da indústria de bioetanol de cana-de-açúcar no Brasil. 2016. 383f. Tese (doutorado) — Escola Brasileira de Administração Pública e de Empresas, Fundação Getulio Vargas, São Paulo, 2016.

NEVES, M. F.; TROMBIN, V. G. *A dimensão do setor sucroenergético*: mapeamento e quantificação da safra 2013/14. Ribeirão Preto: Markestrat; Fundace; FEA-RP/USP, 2014.

NOVACANA. *As 7 etapas do sistema de plantio de mudas pré-brotadas*. Disponível em: <www.novacana.com/n/cana/plantio/as-7-etapas-sistema-plantio-mudas-pre-brotadas-271113/>. Acesso em: jun. 2016.

UNIVERSIDADE FEDERAL DE SÃO CARLOS (UFSCAR). *Programa de melhoramento genético da cana-de-aç*úcar (PMGC). UFSCar, 2017. Disponível em: <http://pmgca.dbv.cca.UFSCar.br/>. Acesso em: 20 out. 2017.

CAPÍTULO 7

Acumulação de capacidades tecnológicas e competitividade na indústria de celulose e papel no Brasil

7.1 Introdução

Neste capítulo, objetivamos examinar o processo de acumulação de capacidades tecnológicas e os mecanismos subjacentes de aprendizagem e seus impactos sobre o desempenho produtivo em empresas da indústria de celulose e papel, no Brasil, durante o período entre 2003 e 2014. A indústria de celulose e papel vem ganhando cada vez mais espaço como importante atividade econômica no Brasil. O país é, atualmente, o quarto maior produtor de celulose, o maior produtor mundial de celulose do tipo fibra curta proveniente do eucalipto e o nono maior produtor de papel do mundo. É também o maior exportador de celulose do mundo, produto este que ficou em sétimo lugar na pauta de exportações brasileira em 2016. Essa indústria tem estimativa de investimento no Brasil de R$ 53 bilhões até 2020, uma das maiores dentro da indústria.[1] No entanto, a indústria de celulose e papel ainda desperta pouco interesse na política pública e nos estudos acadêmicos, vista, na maioria das

---

[1] Para dados da indústria de celulose e papel no Brasil, ver: FAO (2015). Brasil (2015); IBÁ (2015a).

vezes, como uma atividade econômica de baixa intensidade tecnológica e não estratégica para o desenvolvimento econômico.

A visão de que a indústria de celulose e papel apresenta baixa intensidade ou oportunidade tecnológica é, no mínimo, equivocada. Pelo contrário, a indústria mundial de celulose e papel tem apresentado novas oportunidades de inovação e diversificação até mesmo em áreas denominadas como "portadoras de futuro", como biotecnologia, nanotecnologia e energias renováveis. Além do tradicional uso da celulose de madeira para a fabricação de papéis, a celulose também é usada em outras indústrias, tais como cosméticos, medicina e farmacêutica, alimentação veterinária, fraldas descartáveis, sedas, ésteres, lentes de contato, náilon e explosivos.

Outras oportunidades tecnológicas que estão em processo de exploração ou que são potencialmente exploráveis dentro da indústria de celulose e papel envolvem a geração de energia por biomassa, biocombustíveis, bioplásticos, fibras de carbono a partir de lignina, químicos de alto valor, fitoterápicos, fitocosméticos e celulose nanocristalina ou nanocelulose.[2] Os nanocristais, por exemplo, são cristais de celulose que podem ser utilizados como matérias-primas renováveis para fabricação de bioplásticos, substituindo fibras como os nanotubos de carbono e outros materiais de origem fóssil; os nanocristais podem ser usados para fabricação de equipamentos de segurança na indústria de defesa (coletes de segurança, capacetes, óculos), assim como podem ser aplicados na indústria automobilística (painéis, para-lamas) e aeroespacial (nanocompósitos).

Historicamente, os principais produtores e inovadores mundiais da indústria de celulose têm sido os Estados Unidos, Canadá e os países nórdicos (Noruega, Suécia e Finlândia). Todavia, a partir da década de 1960, o Brasil, em especial, começou a liderar um processo de criação de um novo segmento tecnológico na indústria global de celulose: o da celulose de fibra curta, ou à base de florestas industriais de eucalipto. Como resultado, a participação dos Estados Unidos, Canadá e países nórdicos na capacidade mundial de celulose tem declinado ao longo das últimas décadas: de 70%, em 1990, para menos de 50%, em 2014.

---

2 Ver: Schwarzbauer e Stern (2010:31-38); Pätäri, Kyläheiko e Sandström (2011:456-464); Hurmekoski e Hetemaki (2013:17-29); Martin (2013:24-30).

Pesquisas anteriores mostraram que, ao longo dos últimos 70 anos, algumas empresas de celulose e papel no Brasil desenvolveram uma trajetória tecnológica própria de fibra curta à base de eucalipto (Figueiredo, 2015, 2016:1-14). A produção de celulose à base de fibra curta responde por cerca de 85% da produção total de celulose no Brasil e é destinada à exportação. Esse movimento fez com que o Brasil, nos últimos 15 anos, se tornasse líder mundial em termos de capacidades tecnológicas florestais de melhoramento e modificação genética do eucalipto, e apresentasse a maior produtividade florestal do mundo. Por exemplo, a área necessária para a produção de 1,5 milhão de toneladas de celulose por ano no Brasil é de 140 mil hectares, um quinto da área necessária para o mesmo plantio na Escandinávia e metade da área necessária na China (IBÁ, 2015b). A evolução dessa trajetória foi possível graças aos esforços sistemáticos em experimentações, testes, P&D genético de mudas de eucalipto por algumas empresas e ao apoio de instituições e políticas públicas nacionais.

No entanto, o fato de algumas empresas brasileiras situarem-se em nível de liderança mundial de capacidade tecnológica em suas áreas florestais não significa que todas as empresas no Brasil se encontrem na mesma situação. Isso também não significa que essas empresas apresentem a mesma evolução em capacidades tecnológicas na área industrial. Este capítulo mostra que, apesar de concentrada, a indústria brasileira de celulose e papel é heterogênea no que diz respeito à acumulação de capacidades tecnológicas de cada empresa e entre áreas tecnológicas (áreas florestal e industrial).

A pesquisa subjacente a este livro baseou-se em evidências primárias colhidas diretamente da indústria de celulose e papel, por meio da aplicação de questionários combinados com trabalhos de campo. Ao todo, 15 empresas produtoras de celulose e/ou papel no Brasil participaram da pesquisa. Elas representaram, aproximadamente, 76% da produção de celulose e 50% da produção de papel do Brasil em 2015. Dessas empresas, oito possuem florestas próprias e sete não possuem. Estas últimas produzem apenas papel.

Além desta seção introdutória, este capítulo apresenta na seção 2 a organização da indústria de celulose e papel. A seguir, discute-se na seção 3 a trajetória de acumulação de capacidades tecnológicas das empresas. As implicações do uso de mecanismos de aprendizagem para a acumulação de capacidades tecnológicas são apresentadas na seção 4 e as implicações dessas capacidades na competitividade das empresas são apresentadas na seção 5. A seção 6 traz uma discussão para este estudo.

7.2 Organização da indústria de celulose e papel: breve panorama

A indústria de celulose e papel, tradicionalmente, é dividida nos dois segmentos que nomeiam o setor. No Brasil e no mundo, há empresas verticalizadas, quando a produção de celulose é integrada à de papel em uma mesma planta produtiva, e empresas especializadas, quando a produção de celulose é vendida para outras plantas de produção de papel. É importante mencionar, no entanto, que esse "bloco" celulose e papel está em processo de mudança em função do engajamento de empresas líderes dessa indústria, incluindo as do Brasil, em novas atividades tecnológicas, tais como bioenergia, novos materiais e biotecnologia. Também deve-se destacar que a produção industrial de celulose é precedida por significativas atividades florestais que variam desde a silvicultura (envolvendo geração e aprimoramento de material genético e pesquisa avançada em genômica), colheita, logística e gestão socioambiental de florestas. As atividades florestais respondem por grande parte da produção de celulose: 90% da celulose para papel tem sua origem na madeira.

A produção de celulose, geralmente, é concentrada em grandes fábricas que possuem suas próprias florestas. Já a produção de papel constitui-se, em sua maioria, por várias empresas não integradas e que são bem menos concentradas, com unidades fabris espalhadas em várias regiões, tendendo a se localizarem próximo aos mercados consumidores. Sendo a empresa integrada ou não, a indústria de celulose e papel é intensiva em capital, matérias-primas, energia, processos e escala.

Pode-se dividir a indústria de celulose e papel em duas grandes áreas tecnológicas: (i) área florestal, que compreende os processos de preparação do solo, desenvolvimento de mudas, plantio e colheita da madeira; e (ii) área industrial, que compreende os processos produtivos industriais e produtos, especialmente na manufatura de celulose e dos diversos tipos de papel (imprimir, escrever, embalagens, sanitários, imprensa, papel-cartão etc.). Naturalmente, nem todas as empresas possuem uma área florestal, mas todas possuem uma área industrial, seja ela apenas para produzir celulose, apenas para produzir papel, ou ambos.

Na indústria de celulose e papel, a celulose pode originar-se de dois tipos de fibra da madeira: longas ou curtas. A celulose de fibra longa provém de fibras de árvores coníferas mais resistentes, de espécies como *Pinus*, e geralmente é utilizada na fabricação de embalagens. Já a celulose de fibra curta provém de fibras de árvores folhosas menos resistentes, porém mais macias e com maior capacidade de absorção, como é o caso do eucalipto, sendo geralmente utilizada na fabricação de papéis para impressão, escrita e fins sanitários (*tissue*). As próximas subseções detalham um pouco mais as áreas florestal e industrial.

7.2.1 Área florestal

Dada a importância da área florestal, a indústria de celulose e papel integra a indústria florestal ou, mais especificamente, a indústria de árvores plantadas. A figura 7.1 apresenta os principais segmentos industriais de base florestal, que são representados por: celulose, diversos tipos de papel, painéis de madeira reconstituída (Medium-Density Fiberboard — MDF e pisos laminados), serrados e painéis compensados, carvão vegetal e outras biomassas para fins energéticos. Os principais segmentos de base florestal também atendem a várias outras indústrias, tais como: gráfica, de embalagem, construção civil, móveis, química, têxtil, farmacêutica e energética.

Figura 7.1
Fases da produção de madeira e a indústria florestal

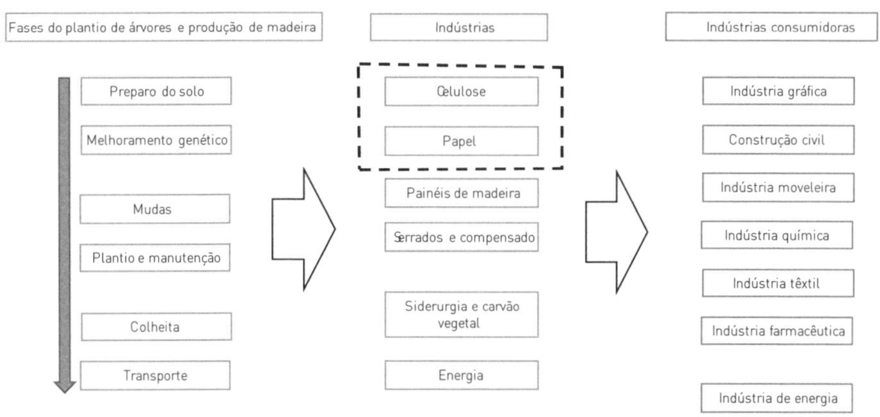

Fonte: Os autores (2018).

A figura 7.1 também apresenta as principais etapas do processo do plantio de árvores e da produção de madeira, nas quais se destaca o melhoramento genético para a produção de mudas. Outra rota tecnológica alternativa ao melhoramento genético é a modificação genética (transgenia). A etapa de plantio e colheita também vem se mostrando uma fase importante para o aumento da produtividade e redução de custos pela mecanização e melhorias logísticas desses processos. Em todas essas etapas, os fabricantes de celulose vêm acumulando esforços para ganhos de qualidade da madeira, redução da metragem cúbica de madeira necessária para a produção de celulose, redução do tempo de corte das árvores, melhoramento em espécies com maior resistência ao estresse hídrico, flutuações climáticas, doenças e pragas, adaptação e expansão do plantio em novas áreas.

7.2.2 Área industrial

A indústria de celulose e papel é uma atividade intensiva em processos envolvendo um contínuo fluxo de materiais e tecnologias. A celulose é o principal componente da membrana celular da maioria das árvores, formada por uma fibra natural constituída por 50% de celulose e o restante de lignina e hemicelulose. Seu processo de produção é conhecido como polpação e consiste na separação das fibras da madeira mediante a utilização de energia química, mecânica e/ou térmica. O processo mecânico é resultante da aplicação de prensas mecânicas, que rompem as ligações entre as fibras. Já o processo químico destina-se a degradar e dissolver a lignina, permitindo a conservação de um maior percentual de celulose dentro das fibras e um menor grau de danificação. A figura 7.2 ilustra de forma resumida as principais etapas do processo de produção de celulose e papel.

Figura 7.2
Fluxo produtivo da indústria de celulose e papel

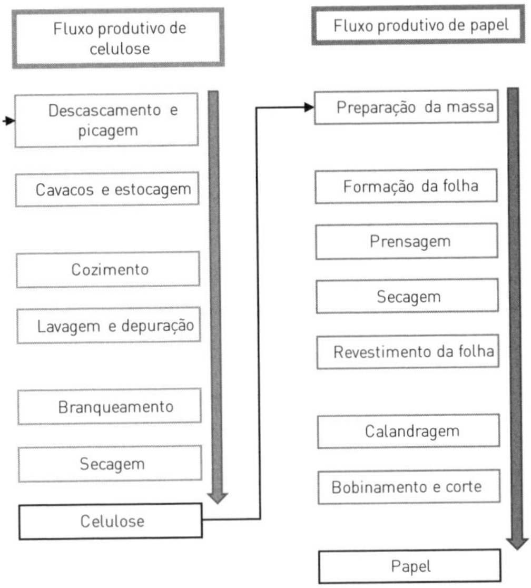

Fonte: Os autores (2018).

A fabricação de celulose e papel exige substanciais investimentos em maquinaria e equipamentos de alta qualidade e precisão. Identifica-se atualmente nessa indústria um alto grau de automação, o que flexibiliza e controla cada um dos estágios do processo. Embora a celulose destinada à produção de papel não apresente maiores transformações quanto às características do produto final, algumas mudanças têm sido incorporadas em relação aos insumos necessários para sua fabricação. Por exemplo, o uso de agentes branqueadores alternativos ao uso do cloro, como é o caso do ozônio e do peróxido de hidrogênio, que são mais eficientes e reduzem o impacto ambiental. Outra fase importante do processo de produção é a recuperação química de subprodutos, como o licor negro,[3] que são reaproveitados para gerar vapor e energia elétrica. Algumas empresas de celulose não apenas já são autossuficientes em energia, como também são capazes de vender o excesso de energia gerado em seu processo produtivo, transformando-se em uma nova linha de negócio.

[3] Licor resultante do processo de cozimento da madeira, composto principalmente de materiais orgânicos, inorgânicos e resíduos de madeira dissolvida (lignina).

7.3 Acumulação de capacidades tecnológicas nas empresas de celulose e papel estudadas (2003-14)

Para analisar as diferenças existentes em termos de acumulação de capacidades tecnológicas para as empresas de celulose e papel estudadas, a primeira iniciativa foi ordená-las, em cada uma das duas áreas tecnológicas (florestal e industrial), de acordo com a escala apresentada na figura 2.2 (capítulo 2). As empresas com trajetórias semelhantes de acumulação de capacidades tecnológicas foram classificadas no mesmo grupo, chamados de padrões de acumulação de capacidades tecnológicas. Normalmente, diferentes padrões de acumulação de capacidades tecnológicas estão associados a distintos mecanismos de aprendizagem e a diferentes resultados em termos de desempenho competitivo. Deve-se lembrar que, embora a relação entre as duas áreas seja relevante, em alguns casos, a mesma empresa pode apresentar níveis de capacidade tecnológica distintos nas áreas tecnológicas florestal e industrial. As empresas sem área florestal, ou seja, que não possuem florestas próprias, naturalmente podem apenas acumular capacidades tecnológicas na área industrial. Além de organizar as empresas em termos de padrões de acumulação de capacidades tecnológicas, nesta seção também se apresentam brevemente algumas das características de cada um desses grupos de empresas para cada área tecnológica.

7.3.1 Acumulação de capacidades tecnológicas na área florestal: o alcance de liderança tecnológica internacional

A figura 7.3 apresenta a evolução dos padrões encontrados de acumulação de capacidades tecnológicas na área florestal, na qual o eixo vertical representa os cinco níveis de capacidade tecnológica e o eixo horizontal representa os períodos de tempo. Das oito empresas estudadas que possuem florestas, duas (25%) evoluíram do nível 2 para o nível 3 de capacidade tecnológica, denominadas Padrão 1 Florestal; três empresas (37,5%) evoluíram do nível 3 para o nível 4, denominadas Padrão 2 Florestal; e outras três empresas (37,5%) se mantiveram estáveis no nível 5 em todo o período analisado, denominadas Padrão 3 Florestal. Outras sete empresas pesquisadas não possuem florestas próprias, logo, não acumularam níveis de capacidade tecnológica na área florestal.

Figura 7.3

Padrões de acumulação de capacidades tecnológicas na área florestal nas empresas estudadas (2003-14)

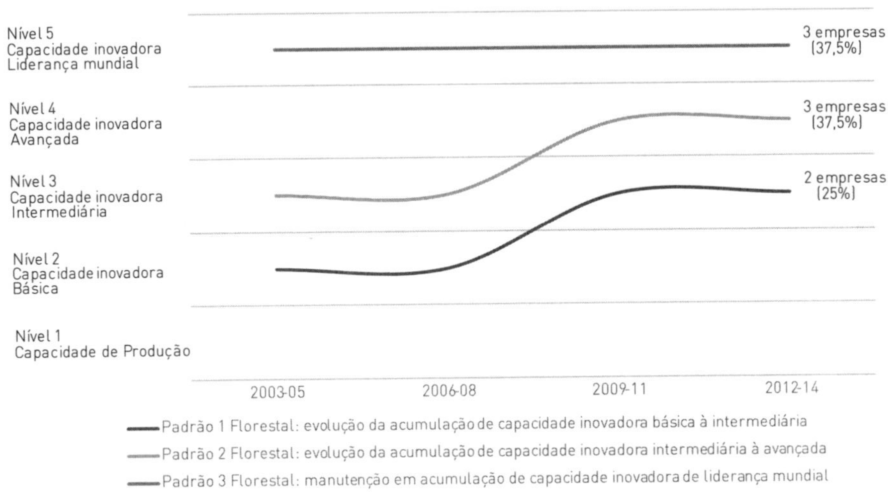

Fonte: Os autores (2018).

A figura 7.3 sugere que a maioria das empresas estudadas se encontra em padrões com níveis altos (avançado e liderança mundial) de capacidade inovadora na área florestal. Como apresentado na introdução deste capítulo, isso reflete os avanços da indústria de celulose no Brasil nas últimas décadas, principalmente com relação à alta produtividade em termos de área plantada e tempo de corte das árvores no Brasil em comparação com os outros países. A seguir, comentamos em mais detalhes os três padrões de acumulação de capacidades tecnológicas dispostos na figura 7.3.

(i) Padrão 1 Florestal: evolução da acumulação de capacidade inovadora básica para intermediária

O Padrão 1 Florestal é composto por empresas que, entre 2003 e 2008, apenas eram capazes de realizar pequenas adaptações em tecnologias de operações florestais (capacidade inovadora básica). Essas empresas realizavam, por exemplo, reprodução clonal de mudas e pequenas adaptações em estruturas para viveiros. A partir de 2009, no entanto, acumularam capacidades para implementar modificações relativamente complexas baseadas em engenharias e experimentações (capacidade inovadora intermediária). Isso significa que essas empresas passaram também a realizar não só reprodução clonal de mudas, como também avaliações de variedades e clones. Por exemplo, uma das empresas que compõem esse padrão passou a realizar produção de mudas por meio de seleção e melhoramento genético a partir de características climáticas e de solo específicas. Essa empresa está localizada em uma região diferente das outras, o que criou a necessidade de melhorias tecnológicas diferentes do habitual, não apenas na seleção e no melhoramento de mudas, como também nos processos de plantio e colheita da madeira.

Porém, as empresas que compõem o Padrão 1 Florestal ainda não possuem departamentos formais de P&D e suas melhorias nos processos florestais são caraterizadas por serem realizadas de forma não contínua. Essas empresas produziram e implementaram melhorias em tecnologias florestais, e conseguem ser internacionalmente competitivas, mas ainda precisam avançar em linhas de pesquisa contínua em seleção e melhoramento genético, como outras empresas do setor no Brasil já são capazes de fazer.

(ii) Padrão 2 Florestal: evolução da acumulação de capacidade inovadora intermediária para avançada

O Padrão 2 Florestal é composto por empresas que, entre 2003 e 2008, já eram capazes de implementar modificações relativamente complexas baseadas em engenharias e experimentações (capacidade inovadora intermediária). A partir de 2008, essas empresas acumularam suas capacidades para também implementar atividades inovadoras florestais próximas àquelas realizadas pelos líderes mundiais à base de P&D aplicados (capacidade inovadora avançada). Por exemplo, uma das empresas desse grupo possui unidades conservadoras de material genético de eucalipto (banco de germoplasma), o que lhe permite realizar pesquisas de melhoramento genético. Essa empresa possui departamentos de P&D florestal e de engenharia de processo, que juntos buscam melhorias contínuas em eficiência e produtividade em todas as etapas do processo produtivo. As empresas que pertencem a esse padrão também implementaram a gestão e o monitoramento das operações florestais com suporte de sistema de informações geográficas, como o uso de veículos não tripuláveis para análises de imagens via satélite.

Duas características são marcantes para empresas que compõem o Padrão 2 Florestal, que as diferenciam das empresas que compõem o Padrão 1 Florestal. Primeiro, possuem programas de melhorias contínuas na produtividade e na qualidade de suas florestas por meio de conduções permanentes de pesquisas e experimentos, ou seja, possuem departamento de P&D florestal. Segundo, participam ativamente de projetos de pesquisa em parcerias com universidades, institutos de pesquisa e até com empresas competidoras.

(iii) Padrão 3 Florestal: manutenção em acumulação de capacidade inovadora de liderança mundial

O Padrão 3 Florestal é composto por empresas que mantiveram suas capacidades inovadoras no patamar de liderança mundial em todo o período estudado. São empresas que estabilizaram suas capacidades de implementar atividades inovadoras à base de P&D e engenharia avançada relativas à criação e ao desenvolvimento de tecnologias novas para o mundo, e que abriram oportunidades de entrada em novos negócios a partir de atividades inovadoras florestais. Por exemplo, uma das empresas desse padrão implementou tecnologias transgênicas em mudas de eucalipto. Essa empresa produziu em nível experimental e comercial o primeiro eucalipto transgênico do mundo, com novas propriedades que o tornam até 20% mais produtivo (boxe 7.1). O que diferencia essas empresas das situadas no Padrão 2 Florestal é justamente os avanços como líderes na fronteira tecnológica de melhoramento e modificação genética do eucalipto.

Boxe 7.1

H421: a primeira variedade de eucalipto transgênico do mundo

Em junho de 2015, a Comissão Técnica Nacional de Biossegurança (CTNBio), órgão responsável no Brasil pela avaliação de produtos transgênicos, aprovou a comercialização de uma variedade de eucalipto geneticamente modificada. A variedade em questão trata-se do H421, eucalipto transgênico criado pelo departamento de tecnologia de uma das empresas estudadas nesta pesquisa. No Brasil, estudos de campo com árvores de eucalipto transgênicas são realizados desde a década de 1990; outras empresas brasileiras também realizam pesquisas e/ou experimentações de organismos geneticamente modificados (OGM) mas nenhuma ainda em fase comercial. No exterior, empresas de biotecnologia, como a ArborGen, dos Estados Unidos, e a SweTree, Technologies, da Suécia, também se dedicam à pesquisa e ao desenvolvimento de árvores transgênicas.

O H421, no entanto, trata-se do primeiro produto transgênico que altera diretamente a produtividade de uma planta. Até o momento, as variedades vegetais transgênicas bem-sucedidas no mercado, como a soja e o milho, focavam, por exemplo, em mudanças mais simples relacionadas com a resistência a herbicidas ou pragas. Entre as propriedades prometidas da nova variedade de eucalipto, pode-se destacar uma produtividade até 20% superior e um tempo de rotação de cinco anos e meio, contra os sete anos normais de uma variedade padrão no Brasil. Esse tipo de resultado impacta diretamente na produtividade e na redução do tamanho das florestas, o que ocasiona, por sua vez, redução de custos.

Apesar da liberalização de uso comercial pela CTNBio, o eucalipto transgênico ainda esbarra na aceitação mundial e no uso de certificações. A quase totalidade dos grandes usuários globais de celulose e papel exige que as empresas do segmento adquiram selos e certificações verdes, como o FSC, cujo certificado é um pré-requisito para a entrada de produtos de origem florestal em países desenvolvidos. O uso comercial de produtos originados de OGMs é controverso e sofre muita resistência de associações ambientais e sociais devido às dúvidas que esses produtos podem causar em termos de segurança alimentar e impacto ambiental. Estudos feitos por técnicos da CTNBio garantiram o baixo impacto ambiental do H421. Falta a comunidade internacional avaliar o uso comercial do primeiro eucalipto geneticamente modificado do mundo.

Fonte: Adaptado de Myburg et al. (2014) e CNI (2015).

A manutenção em um padrão de liderança mundial das empresas que compõem o Padrão 3 Florestal tem como pano de fundo um histórico de pelo menos 70 anos de trajetória tecnológica da fibra curta de eucalipto. Esses esforços buscaram se afastar da trajetória tecnológica de fibra longa (geralmente pínus) dominante e estabelecida pelas empresas líderes dos países da América do Norte e Escandinávia (Figueiredo, 2016). O desenvolvimento dessa trajetória tecnológica própria de eucalipto deveu-se aos esforços de pesquisa e desenvolvimento genético de mudas fomentadas em seu início por políticas públicas nacionais de suporte à pesquisa, financiamento e ao comércio exterior (Toivanen, 2013:51-66; Figueiredo, 2016). Como será apresentado na seção 7.4, esses esforços continuaram nos últimos anos por parte das empresas que compõem o Padrão 3 Florestal, muitas vezes realizados em parcerias com universidades e institutos de pesquisa.

7.3.2 Acumulação de capacidades tecnológicas na área industrial: oportunidades de diversificação em novos produtos

A figura 7.4 apresenta a evolução dos padrões encontrados de acumulação de capacidades tecnológicas na área industrial nas empresas estudadas.

Entre as 15 empresas estudadas, duas (13%) se mantiveram estagnadas no nível 1 em todo o período analisado, denominadas Padrão 1 Industrial. Outras 10 empresas (67%) evoluíram do nível 2 para o nível 3, denominadas Padrão 2 Industrial. Por fim, outras três empresas (20%) se mantiveram estagnadas no nível 4 em todo o período analisado, denominadas Padrão 3 Industrial. Observa-se que, de maneira geral, os padrões da área industrial se encontram em níveis de acumulação de capacidades tecnológicas menores do que os padrões da área florestal. Isso se reflete na maior especialização na produção da *commodity* celulose, com menores esforços em desenvolvimento de novos produtos para além da produção de papel e que estejam na fronteira tecnológica internacional. A seguir, comentamos em mais detalhes os três padrões de acumulação de capacidades tecnológicas dispostos na figura 7.4.

Figura 7.4

Padrões de acumulação de capacidades tecnológicas na área industrial nas empresas estudadas (2003-14)

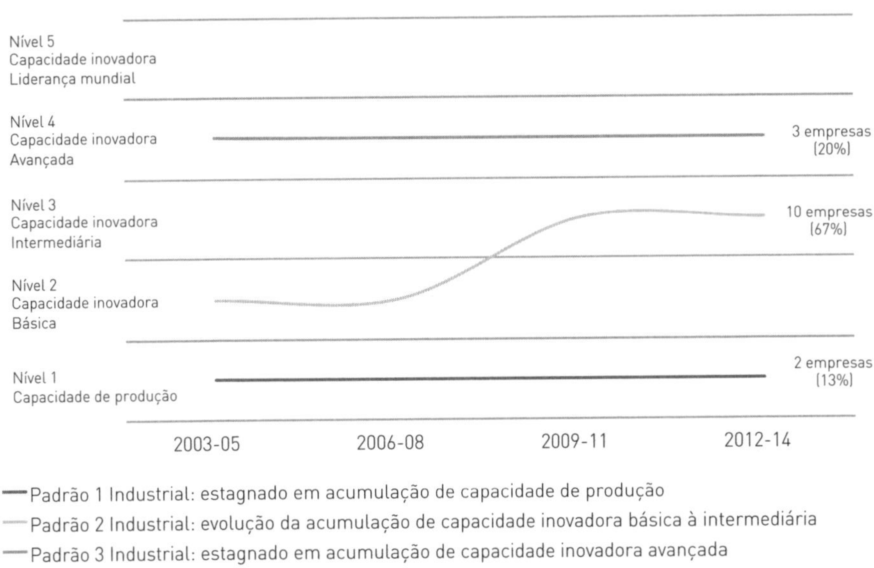

Fonte: Os autores (2018).

(i) Padrão 1 Industrial: estagnado em acumulação de capacidade de produção

O Padrão 1 Industrial é composto por empresas que não acumularam níveis de capacidades inovadoras ao longo dos quatro triênios examinados, de modo que permaneceram estagnadas ao nível de capacidade tecnológica para atividades de produção. Essas empresas estão aptas a produzir de forma eficiente de acordo com as tecnologias disponíveis no mercado e implantaram controles de qualidade e certificações relacionadas com o setor. Contudo, não realizam atividades relacionadas à P&D, tampouco possuem capacidade para implementar pequenas melhorias em processos e produtos.

As empresas que compõem o Padrão 1 Industrial não possuem florestas próprias, sendo pequenas produtoras não integradas de papel. Essas empresas também não possuem parcerias com universidades ou institutos de pesquisa. Há apenas parcerias com fornecedores e consultores, porém não envolvendo trocas de conhecimento ou desenvolvimento em conjunto de novos processos e produtos.

(ii) Padrão 2 Industrial: evolução da acumulação de capacidade inovadora básica para intermediária

O Padrão 2 Industrial é composto por empresas que, entre 2003 e 2008, apenas eram capazes de realizar pequenas adaptações em tecnologias de processo produtivo e produto (capacidade inovadora básica). Essas empresas eram capazes, por exemplo, de selecionar e assimilar novidades e pequenas adaptações de forma não contínua em tecnologias envolvendo o processo produtivo. Por exemplo, adaptações em processos de branqueamento, polpação e automação. Essas empresas também eram capazes de aplicar sistemas de gerenciamento estratégico por métricas de desempenho com suporte de tecnologias da informação. A partir de 2009, no entanto, essas empresas já acumulavam capacidades para implementar modificações relativamente complexas baseadas em engenharias e experimentações (capacidade inovadora intermediária). Isso inclui atividades relacionadas com novas características dos produtos, processos de engenharia reversa e desenvolvimento de controles de sistema de avaliação e produção para elaboração de novos projetos.

Uma característica geral das empresas que compõem o Padrão 2 Industrial é a implementação de melhorias contínuas no processo industrial, o que não ocorreu com as empresas do Padrão 1 Industrial. Essas melhorias envolveram a busca contínua por menor consumo de água, energia, vapor e menor perda de fibras. Verificou-se também um maior reaproveitamento de insumos e resíduos por meio da queima destes em caldeiras de biomassa para a geração de energia ou de outros produtos utilizados no próprio processo produtivo. Em estudo anterior (Figueiredo, 2014:73-102), algumas das principais empresas de celulose e papel mostraram significativas melhorias em certos parâmetros de desempenho de processo na produção de celulose e papel no período entre 2000 e 2009. Entre os resultados médios encontrados, destaca-se uma redução do consumo de água de 1,3% ao ano na produção de celulose e de 5% ao ano na produção de papel. Verificou-se também uma redução no consumo de energia elétrica de 2,8% ao ano e uma redução nas perdas de fibras de 2% ao ano. No entanto, essas empresas ainda não possuem departamento de P&D industrial e avançaram pouco em desenvolvimento de novos produtos. As melhorias nos processos produtivos envolveram mais parcerias com fornecedores e consultores.

(iii) Padrão 3 Industrial: estagnado em acumulação de capacidade inovadora avançada

O Padrão 3 Industrial é composto por empresas que se mantiveram estagnadas no nível de capacidade inovadora avançada durante todo o período estudado. As empresas desse padrão demonstraram capacidade para implementar atividades inovadoras relacionadas com produtos e processos próximas àquelas realizadas pelos líderes mundiais, refletindo uma estratégia *fast follower*, à base de P&D aplicados e engenharia. Por exemplo, uma das empresas que pertence a esse padrão implementou a produção de papel e embalagens com misturas de fibras de eucalipto e pínus. Nesse caso, a empresa desenvolveu, em parceria com um cliente específico, novas embalagens líquidas com propriedade de barreiras de calor e gordura destinadas à indústria alimentícia. O desenvolvimento de celuloses e papéis alternativos trouxe novas propriedades às embalagens da empresa, o que lhes permitiu reduzir custos e alcançar novos segmentos no mercado de papel e embalagens. O desenvolvimento de novas propriedades de produtos implementadas em atividades à base de P&D diferencia essas empresas das que compõem o Padrão 2 Industrial.

No entanto, apesar de acumularem níveis de capacidade inovadora avançada na área industrial, as empresas que compõem o Padrão 3 Industrial ainda não realizaram atividades em nível de liderança mundial. A razão é que ainda não implementaram de maneira comercial outras tecnologias para além do mercado de celulose e papel que sejam novas para o Brasil. Exemplos de novos negócios para além da celulose e do papel já são comercializados por empresas do setor em outros países, como os da Escandinávia. Esses novos negócios compreendem, por exemplo, aplicações em biorrefinarias, com potencial desenvolvimento de novos bioprodutos e biocombustíveis, nanocelulose, químicos de alto valor e outros novos materiais que podem ser aplicados em diversas outras indústrias (boxe 7.2).

Até 2014, último ano de recorte desta pesquisa, havia investimentos em projetos e plantas pilotos de algumas empresas brasileiras nos novos segmentos industriais destacados no parágrafo anterior, mas nenhum ainda em escala comercial. Em avaliações mais recentes, verifica-se que algumas empresas do Padrão 3 Industrial estão muito próximas de acumular o nível de capacidade tecnológica de liderança mundial na área industrial. Por exemplo, uma das empresas estudadas planeja em 2018 operar em escala comercial uma nova planta produtiva de lignina, um subproduto da produção de celulose. A lignina vem sendo estudada pela indústria como um substituto de derivados do petróleo em aplicações de alto valor agregado, gerando produtos como adesivos, bioplásticos, dispersantes para concreto e ração animal e até mesmo fármacos.

Boxe 7.2

Biorrefinarias integradas à indústria de celulose e papel

Segundo relatório da Embrapa de 2011, a biorrefinaria pode ser conceituada como uma instalação que integra processos de conversão de biomassa em biocombustíveis, insumos químicos, materiais, alimentos, rações e energia. Seu objetivo é otimizar o uso de recursos e minimizar os efluentes, maximizando os benefícios e o lucro. Esse conceito enquadra-se na indústria de celulose e papel, pois a biomassa de natureza lignocelulósica é uma fonte de carbono renovável, que potencialmente pode ser convertida em biocombustíveis ou bioprodutos, como químicos, polímeros e demais materiais. Visto a natureza da indústria de celulose tratar-se de uma *commodity*, o aproveitamento de resíduos do processo produtivo e sua conversão em novos produtos para além do papel propriamente dito surgem como oportunidades de diversificação em novos produtos, além dos ganhos de eficiência energética e menor impacto ambiental.

Existem diferentes vias tecnológicas de biorrefinarias, que variam conforme a escolha do processo, da matéria-prima e dos produtos finais a serem obtidos. Os principais processos de conversão estão associados a duas plataformas tecnológicas: bioquímica e termoquímica. Na bioquímica, enquadram-se os processos de extração, separação e conversão química ou biológica dos componentes da biomassa. Alguns exemplos de possibilidade bioquímica seriam a conversão de açúcares em biocombustíveis ou bioprodutos e da lignina em bioquímicos ou extração de compostos para valorização cosmética e farmacêutica. Já a termoquímica inclui conjuntos de processos em que tratamentos térmicos são aplicados para a conversão da biomassa em produtos como bio-óleos ou gás de síntese. Processos como pirólise, torrefação, gaseificação de biomassa e licor negro constituem exemplos dessa plataforma.

Considerando o atual processo fabril da indústria de celulose e papel no Brasil, com a grande maioria das empresas já possuindo caldeiras de biomassa para a queima de lignina e casca da madeira para geração de vapor e energia elétrica, poder-se-ia afirmar que já há algum estágio de biorrefinaria nas plantas produtivas. No entanto, há uma tentativa de expandir o conceito de biorrefinaria também a produtos mais primários da biomassa para fabricação de biocombustíveis ou bioprodutos. É justamente a expansão desse conceito que falta à maioria das empresas de celulose e papel brasileiras. Não só a criação e o desenvolvimento de novos biocombustíveis e bioprodutos necessitam de estudos e superação de desafios tecnológicos, como também competem diretamente em custo e preço com a geração de energia elétrica e com combustíveis fósseis e materiais substitutos mais baratos disponíveis no mercado.

Fonte: Adaptado de Vaz Jr. (2011) e Martin (2013).

7.4 O que explica a acumulação de capacidades tecnológicas nas empresas de celulose e papel estudadas? O papel dos mecanismos de aprendizagem

Como já apresentado no capítulo 2, os mecanismos de aprendizagem referem-se aos esforços e investimentos feitos pelas empresas para adquirir e assimilar conhecimento tecnológico, acumulando capacidades tecnológicas tanto para atividades de produção quanto para atividades inovadoras. Esses mecanismos podem ser intraorganizacionais, quando ocorrem dentro da empresa de forma isolada, ou interorganizacionais, quando ocorrem dentro ou fora da empresa com o uso de alguma parceria. Já os mecanismos de aprendizagem, como apresentado anteriormente, são insumos importantes para explicar o acúmulo de capacidades tecnológicas das empresas. A seguir, busca-se discutir quais são as consequências do uso desses mecanismos no nível de capacidade tecnológica das empresas de celulose e papel no Brasil.

7.4.1 Área florestal

A figura 7.5 apresenta as diferenças entre os três padrões de acumulação de capacidades tecnológicas na área florestal no que diz respeito à frequência média do uso de mecanismos de aprendizagem interorganizacionais.[4] Em primeiro lugar, a figura mostra os tipos de mecanismo mais utilizados por todas as empresas, independentemente do padrão de acumulação de capacidades tecnológicas. Verifica-se que os tipos de mecanismo de aprendizagem mais utilizados pelas empresas de celulose e papel no Brasil, entre 2000 e 2014, foram aquisição de conhecimento codificado, assistência técnica e pesquisa e desenvolvimento, representados pelas maiores barras da figura. O alto número de relações interorganizacionais em nível de P&D mostra que a indústria de celulose e papel no Brasil possui, em média, muitas interações em níveis mais complexos de esforços inovadores na área florestal. Como será apresentado na seção 7.5, isso explica, em parte, os altos ganhos de produtividade florestal dessa indústria no Brasil.

Figura 7.5

Diferenças entre os padrões de acumulação de capacidades tecnológicas na área florestal na frequência média do uso de mecanismos de aprendizagem interorganizacionais, valores médios em % (2003-14)

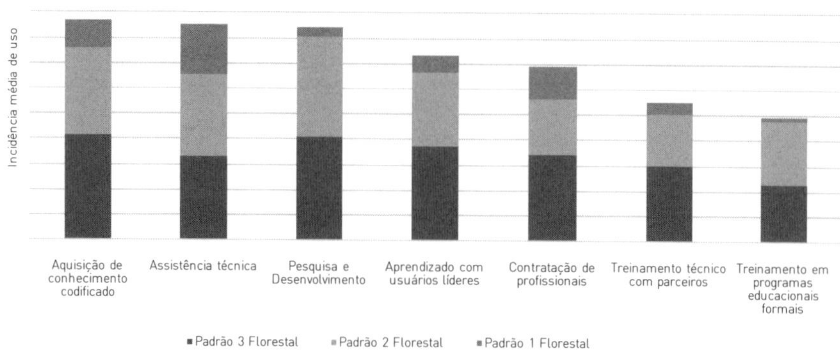

Fonte: Os autores (2018).
Nota: Utilizou-se a Anova com distribuição F para o teste de diferenças entre os padrões e suas frequências médias do uso de mecanismos de aprendizagem intraorganizacionais. Apenas o mecanismo E não foi estatisticamente significado ao menos a 10%. Os valores representam o teste de Duncan, no qual cada par de padrões foi comparado separadamente. Por esse teste, os padrões 2 e 3 não apresentaram diferenças estatisticamente significativas entre si.

---

[4] Ver capítulo 2 sobre os tipos de mecanismo de aprendizagem examinados nesta pesquisa, bem como sua metodologia de cálculo.

Em segundo lugar, a figura 7.5 mostra que as empresas que compõem os padrões com níveis mais elevados de capacidade tecnológica (padrões 2 e 3) apresentaram maiores frequências no uso desses mecanismos do que o padrão 1. Por exemplo, a incidência de interações em P&D foi, em média, 11,5 vezes maior para os padrões 2 e 3 (valores 32,1 e 33,3) do que para o padrão 1 (valor 3,5), enquanto a incidência de interações de aprendizagem com usuários líderes foi, em média, 5 vezes maior. Apesar dos maiores valores apresentados para o padrão 3 em relação ao padrão 2 para todos os tipos de mecanismo, a significância estatística mostra que não há muitas diferenças entre as empresas que compõem esses padrões, mas há significativas diferenças destas em relação às empresas que compõem o Padrão 1 Florestal. Esses resultados indicam que as empresas que realizaram mais parcerias, independentemente do tipo, são as que possuem maiores níveis de acumulação de capacidades tecnológicas.

Além da análise da frequência do uso de mecanismos de aprendizagem interorganizacionais, pode-se verificar também com quais parceiros as empresas de celulose e papel realizaram esses mecanismos. A figura 7.6 apresenta esses resultados para a área florestal. Nota-se principalmente a relevância de parcerias com fornecedores, consultores e universidades e institutos de pesquisa locais. Verifica-se que as empresas que compõem os padrões 2 e 3 foram muito mais engajadas em todos os tipos de parceria do que as empresas que compõem o padrão 1. As relações com universidades, institutos de pesquisa e firmas competidoras praticamente desaparecem com as empresas do padrão 1, restando os tipos de relação tecnologicamente menos complexos, como fornecedores e consultores. Entre os padrões com maiores níveis de capacidades tecnológicas, as empresas que compõem o Padrão 3 Florestal se diferenciaram das empresas que compõem o Padrão 2 Florestal em parcerias com empresas competidoras (4 vezes maior em média).

Figura 7.6

Diferenças entre os padrões de acumulação de capacidades tecnológicas na área florestal na frequência média das parcerias interorganizacionais, valores médios em % (2003-14)

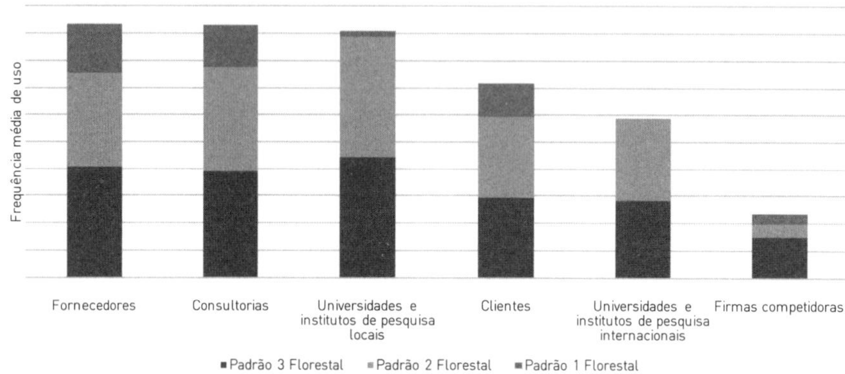

Fonte: Os autores (2018).
Nota: Utilizou-se a Anova com distribuição F para o teste de diferenças entre os padrões e suas frequências médias das parcerias interorganizacionais. Todas as variáveis foram estatisticamente significativas ao menos a 10%. Os valores representam o teste de Duncan, no qual cada par de padrões foi comparado separadamente. Por esse teste, os padrões 2 e 3 apenas apresentaram diferenças estatisticamente significativas entre si para os parceiros E e F.

No âmbito das parcerias mais recentes envolvendo tecnologias florestais entre empresas de celulose e papel e universidades e institutos de pesquisa locais, destaca-se o projeto de pesquisa Genolyptus. Esse projeto foi coordenado pela Embrapa e realizado em conjunto com várias universidades e empresas produtoras de celulose, propiciando um avanço importante na geração e integração de ferramentas moleculares para o melhoramento do eucalipto. Assim, foi responsável por aproximar e intensificar o relacionamento entre os atores do setor (boxe 7.3). Esse projeto foi composto tanto por empresas que compõem o padrão 3 quanto o padrão 2, evidenciando as estatísticas bem semelhantes para essas duas categorias de empresas. Já as parcerias com outras empresas competidoras são mais restritas e mais específicas entre as empresas de padrão 3. Parcerias com competidores são importantes instrumentos de compartilhamento de conhecimento e desenvolvimento de projetos em conjunto, principalmente entre empresas com maiores níveis de acumulação de capacidades tecnológicas.

Boxe 7.3

Projeto Genolyptus: inovação em nível mundial em pesquisa genômica

A Genolyptus foi um projeto de pesquisa em rede que teve como objetivo o mapeamento genético e físico do eucalipto, com a finalidade de melhorar a competitividade comercial da madeira produzida no Brasil. O projeto foi desenvolvido entre 2002 e 2008 com a coordenação da Embrapa e mais sete universidades e 14 empresas florestais. O projeto contou com financiamento privado e, em sua grande maioria, público, por meio do Ministério da Ciência e Tecnologia.

O projeto propiciou um aumento na capacidade de geração e integração de ferramentas moleculares no melhoramento do eucalipto no Brasil e criou massa crítica para a utilização do genoma. O projeto também contribuiu para o sequenciamento completo do genoma de eucalipto pela rede internacional Eucalyptus Genome Network (Eucagen), com participação de destaque de cientistas brasileiros.

Conforme várias empresas relataram nas entrevistas de campo desta pesquisa, os resultados do projeto trouxeram o conhecimento necessário para que as empresas, de maneira geral, conseguissem selecionar melhor as árvores dentro de uma lógica mais eficiente. Ademais, a Genolyptus causou outros avanços interessantes, além da própria seleção genética. O gerente Florestal de uma das empresas estudadas, por exemplo, ressaltou o impacto que o projeto trouxe em ferramentas de análises de dados: "[...] diria que a Genolyptus avançou muito mais em ferramentas, como bioinformática e análises. O que a gente levou cinco anos para fazer no projeto, hoje já há equipamentos que fazem em dois dias. A análise com *big data* cresceu muito desde então". Já o CEO de uma outra empresa estudada destacou, por exemplo, a capacidade que o projeto trouxe para algumas empresas de proteger o conhecimento tecnológico desenvolvido.

Fonte: Adaptado de Grattapaglia (2004) e Embrapa (2014).

Por fim, a figura 7.7 apresenta as diferenças entre os três padrões de acumulação de capacidades tecnológicas na área florestal no que diz respeito à frequência média dos resultados interorganizacionais. Novamente, as empresas que compõem os padrões 2 e 3 apresentaram maiores frequências desses resultados do que as empresas que compõem o Padrão 1 Florestal. A diferença entre as empresas dos padrões 2 e 3 se dá sobre a geração de patentes, somente presente para as últimas. Esse resultado mostra que as empresas do Padrão 3 Florestal conquistaram, em média, resultados mais expressivos em termos de complexidade e comercialização tecnológica do que as empresas do Padrão 2 Florestal, como é o caso da geração de patentes. Em outras palavras, os mecanismos de aprendizagem interorganizacionais implementados pelas empresas do Padrão 3 Florestal geraram resultados que estão mais na fronteira do conhecimento do que as empresas do Padrão 2 Florestal. Isso poderia explicar a diferença em termos de níveis de capacidade tecnológica presentes nesses dois grupos de empresas.

Figura 7.7

Diferenças entre os padrões de acumulação de capacidades tecnológicas na área florestal na frequência média dos resultados interorganizacionais, valores médios em % (2003-14)

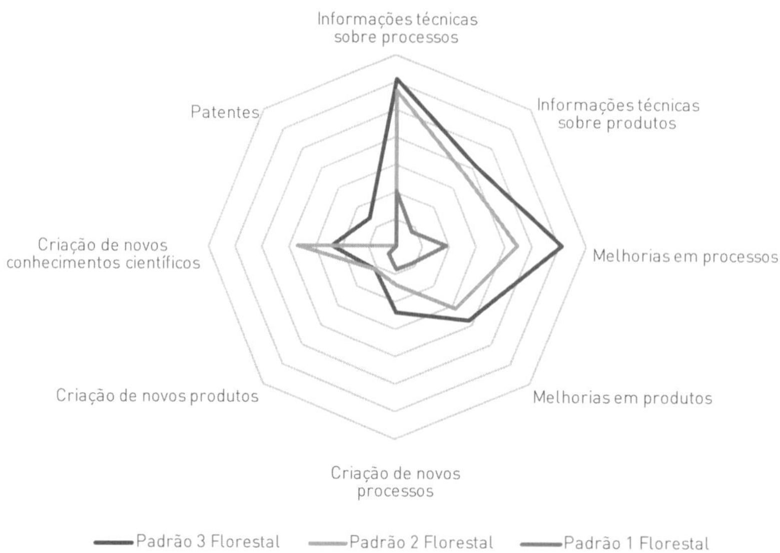

Fonte: Os autores (2018).
Nota: Utilizou-se a Anova com distribuição F para o teste de diferenças entre os padrões e suas frequências médias dos resultados interorganizacionais. Apenas os resultados E e F não foram estatisticamente significativos ao menos a 10%. Os valores representam o teste de Duncan, no qual cada par de padrões foi comparado separadamente. Por esse teste, os padrões 2 e 3 apenas apresentaram diferenças estatisticamente significativas entre si para o resultado H.

Deve-se destacar também que os mecanismos de aprendizagem intraorganizacionais não apresentaram relações estatisticamente significativas com os padrões de acumulação de capacidades tecnológicas na área florestal. Isso ocorreu por causa da baixa variabilidade do uso desses mecanismos por parte das empresas estudadas, destacando-se uma variabilidade maior no uso de mecanismos interorganizacionais já ressaltados. Isso não sugere que os mecanismos intraorganizacionais não sejam importantes para a acumulação de capacidades tecnológicas. No entanto, em termos de capacidades tecnológicas florestais, as interações de aprendizagem com outras organizações se mostraram mais importantes na diferenciação das empresas.

7.4.2 Área industrial

Na área industrial, os resultados mostram que as empresas que compõem o padrão com nível maior de capacidade tecnológica (Padrão 3 Industrial) apresentaram maiores frequências no uso de mecanismos intraorganizacionais do que os padrões 1 e 2. A figura 7.8 mostra como a frequência de uso desses mecanismos é diferente de acordo com o nível de capacidade tecnológica das empresas. Em média, a incidência dos mecanismos de aprendizagem intraorganizacionais é o dobro para as empresas do Padrão 3 Industrial em relação às empresas dos padrões 1 e 2. Esses resultados revelam a importância de assimilação de novas tecnologias, já que o processo de inovação envolve não apenas o conhecimento codificado (transmissível em linguagem formal e sistemática), mas também conhecimentos tácitos (difíceis de serem formulados e comunicados).

Figura 7.8

Diferenças entre os padrões de acumulação de capacidades tecnológicas na área industrial na frequência média do uso de mecanismos de aprendizagem intraorganizacionais, valores médios em % (2003-14)

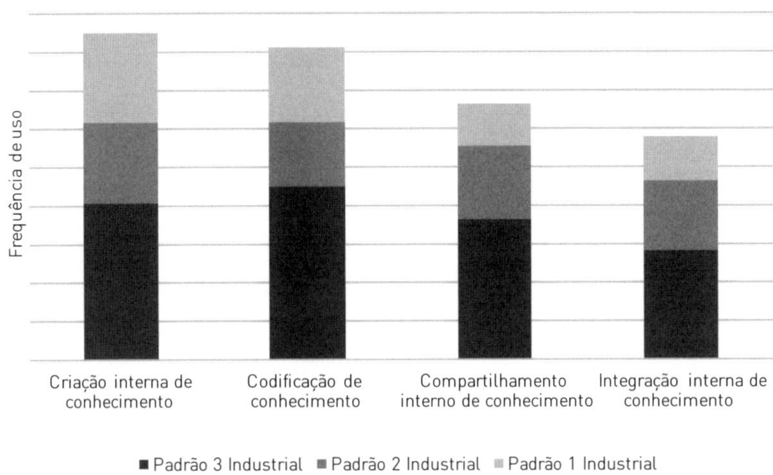

Fonte: Os autores (2018).

Nota: Utilizou-se a Anova com distribuição F para o teste de diferenças entre os padrões e suas frequências médias do uso de mecanismos de aprendizagem intraorganizacionais. Apenas o mecanismo D não foi estatisticamente significativo ao menos a 10%. Os valores representam o teste de Duncan, no qual cada par de padrões foi comparado separadamente. Por esse teste, os padrões 1 e 2 não apresentaram diferenças estatisticamente significativas entre si.

A figura 7.9 apresenta as diferenças entre os três padrões de acumulação de capacidades tecnológicas na área industrial no que diz respeito à frequência média do uso de mecanismos de aprendizagem interorganizacionais. Novamente, verifica-se que as empresas que compõem os padrões com níveis mais elevados de capacidade tecnológica apresentaram maiores frequências no uso desses mecanismos do que as empresas que compõem padrões com níveis menores. A figura 7.9 mostra a grande participação das empresas que compõem o Padrão 3 Industrial nas interações interorganizacionais. As diferenças entre os padrões 2 e 3 são expressivas. Por exemplo, as empresas do padrão 3 adquiriram, em média, conhecimento codificado 6,4 vezes mais e realizaram P&D em parcerias 2,4 vezes mais do que as empresas do padrão 2.

Figura 7.9

Diferenças entre os padrões de acumulação de capacidades tecnológicas na área industrial na frequência média do uso de mecanismos de aprendizagem interorganizacionais, valores médios em % (2003-14)

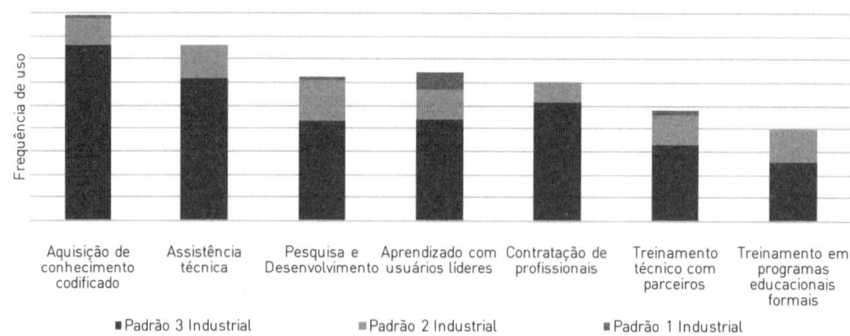

Fonte: Os autores (2018).
Nota: Utilizou-se a Anova com distribuição F para o teste de diferenças entre os padrões e suas frequências médias do uso de mecanismos de aprendizagem interorganizacionais. Todas as variáveis foram estatisticamente significativas ao menos a 5%. Os valores representam o teste de Duncan, no qual cada par de padrões foi comparado separadamente. Por esse teste, os padrões 1 e 2 apenas não apresentaram diferenças estatisticamente significativas entre si para os mecanismos C e D.

Em relação aos tipos de parceiro, a figura 7.10 mostra as grandes interações das empresas de celulose e papel que compõem os padrões 2 e 3 com fornecedores, consultores, clientes, universidades e institutos de pesquisa locais e internacionais. Mais uma vez, a frequência média dessas parcerias foi muito maior para as empresas do Padrão 3 Industrial, que possuem níveis maiores de capacidade tecnológica. Por exemplo, as empresas do padrão 3 interagiram, em média, 4,2 vezes mais com fornecedores, 12,6 vezes mais com universidades e institutos de pesquisa locais e 2,4 vezes mais com clientes do que as empresas do padrão 2.

Figura 7.10

Diferenças entre os padrões de acumulação de capacidades tecnológicas na área industrial na frequência média das parcerias interorganizacionais, valores médios em % (2003-14)

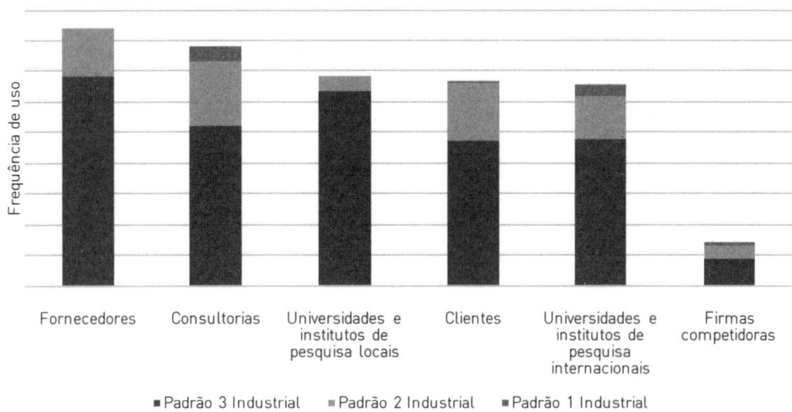

Fonte: Os autores (2018).
Nota: Utilizou-se a Anova com distribuição F para o teste de diferenças entre os padrões e suas frequências médias das parcerias interorganizacionais. Todas as variáveis foram estatisticamente significativas ao menos a 10%. Os valores representam o teste de Duncan, no qual cada par de padrões foi comparado separadamente. Por esse teste, os padrões 1 e 2 apenas não apresentaram diferenças estatisticamente significativas entre si para os parceiros D e E.

O diretor de uma empresa que se encontra no Padrão 3 Industrial ressaltou a importância do desenvolvimento de processos e produtos em conjunto com universidades, fornecedores e clientes. Por exemplo, a empresa desenvolveu, em parceria com um cliente específico, novas embalagens líquidas com propriedade de barreiras de calor e gordura destinadas à indústria alimentícia. Para a criação desse novo produto, foi necessário o desenvolvimento e melhorias em processos produtivos, que foram alcançados graças a parcerias com fornecedores de insumos e de bens de capital.

Já a figura 7.11 apresenta a frequência média dos resultados interorganizacionais alcançados por padrões de acumulação de capacidades tecnológicas na área industrial. As estatísticas mostram que as empresas que compõem padrões com níveis mais elevados de capacidades tecnológicas apresentaram intensidades maiores em resultados interorganizacionais. Destaca-se a geração de patentes, apenas presentes nas empresas do Padrão 3 Industrial, que possuem níveis maiores de acumulação de capacidades tecnológicas. Verificou-se na pesquisa de campo que os resultados em melhorias e adaptações em processos produtivos estiveram majoritariamente centrados em ganhos de eficiência energética e modernização das máquinas de celulose e papel. Já melhorias e criação de novos produtos foram caraterísticas muito mais presentes nas empresas do Padrão 3 Industrial no que no restante das empresas estudadas.

Figura 7.11

Diferenças entre os padrões de acumulação de capacidades tecnológicas na área industrial na frequência média dos resultados interorganizacionais, valores médios em % (2003-14)

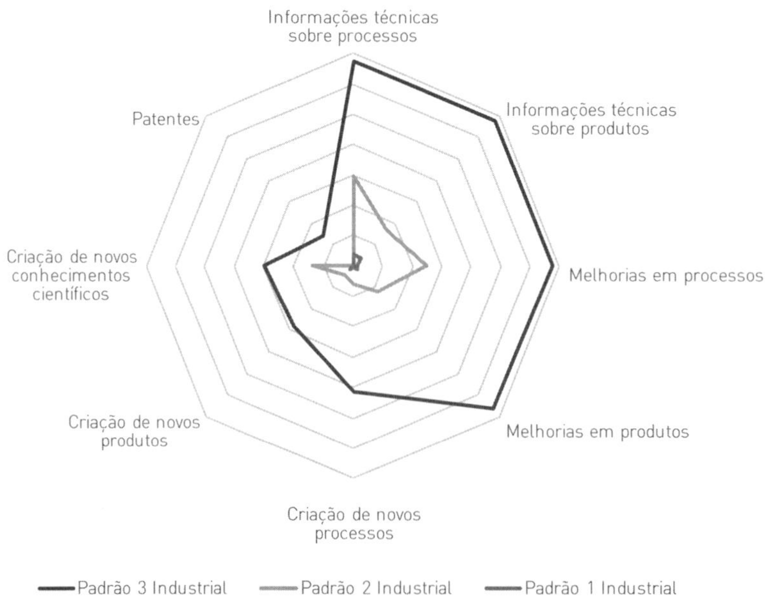

Fonte: Os autores (2018).
Nota: Utilizou-se a Anova com distribuição F para o teste de diferenças entre os padrões e suas frequências médias dos resultados interorganizacionais. Todas as variáveis foram estatisticamente significativas ao menos a 5%. Os valores representam o teste de Duncan, no qual cada par de padrões foi comparado separadamente. Por esse teste, os padrões 1 e 2 não apresentaram diferenças estatisticamente significativas entre si para os resultados D, E, F e H.

Assim como ocorreu com a área florestal, os mecanismos de aprendizagem interorganizacionais foram importantes para explicar as diferenças entre os padrões de acumulação de capacidades tecnológicas na área industrial. Verificou-se que as empresas com níveis avançados de capacidades inovadoras (Padrão 3 Industrial) possuem todos os critérios de mecanismos de aprendizagem muito superiores às outras empresas estudadas. Esse resultado evidencia a importância de uma perspectiva colaborativa da indústria de celulose e papel no Brasil para a acumulação de capacidades tecnológicas.

7.5 Qual é o impacto da acumulação de capacidades tecnológicas sobre o desempenho produtivo?

A análise do impacto da acumulação de capacidades tecnológicas sobre o desempenho competitivo também foi realizada por meio de testes estatísticos para as áreas florestal e industrial. Duas variáveis de desempenho competitivo foram analisadas: produtividade do trabalho (receita bruta de vendas dividida pelo número de funcionários) e desempenho exportador (proporção das receitas obtidas com exportação). Deve-se chamar atenção que, nesse caso, a divisão por áreas apenas diferencia conjuntos distintos de empresas. Não há como distinguir nos testes relações específicas de produtividade ou exportação por área tecnológica, já que esses dados se referem à empresa como um todo e não têm a área como unidade de análise.

Os distintos padrões de acumulação de capacidades tecnológicas nas áreas florestal e industrial explicaram os diferentes desempenhos competitivos das empresas da indústria de celulose e papel no Brasil no período recente. Tanto na área florestal quanto na industrial, as empresas pertencentes aos padrões mais elevados de acumulação de capacidades tecnológicas apresentaram melhores desempenhos do que as empresas pertencentes aos padrões menos elevados.

Na área florestal, as empresas que compõem os dois padrões com níveis de capacidade tecnológica mais elevados (2 e 3) apresentaram uma produtividade do trabalho média entre R$ 568 mil e R$ 621 mil por trabalhador e uma proporção das receitas obtidas com exportação média entre 56,6% e 51,9%. Já as empresas que compõem o Padrão 1 Florestal apresentaram produtividade do trabalho média de R$ 231 mil por trabalhador e proporção das receitas obtidas com exportação média de 37% (figura 7.12). Isso equivale, em média, a uma produtividade 2,6 vezes menor e uma inserção internacional 30% menor.

Figura 7.12

Diferenças entre os padrões de acumulação de capacidades tecnológicas na área florestal na frequência média das variáveis de desempenho competitivo, valores médios (2003-14)

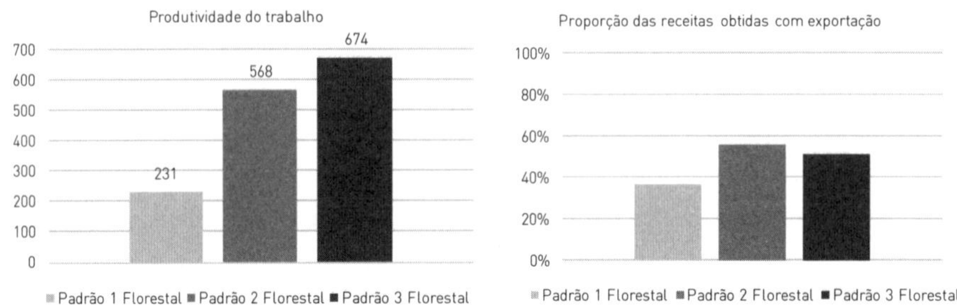

Fonte: Os autores (2018).

Nota: Utilizou-se a Anova com distribuição F para o teste de diferenças entre os padrões e suas frequências médias das variáveis de desempenho. Nesse caso, todas as variáveis foram estatisticamente significativas ao menos a 1%. Os valores representam o teste de Duncan, no qual cada par de padrões foi comparado separadamente. Por esse teste, os padrões 2 e 3 não apresentam diferenças estatisticamente significativas entre si.

Em termos estatísticos, o conjunto de empresas que compõem o Padrão 2 Florestal não se diferenciou das empresas que compõem o Padrão 3 Florestal em termos de produtividade do trabalho e proporção das receitas obtidas com exportação. No entanto, nem sempre a acumulação de capacidades tecnológicas se traduz em melhor desempenho no curto prazo. Muitas das atividades tecnológicas em níveis de liderança mundial implementadas nos últimos anos pelas empresas do Padrão 3 Florestal podem apresentar resultados maiores de produtividade no longo prazo. Uma empresa pode aumentar sua produtividade sem se engajar em esforços de acumulação de capacidades tecnológicas ao visar, por exemplo, maiores lucros no curto prazo por meio de corte de gastos em esforços inovadores. Essa escolha pode colocá-la numa posição vulnerável diante dos seus competidores e das mudanças tecnológicas no longo prazo. Além disso, existem outras dimensões do desempenho da empresa que podem ser afetadas positivamente pela acumulação de capacidades tecnológicas que não estão sendo analisadas neste estudo.

Um exemplo dessa perspectiva de longo prazo é o desenvolvimento do eucalipto geneticamente modificado realizado por uma das empresas que pertencem ao Padrão 3 Florestal (boxe 7.1). Essa empresa vem implementando atividades de tecnologias transgênicas nos últimos 15 anos em nível experimental. À medida que o eucalipto transgênico for aceito para uso comercial no mercado internacional, essa empresa, provavelmente, apresentará ganhos de produtividade florestal maiores do que seus competidores. Isso porque a variedade de eucalipto transgênico possui um ganho de produtividade 20% maior e um tempo de corte de 2,5 anos menor do que uma variedade de eucalipto comum. Os competidores, por outro, demorarão algum tempo para construir as capacidades tecnológicas necessárias para o desenvolvimento de tecnologias transgênicas ou de outras tecnologias equivalentes. Dessa maneira, empresas que não buscarem maiores níveis de capacidade tecnológica poderão comprometer os avanços futuros de produtividade.

Já na área industrial, as empresas com nível de acumulação de capacidades tecnológicas mais elevado (Padrão 3 Industrial) apresentaram uma produtividade do trabalho média de R$ 670 mil por trabalhador e uma proporção das receitas obtidas com exportação média de 51,9%. Já as empresas que compõem os padrões 1 e 2 apresentaram produtividade do trabalho média de R$ 336 mil por trabalhador. A proporção das receitas obtidas com exportação das empresas do Padrão 2 Industrial foi, em média, de 29,2%, e das empresas do Padrão 1 Industrial foi, em média, de apenas 2,5% (figura 7.13). Nesse caso, as empresas pertencentes aos padrões 1 e 2 não se mostraram estatisticamente diferentes para a variável de produtividade do trabalho, enquanto as empresas pertencentes ao Padrão 3 Industrial despontaram em termos de desempenho competitivo.

Figura 7.13

Diferenças entre os padrões de acumulação de capacidades tecnológicas na área industrial na frequência média das variáveis de desempenho competitivo, valores médios (2003-14)

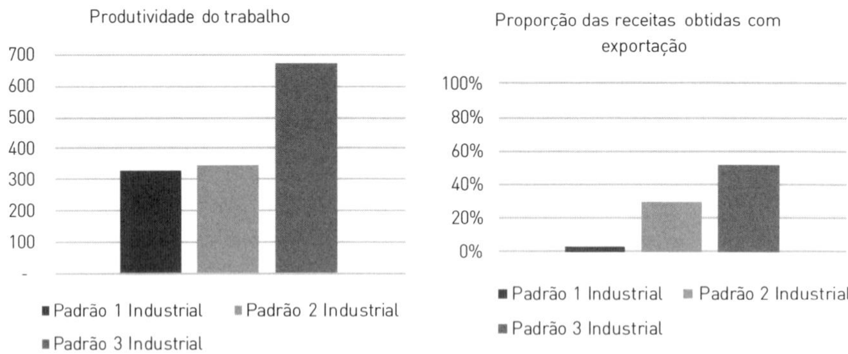

Fonte: Os autores (2018).

Nota: Utilizou-se a Anova com distribuição F para o teste de diferenças entre os padrões e suas frequências médias das variáveis de desempenho. Todas as variáveis foram estatisticamente significativas ao menos a 1%. Os valores representam o teste de Duncan, no qual cada par de padrões foi comparado separadamente. Por esse teste, os padrões 1 e 2 não apresentam diferenças estatisticamente significativas entre si para a variável "produtividade do trabalho".

Por fim, verificou-se também que os níveis de acumulação de capacidades tecnológicas na área industrial estão mais relacionados com ganhos de produtividade do trabalho para as empresas que possuem florestas do que para as empresas que não possuem.[5] Isso pode evidenciar as sinergias entre as áreas tecnológicas para as empresas com florestas. Por exemplo, os recursos florestais podem trazer reduções de custos no processo industrial por meio de ganhos em eficiência energética no processo produtivo, como reaproveitamento de resíduos florestais para geração de energia elétrica. Os recursos florestais também potencializam novas oportunidades tecnológicas e de diversificação industrial em novos negócios para além do mercado de papel. Como apresentado na introdução deste capítulo, a diversificação em novos produtos de base florestal constitui uma das principais oportunidades de inovação da indústria de celulose e papel.

[5] As evidências de campo e testes estatísticos mostraram que as empresas com maiores níveis de capacidades tecnológicas na área industrial possuem florestas próprias, ou seja, também possuem áreas florestais.

7.6 Conclusões

O objetivo principal neste capítulo foi examinar a contribuição da acumulação de capacidades tecnológicas para o fortalecimento da competitividade em um conjunto de empresas de celulose e papel no Brasil. Os resultados da pesquisa mostram que as empresas estudadas apresentam distintos padrões de acumulação de capacidades tecnológicas para duas importantes áreas tecnológicas (florestal e industrial). Isso sugere que recomendações de estratégias empresariais e de políticas públicas que tratam a indústria como um todo homogêneo escondem a complexidade e a variabilidade das atividades inovadoras e das capacidades tecnológicas relacionadas com elas. Esse resultado é importante não apenas para formuladores de políticas públicas, como também para os gestores dessas empresas, que devem elaborar estratégias distintas de acumulação de capacidades tecnológicas para a área florestal, quando for o caso, e para a área industrial.

Para a área florestal, verificou-se que a produtividade das florestas das empresas brasileiras é uma das maiores do mundo, originando-se de um longo processo de trajetória tecnológica da fibra curta de eucalipto. Esse movimento teve e ainda tem suas origens no desenvolvimento de mecanismos de aprendizagem por parte das empresas produtoras. As evidências da pesquisa mostraram que a área florestal das empresas brasileiras de celulose e papel tem se inserido em uma perspectiva colaborativa de inovação, com vários exemplos de parcerias entre empresas, universidades e institutos de pesquisa. O resultado disso foi um aumento do número de empresas com níveis maiores de acumulação de capacidades tecnológicas ao longo dos anos 2000 no que se refere às atividades florestais. Isso colaborou com uma alta produtividade do trabalho e um alto desempenho exportador das empresas brasileiras.

Os resultados em produtividade e desempenho exportador são ainda mais altos para empresas que compõem padrões com níveis mais elevados de acumulação de capacidades tecnológicas. As empresas que pertencem aos padrões de capacidade inovadora intermediária e avançada na área florestal (Padrões 1 e 2 Florestal) devem aprofundar ainda mais suas capacidades inovadoras, na busca de se moverem para a fronteira internacional do conhecimento. Já as empresas que compõem o padrão de capacidade inovadora de liderança mundial na área florestal (Padrão 3 Florestal) devem manter seus esforços para sustentar, aprofundar e diversificar tais capacidades tecnológicas. Diante dos avanços recentes da biotecnologia e da ascensão de novos mercados produtores, a competitividade global da indústria de celulose e papel depende cada vez mais de mecanismos de aprendizagem que aprofundem as capacidades tecnológicas das empresas brasileiras.

Para a área industrial, verificou-se que algumas empresas ainda estão limitadas ao nível de capacidades para atividades de produção e não de inovação (Padrão 1 Industrial). Isso mostra a necessidade dessas empresas de se envolverem em mecanismos de aprendizagem, sobretudo interorganizacionais, para alcançarem maiores resultados de produtividade. Em outro extremo, outras empresas apresentaram alguns avanços relevantes de diversificação industrial, principalmente em processos de eficiência energética (cogeração de energia, reaproveitamento de resíduos etc.) e novos tipos e composições de papéis. Esses são os casos das empresas que compõem os padrões com níveis de capacidade inovadora intermediária e avançada (Padrões 2 e 3 Industrial).

Algumas empresas têm se esforçado de forma significativa em pesquisas e investimentos em plantas pilotos de novos produtos industriais, principalmente na conversão de subprodutos como a lignina em bioquímicos (boxe 7.2). Tão logo essas empresas concretizem seus esforços em novos produtos para o Brasil em escala comercial, seus níveis de acumulação de capacidades tecnológicas passariam a ser classificados em estágios de liderança mundial. Isso representaria um posicionamento de destaque na área industrial de uma empresa brasileira na indústria global de celulose e papel.

Por outro lado, para a maioria das empresas estudadas que apresentaram níveis menores de acumulação de capacidades tecnológicas na área industrial (Padrões 1 e 2), uma produção concentrada na celulose pode levar ao enfraquecimento gradual das capacidades tecnológicas conquistadas e, consequentemente, à deterioração do desempenho competitivo. A entrada em linhas de negócios voltados para geração de energia elétrica está mais clara e já vem sendo aproveitada por um número maior de empresas do Brasil. Porém, o desenvolvimento de novos produtos a partir da cadeia de produção da celulose, como biocombustíveis, bioplásticos, fibras de carbono a partir de lignina, químicos de alto valor, fitoterápicos, fitocosméticos e celulose nanocristalina, poderia ser mais valorizado pela indústria. A sustentabilidade da competitividade da indústria de celulose e papel no Brasil depende cada vez mais de esforços contínuos de mecanismos de aprendizagem que abram as portas da diversificação industrial de forma mais intensa.

Referências

BRASIL. Ministério do Desenvolvimento, Indústria e Comércio Exterior. Secretaria de Comércio Exterior (Secex). Disponível em: <http://aliceweb.mdic.gov.br/>. Acesso em: 26 jun. 2015.

CNI. Confederação Nacional da Indústria. *Inovar é fazer*: 22 casos empresariais de inovação micro, pequenas, médias e grandes empresas. Brasília, DF: CNI 2015.

EMBRAPA. Empresa Brasileira de Pesquisa Agropecuária. Genoma do eucalipto é o primeiro sequenciamento completo de uma planta com participação do Brasil na liderança. *Embrapa*, Notícias, 11 jun. 2014. Disponível em: <www.embrapa.br/busca-de-noticias/-/noticia/1818806/genoma-do-eucalipto-e-o-primeiro-sequenciamento-completo-de-uma-planta-com-participacao-do-brasil-na-lideranca>. Acesso em: 14 jul. 2016.

FIGUEIREDO, P. N. Beyond technological catch-up: an empirical investigation of further innovative capability accumulation outcomes in latecomer firms with evidence from Brazil. *Journal of Engineering and Technology Management*, v. 31, p. 73-102, 2014.

____. Evolution of short-fiber technological trajectory in Brazil's pulp and paper industry: the role of firm-level innovative capability-building and indigenous institutions. *Forest Policy and Economics*, v. 64, p. 1-14, 2016.

____. *Gestão da inovação*: conceitos, métricas e experiências de empresas no Brasil. 2. ed. Rio de Janeiro: LTC, 2015.

FAO. Food and Agricultural Organization of The United Nations. Disponível em: <http://faostat.fao.org/>. Acesso em: 26 jun. 2015.

GRATTAPAGLIA, D. Genomics applied to eucalyptus: the Genolyptus project. In: KELLISON, R.; McCORD, S.; GARTLAND, K. M. A. (Ed.). *Forest biotechnology in Latin America*. Raleigh: Institute of Forest Biotechnology, 2004.

HURMEKOSKI, E.; HETEMAKI, L. Studying the future of the forest sector: review and implications for long-term outlook studies. *Forest Policy and Economics*, v. 34, p. 17-29, 2013.

IBÁ. Indústria Brasileira de Árvores. O Brasil vai dobrar sua produção de madeira plantada. E o mundo também! *Ibá*, 9 dez. 2015a. Disponível em: <http://iba.org/pt/convidados/o-brasil-vai-dobrar-sua-producao-de-madeira-plantada-e-o-mundo-tambem>. Acesso em: 7 jun. 2016.

____. *Relatório Ibá 2015*. São Paulo: 2015b.

MARTIN, C. Biorrefinaria se aproxima do setor. *O Papel*, São Paulo, p. 24-30, fev. 2013.

MYBURG, A. A. et al. The genome of eucalyptus grandis. *Nature*, v. 510, p. 356-362, 2014.

PÄTÄRI, S.; KYLÄHEIKO, K.; SANDSTRÖM, J. Opening up new strategic options in the pulp and paper industry: case biorefineries. *Forest Policy and Economics*, v. 13, n. 6, p. 456-464, 2011.

SCHWARZBAUER, P.; STERN, T. Energy vs. material: economic impacts of a 'wood-for-energy scenario' on the forest-based sector in Austria. *Forest Policy and Economics*, v. 12, n. 1, p. 31-38, 2010.

TOIVANEN, M. B. L. A evolução da indústria sul-americana de celulose e papel: foco no Brasil, Chile e Uruguai. *O Papel*, v. 74, n. 9, p. 51-66, set. 2013.

VAZ JR., S. *Biorrefinarias*: cenários e perspectivas. Brasília, DF: Embrapa Agroenergia, 2011.

CAPÍTULO 8

Conclusão e recomendações

8.1 A inovação como motor do desenvolvimento

Produtividade não é tudo, mas no longo prazo é quase tudo. Com essa frase, o economista Paul Krugman (1994) conseguiu resumir com muita propriedade a importância dos ganhos de produtividade para garantir o aumento do padrão de vida das sociedades. Nesse sentido, nas últimas décadas, a produtividade brasileira, quando não esteve estagnada, cresceu a taxas que não permitiram uma aproximação do padrão de vida dos países mais desenvolvidos.

Além disso, cada vez mais se torna mais disseminada a ideia de que o conceito de competitividade deve ser entendido como a capacidade de um país melhorar o bem-estar dos seus habitantes. Dessa forma, a maior discordância entre os estudiosos do tema estaria, na verdade, associada aos fatores determinantes para atingir o objetivo de aumentar a produtividade e, portanto, o bem-estar.

A despeito das diferenças entre as distintas abordagens para a competitividade, um ponto comum entre elas é que a inovação aparece como um dos principais motores do desenvolvimento. Há um amplo consenso sobre o papel da inovação como uma das principais fontes para o crescimento econômico de países. Justamente por isso, os indicadores de competitividade, normalmente, tentam capturar essa dimensão do processo de desenvolvimento econômico dos países.

Entretanto, a ênfase em relacionar inovação fortemente à P&D e patentes é alvo de ampla crítica na literatura de inovação. Para empresas originárias de economias emergentes, é rara a incidência de laboratórios de P&D, ainda que atividades inovadoras sejam realizadas. Por conta disso, considerar graus de intensidade tecnológica a partir apenas dos gastos com P&D não é uma aproximação muito boa da realidade das indústrias.

A trajetória de desenvolvimento econômico, quando analisada de uma perspectiva histórica, muitas vezes, é associada ao desenvolvimento industrial. Nesse sentido, vários autores argumentam que o aumento do padrão de vida dos países está associado ao que eles produzem (e exportam). No entanto, há indicações de que, apesar de ser importante o que se produz, também é relevante como se produz. Em outras palavras, para a superação da armadilha da renda média, não bastaria deslocar a estrutura produtiva da economia na direção de determinados setores (tipicamente industriais), mas também garantir que esses setores sejam competitivos.

Desse modo, a acumulação de capacidades tecnológicas é um dos fatores importantes para o fortalecimento da competitividade brasileira. Mas isso não significa, necessariamente, deslocar a economia brasileira somente na direção de setores tipicamente reconhecidos como de "alta tecnologia". Algumas indústrias, como celulose e papel, aço, mineração, óleo e gás e outras intensivas em recursos naturais, convencionalmente consideradas de "baixa" ou "média" intensidade tecnológica, realizam atividades tecnológicas inovadoras altamente sofisticadas e permitem uma série de oportunidades de acumulação de capacidades tecnológicas, de inovação e de diversificação. O objetivo deste livro foi justamente investigar algumas dessas oportunidades. Assim, nas próximas páginas, resumimos alguns dos principais resultados dessa investigação, bem como suas implicações em termos de práticas gerenciais e políticas públicas.

8.2 Acumulação de capacidades tecnológicas

Em empresas originárias de economias emergentes é rara a incidência de laboratórios de P&D, ainda que atividades inovadoras sejam realizadas (Bell e Figueiredo, 2012). Nessas economias, grande parte das atividades inovadoras não se origina de P&D, tampouco se relaciona a atividades patentárias. Isso não significa que não haja nesses países empresas que conseguem acumular capacidades tecnológicas para inovações novas para o mundo. Por meio da acumulação dessas capacidades inovadoras, tais empresas têm desafiado líderes globais. De fato, ao longo das últimas décadas, grande parte das inovações mais importantes, mesmo nos países desenvolvidos, teve origem em recombinações de tecnologias existentes. Essas recombinações foram realizadas por engenheiros e técnicos especializados em áreas diversas que não o laboratório de P&D, inclusive no chão de fábrica. Em muitos casos, essas atividades de inovação menos sofisticadas podem ser um ponto de partida e precondições para avanços na direção de atividades de P&D de classe mundial.

E no Brasil não tem sido diferente: coexistem poucas empresas inovadoras mais intensivas em atividades sofisticadas de P&D e outras, mais numerosas, que inovam pela transformação de tecnologias já existentes em novos produtos. A evidência para o Brasil também mostra que indústrias mais intensivas em P&D, usualmente, são mais inovadoras. No entanto, há indústrias normalmente consideradas de baixa ou média intensidade tecnológica que possuem alta incidência de inovação.

Nesse sentido, ao longo deste livro, esses dois fatos estilizados foram confirmados. No que diz respeito à acumulação de capacidades tecnológicas, constatou-se que há significativas diferenças entre as indústrias e entre empresas de uma mesma indústria. Essas diferenças se materializam tanto no estoque de capacidades tecnológicas em determinado ano quanto na trajetória de acumulação dessas capacidades pelas empresas ao longo do tempo. Ademais, nas empresas analisadas — todas pertencentes a indústrias baseadas em recursos naturais —, um volume expressivo de atividades inovadoras foi identificado. Ou seja, as políticas públicas devem reconhecer que essas indústrias oferecem oportunidades importantes para acumulação de capacidades tecnológicas e inovação.

No entanto, um fato estilizado adicional (e novo) foi identificado. Há diferenças — às vezes substanciais — na acumulação tecnológica entre diferentes áreas de uma mesma empresa. Desse modo, recomendações de estratégias empresariais e de políticas públicas comuns para todos os setores não se mostram adequadas e podem esconder a complexidade e os diferentes estágios de acumulação de capacidades tecnológicas. Mais do que isso: mesmo dentro de uma mesma empresa, áreas diferentes devem, eventualmente, ser contempladas com estratégias distintas.

8.3 Mecanismos de aprendizagem como insumos para a acumulação de capacidades tecnológicas

Os resultados encontrados ao longo deste livro permitem dizer que, de modo geral, os mecanismos internos e externos de aprendizagem tecnológica têm relação positiva (e estatisticamente significativa) com os níveis de capacidade tecnológica. Ainda é cedo para concluir por uma relação causal entre essas variáveis, mas se trata de evidência que confirma a evidência internacional de que tais mecanismos são bastante relevantes para a acumulação de capacidades tecnológicas.

Em particular, na média, os mecanismos internos de aprendizagem tecnológica e as atividades inovadoras, em colaboração com parceiros externos locais, parecem ser as principais fontes para a acumulação de capacidades tecnológicas das empresas estudadas. No entanto, novamente foram encontradas diferenças dignas de nota entre as empresas. Por um lado, os mecanismos de P&D, em parceria com consultores, parecem impactar um pouco mais as empresas com níveis menores de capacidade tecnológica. Por outro lado, os mecanismos de P&D, em parceria com universidades e institutos de pesquisa locais, parecem impactar um pouco mais as empresas com níveis maiores de capacidade tecnológica. Esses resultados apontam que as estratégias empresariais e as políticas públicas devem ser diferentes dependendo do nível de capacidade tecnológico alcançado pela empresa.

Adicionalmente, os resultados corroboram a percepção de que grande parte das capacidades tecnológicas inovadoras é acumulada pelas empresas por meio de colaborações com parceiros, tais como fornecedores, usuários, consultorias especializadas, bem como universidades e institutos de pesquisa locais, e demais organizações ao longo da cadeia produtiva. Empresas que acumularam níveis mais avançados de capacidade tecnológica têm sido mais proativas no estabelecimento de vários arranjos colaborativos com esses tipos de parceiro para a realização de atividades inovadoras. A distribuição das capacidades tecnológicas para além dos muros das empresas, assim como o envolvimento de parceiros externos no processo de inovação, é irreversível e confirma a fragmentação das atividades inovadoras. Isso impõe novos desafios aos gestores que precisam diariamente criar mecanismos de interface com parceiros diversos, bem como aprimorar suas práticas de coordenação e integração de conhecimentos externos vindos de parceiros distintos para a eficácia de seu processo de inovação.

Esses desafios também se estendem aos formuladores e gestores das políticas públicas de inovação. No Brasil, historicamente a geração de conhecimento nas universidades e laboratórios de pesquisa do governo não se converteu em inovação no âmbito das empresas, pois os incentivos para que isso ocorresse foram fracos. Em termos gerais, não houve alinhamento da pesquisa básica com as necessidades e objetivos das empresas, tampouco uma relação mais próxima entre a academia e o conhecimento aplicado.

E a referência da Embrapa foi de certo modo usada na criação da Empresa Brasileira de Pesquisa e Inovação Industrial (Embrapii), cujas atividades começaram em 2014 e que tem como vocação a aproximação entre instituições de ciência e tecnologia e empresas. O programa Inova Empresa também avançou nessa direção. Sem falar em dispositivos criados pela Lei de Inovação e Lei do Bem.[1] E as evidências empíricas disponíveis parecem confirmar o aumento desse tipo de colaboração, bem como seus impactos positivos no desempenho inovador das empresas (Rapini, Chiarini e Bittencourt, 2015:111-127). Entretanto, em grande medida essa colaboração é resultado do esforço individual de conexão por parte de alguns cientistas e pesquisadores, e não de ações institucionais mais organizadas (Burcharth, 2011:101-128). Nesse sentido, alguns autores pontuam que, a despeito da melhora, o Índice de Competitividade Global aponta que, em comparação com os demais países, perdemos espaço no quesito colaboração entre universidades e empresas para inovação (Canêdo-Pinheiro e Figueiredo, 2017:211-240). Aparentemente estamos melhorando, mas a uma velocidade menor que a desejável.

8.4 Acumulação de capacidades tecnológicas e desempenho das empresas

Também foram encontradas evidências importantes de maiores estoques de capacidades tecnológicas que influenciam positivamente o desempenho das empresas. Empresas com níveis mais elevados de capacidade tecnológica se envolvem em atividades inovadoras mais complexas e com mais alto grau de novidade. Além disso, em média, tudo mais constante, cada aumento no nível de capacidade tecnológica significa incremento de 34% na receita de vendas.

[1] Por exemplo, a possibilidade, no âmbito da Lei do Bem, de subvenção econômica para pagamento de salários e contratação de doutores para trabalhar em P&D nas empresas.

Entretanto, quanto menor o nível de capacidade tecnológica das empresas, maiores serão os ganhos de produtividade em caso de aumento da capacidade tecnológica. Isso significa que há oportunidades maiores de ganho de produtividade pela acumulação de capacidade tecnológica na base da escala inovativa.

Nesse ponto, cabe lembrar que a inovação deve ser compreendida de maneira abrangente, ou seja, muito além das atividades mais complexas. Ela envolve um contínuo de atividades que varia desde a imitação duplicativa em vários níveis de modificação à base de engenharia, até os mais avançados níveis de P&D. A visão limitada de inovação, incorporada em diferentes estratégias empresariais e de políticas governamentais, ignora o papel das atividades inovadoras básicas e intermediárias. Elas são, em muitos casos, precondições para o engajamento em atividades inovadoras mais sofisticadas. Essa perspectiva abrangente é especialmente importante para compreendermos a dinâmica do processo de inovação, particularmente no contexto de economias em desenvolvimento, como a do Brasil, cuja maioria das empresas possui um estoque limitado de capacidades tecnológicas.

8.5 Políticas públicas, diversificação e competição

A diversificação produtiva ao longo da cadeia em atividades intensivas em conhecimento representa uma das oportunidades a serem oferecidas pela indústria de recursos naturais. Ela deve ser conduzida de modo a identificar tecnologias emergentes que possam adicionar valor à base de recursos naturais já existente.

No entanto, em termos de prescrição de política pública, isso não significa proteger as indústrias que podem se beneficiar dessas tecnologias. Com uma proteção alta o suficiente ou com uma política de conteúdo local suficientemente agressiva, sempre é possível mover a estrutura da economia na direção dos produtos mais sofisticados. O que não se consegue — e a experiência brasileira é rica em exemplos negativos assim — é que a produção seja feita de forma competitiva. Não por acaso, as medidas de complexidade (e outras similares) são sempre calculadas a partir da cesta de exportação dos países, para refletir suas vantagens comparativas reveladas. Acumular capacidades tecnológicas, de modo a poder se deslocar na direção de espaços mais densos de produção, aumenta a competitividade do país. Induzir a economia na direção de produtos e/ou sistemas de produção mais sofisticados, sem o acúmulo das capacidades produtivas necessárias, não.[2]

Dito de outro modo, a política pública de inovação tende a não funcionar bem quando combinada com protecionismo exacerbado. É preciso haver coordenação estratégica do governo, mas, ao mesmo tempo, deve ser provido um ambiente de pressão competitiva. Um ambiente econômico competitivo sistêmico é importante para o desenvolvimento de capacidades tecnológicas inovadoras. Isso estimula o esforço contínuo em inovar por parte das empresas. Restrições às importações, por exemplo, dificultam o próprio processo de aprendizagem e acumulação de capacidades tecnológicas dentro das empresas.

8.6 Formação diferenciada de capital humano

E se a acumulação de capacidades é importante para a diversificação industrial, as capacidades ligadas ao capital humano têm relevância especial nesse processo. Nesse sentido, a falta de pessoal qualificado é um dos maiores obstáculos à inovação no Brasil. Trata-se de obstáculo não apenas relevante, mas que tem se manifestado mais fortemente nos anos mais recentes.[3] Essa piora recente é confirmada pelos indicadores sobre esse tema do Índice de Competitividade Global. Em 2006, o Brasil estava na 67ª colocação com relação à disponibilidade de engenheiros e cientistas. Em 2010, o quadro era similar: 68ª posição. Já em 2014, o Brasil já havia recuado para a 114ª colocação.

Ou seja, aparentemente, o esforço de incremento das atividades inovadoras no âmbito das empresas, objeto declarado da política pública e capturado nas estatísticas recentes sobre inovação, está esbarrando na falta de profissionais qualificados. O tão comentado apagão de mão de obra tem se manifestado de modo bastante forte nas atividades de inovação. Essa constatação é especialmente preocupante na medida em que profissionais qualificados são um insumo essencial para as atividades tecnológicas inovadoras e para a ab-

[2] Confirma esse entendimento a evidência de que as externalidades associadas à exploração de um espaço mais denso de produtos se manifestam mais fortemente se as empresas são mais produtivas. A esse respeito, ver: Poncet e De Waldemar (2013:579-605).

[3] Ver Canêdo-Pinheiro e Figueiredo (2017), para evidências a esse respeito.

sorção de tecnologia.[4] E pode explicar por que, por exemplo, os investimentos diretos estrangeiros no Brasil não têm gerado externalidades em termos de conhecimento tecnológico e aumento de produtividade para os fornecedores locais (Jorge e Dantas, 2009:481-514).

Desse modo, é preciso urgentemente adotar medidas específicas direcionadas para a formação e o treinamento de profissionais para implementação de atividades inovadoras avançadas no âmbito das empresas, tais como *design*, engenharia e P&D.[5] Em especial, é importante que o sistema de ensino superior público e privado e o sistema de treinamento dentro das empresas forneçam conhecimentos e habilidades apropriados para se alinharem com novas capacidades inovadoras necessárias à diversificação industrial.

8.7 Incentivos fiscais, financiamento à inovação e avaliação de políticas públicas

Parece óbvio que se, por exemplo, o governo concede um financiamento para uma empresa investir em P&D e ela o faz, a intervenção foi bem-sucedida em aumentar os investimentos nessa atividade. No entanto, muitas vezes ocorre apenas um deslocamento da fonte de financiamento. A empresa já iria levar adiante o investimento com recursos próprios (ou financiamento privado), mas como encontra uma fonte mais barata de recursos no financiamento público, opta por ele. No jargão da literatura, a intervenção do governo não teria gerado adicionalidade nesse caso.

Felizmente, já existe alguma literatura que busca inferir se as políticas de apoio à inovação geram adicionalidade no esforço inovativo das empresas brasileiras. Sobre financiamento público à P&D, há evidências de que ele, geralmente, tem efeitos positivos no esforço inovativo das empresas brasileiras.[6] A respeito dos incentivos fiscais, aqueles criados pela Lei do Bem de fato geram aumento do investimento em P&D nas empresas contempladas.[7] Entre-

4 Para evidências com dados brasileiros, ver: De Negri (2006:101-122).

5 Para mais detalhes a esse respeito, ver: Rodríguez, Dahlman e Salmi (2008).

6 Para referências a esse respeito, ver: Canêdo-Pinheiro e Figueiredo (2017).

7 Para evidências a esse respeito, ver: Kannebley Jr. e Porto (2012); e Shimada, Kannebley Jr. e De Negri (2013).

tanto, os incentivos fiscais da Lei de Informática não têm efeito significativo nos investimentos em P&D no âmbito das empresas.[8]

Ressalte-se que a Lei de Informática é uma combinação de proteção ao mercado doméstico e redução de IPI, com contrapartidas de conteúdo local e obrigações de investimentos em P&D por parte das empresas. Competição é uma ferramenta poderosa de estímulo à inovação. Nesse sentido, a proteção ao mercado doméstico, provavelmente, ajuda a explicar por que o efeito dos incentivos fiscais da Lei de Informática no investimento em P&D não é significativo. E também explica por que, em duas décadas desde a promulgação da lei, as empresas do setor não conseguiram atingir competitividade internacional e inserção no mercado global. Embora haja esse diagnóstico, nenhuma correção foi feita. Nesse sentido, é imperioso avaliar e corrigir o rumo das políticas públicas de apoio à inovação. Essa prescrição é ainda mais relevante em um ambiente de restrição de recursos do governo, resultado do quadro fiscal do setor público.

Por fim, a Lei do Bem colocou o Brasil no grupo de países mais generosos com respeito à concessão de incentivos fiscais à inovação. Essa afirmação diz respeito não ao volume de recursos envolvidos, mas à magnitude na qual o gasto de P&D é coberto pelos incentivos fiscais, uma vez que as empresas optem por usufruir do benefício tributário (Araújo, 2010:3-11). Entretanto, como somente pode ser usufruído por empresas que optam pelo regime tributário de lucro real, o incentivo fiscal não atinge as empresas de menor porte, que geralmente optam por outros regimes de tributação. E mesmo entre as maiores empresas, usualmente mais inclinadas a realizar atividades de inovação, muitas não acessam o programa de apoio por conta da burocracia e complexidade envolvidas.[9] Por outro lado, faltam às empresas conhecimento e organização na captação de recursos financeiros para inovação. Nesse aspecto, parece essencial a necessidade de uma maior simplificação e divulgação do acesso ao financiamento público existente destinadas à inovação.

8 Kannebley Jr. e Porto (2012). Ressalte-se que a Lei de Informática mencionada não é a que vigorava na década de 1970, mas sua versão mais recente (ainda hoje em vigor).

9 Kannebley Jr. e Porto (2012); Kannebley Jr., Shimada e De Negri (2016:111-145).

8.8 Limitações e recomendações para próximas pesquisas

Uma das principais limitações da pesquisa subjacente a este livro foi o período de análise das trajetórias de acumulação de capacidades tecnológicas: apenas os últimos 12 anos. Seria desejável um período maior, uma vez que o processo de acumulação dessas capacidades, muitas vezes, é lento e de longo prazo. Apesar de a pesquisa ter contado com uma alta representatividade das empresas de indústrias relacionadas com recursos naturais, outra limitação foi a de que os testes estatísticos utilizados seriam mais robustos com a utilização de um número maior de observações. Dessa maneira, os resultados estatísticos devem ser sempre analisados com cautela: ainda é cedo para inferir causalidade entre as variáveis analisadas.

Por fim, as entrevistas realizadas com algumas empresas, que complementam as análises quantitativas e jogam luz em alguns aspectos que não podem ser capturados por modelos econométricos. No entanto, a realização de tais entrevistas não nos permite afirmar que essas empresas foram profundamente estudadas, visto que cada empresa foi visitada apenas uma vez, e apenas alguns representantes delas foram consultados.

Dessa maneira, uma pesquisa mais robusta e completa necessitaria alinhar o desenho de pesquisa aqui apresentado a uma análise mais aprofundada por empresa e, ainda assim, contemplar uma alta representatividade das indústrias analisadas. Uma avenida promissora é a combinação dos dados coletados nesta pesquisa com microdados de pesquisas do IBGE, em especial da Pesquisa de Inovação (Pintec). Uma análise em um período mais longo também seria necessária, o que requer um acompanhamento constante das empresas e das indústrias como um todo. Isso permitiria promover a gestão corporativa do processo de aprendizagem dentro das empresas e de suas relações com o sistema de inovação.

Referências

ARAÚJO, B. C. Incentivos fiscais à pesquisa e desenvolvimento e custos de inovação no Brasil. *Radar: Tecnologia, Produção e Comércio Exterior*, v. 9, p. 3-11, 2010.

BELL, M.; FIGUEIREDO, P. N. Building innovative capabilities in latecomer emerging market firms: some key issues. In: CANTWELL, J.; AMANN, E. (Ed.).

Innovative firms in emerging market countries. Oxford University Press: Oxford, 2012.

BURCHARTH, A. L. L. A. What drives the formation of technological cooperation between university and industry in less-developed innovation systems? Evidence from Brazil. *Revista Brasileira de Inovação*, v. 10, p. 101-128, 2011.

CANÊDO-PINHEIRO, M.; FIGUEIREDO, P. N. Inovação tecnológica e produtividade no Brasil. In: BONELLI, R.; VELOSO, F.; PINHEIRO, A. C. (Org.). *Anatomia da produtividade no Brasil*. Rio de Janeiro: Elsevier, 2017. p. 211-240.

DE NEGRI, F. Determinantes da inovação e da capacidade de absorção nas firmas brasileiras: qual a influência do perfil da mão de obra? In: DE NEGRI, J. A.; DE NEGRI, F.; COELHO, D. (Org.). *Tecnologia, exportação e emprego*. Brasília: Ipea, 2006. p. 101-122.

JORGE, M. F.; DANTAS, A. T. Investimento estrangeiro direto, transbordamento e produtividade: um estudo sobre ramos selecionados da indústria no Brasil. *Revista Brasileira de Inovação*, v. 8, p. 481-514, 2009.

KANNEBLEY JR., S.; PORTO, G. Incentivos fiscais à pesquisa, desenvolvimento e inovação no Brasil: uma avaliação das políticas recentes. *Documento para Discussão IDB*, IDB-DP-236, 2012.

____; SHIMADA, E.; DE NEGRI, F. Efetividade da Lei do Bem no estímulo aos dispêndios em P&D: uma análise com dados em painel. *Pesquisa e Planejamento Econômico*, v. 46, p. 111-145, 2016.

KRUGMAN, P. *The age of diminished expectations*. Cambridge; Londres: MIT Press, 1994.

PONCET, S.; DE WALDEMAR, F. S. Product relatedness and firm exports in China. *World Bank Economic Review*, v. 29, p. 579-605, 2013.

RAPINI, M.S.; CHIARINI, T.; BITTENCOURT, P. F. University–firm interactions in Brazil: beyond human resources and training missions. *Industry and Higher Education*, v. 29, p. 111-127, 2015.

RODRÍGUEZ, A.; DAHLMAN, C.; SALMI, J. *Knowledge and innovation for competitiveness in Brazil*. Washington: World Bank, 2008.

SHIMADA, E.; KANNEBLEY JR, S.; DE NEGRI, F. Efetividade da Lei do Bem no estímulo ao investimento em P&D: uma análise com dados em painel. In: ENCONTRO NACIONAL DE ECONOMIA, 41., 2013, Foz do Iguaçu. *Anais...* Foz do Iguaçu, 2013.

Agradecimentos

Os autores expressam sua gratidão à FGV, por meio da sua Rede de Pesquisa e Conhecimento Aplicado, e ao Conselho Nacional de Desenvolvimento Científico e Tecnológico (CNPq), pelo financiamento da pesquisa subjacente a este livro. Somos imensamente gratos aos vários gestores das indústrias aqui examinadas, assim como de gestores governamentais e de organizações relacionadas com a indústria pelo seu tempo e esforços em participar dos *workshops* da pesquisa, por nos receber em suas empresas para as entrevistas e por responder aos questionários. Suas ideias e sugestões foram fundamentais para a geração das evidências e análises que embasam este livro.

Sobre os autores

Paulo N. Figueiredo é professor titular da Escola Brasileira de Administração Pública e de Empresas (Ebape) da Fundação Getulio Vargas (FGV). É PhD em estudos de ciência, tecnologia e inovação pelo Science Policy Research Unit (Spru), University of Sussex, Reino Unido. Pesquisador associado *senior* da University of Oxford, Reino Unido. Editor-chefe do *International Journal of Technological Learning, Innovation and Development* (Inderscience, Reino Unido). Criador e coordenador, desde 1999, do Programa de Pesquisa em Aprendizagem Tecnológica e Inovação Industrial no Brasil, da Ebape/FGV. Desde 1990, seu foco de pesquisa e ensino tem sido o processo de acumulação de capacidades tecnológicas, suas causas e consequências para o desenvolvimento industrial no contexto de economias emergentes, especialmente no Brasil. Suas pesquisas têm sido publicadas em prestigiadas revistas científicas internacionais, bem como compartilhadas com tomadores de decisão em nível da indústria e governo no Brasil. Para mais detalhes, visite: <www.ebape.fgv.br>; <www.paulonfigueiredo.com>.

Mauricio C. Pinheiro é doutor em economia pela Escola Brasileira de Economia e Finanças da Fundação Getulio Vargas (EPGE/FGV). Foi coordenador geral de serviços públicos e infraestrutura na Secretaria de Acompanhamento Econômico do Ministério da Fazenda entre 2001 e 2002. Foi pesquisador no Instituto Brasileiro de Economia (Ibre) da FGV por 12 anos. Atualmente é professor do quadro complementar da EPGE/FGV e professor adjunto na FCE/Uerj. Tem diversos artigos publicados em temas ligados a organização industrial, inovação, regulação, desenvolvimento econômico e política industrial.

Bernardo Cabral é doutor em economia da indústria e tecnologia pelo Programa de Pós-Graduação em Economia do Instituto de Economia da Universidade Federal do Rio de Janeiro. Atualmente é professor substituto do Instituto de Estudos em Saúde Coletiva da Universidade Federal do Rio de Janeiro (UFRJ). Também é pesquisador do Centro de Estudos Estratégicos da Fundação Oswaldo Cruz (Fiocruz).

Felipe Queiroz é doutor em economia da indústria e tecnologia pelo Programa de Pós-Graduação em Economia do Instituto de Economia da Universidade Federal do Rio de Janeiro (IE/UFRJ). Atualmente é professor substituto da Faculdade de Administração, Ciências Contáveis e Ciências Econômicas da Universidade Federal de Goiás (UFG).

Fernanda Perin é doutoranda em economia da indústria e tecnologia no Programa de Pós-Graduação em Economia do Instituto de Economia da Universidade Federal do Rio de Janeiro (IE/UFRJ) e pesquisadora nas áreas de economia da indústria e da inovação e de negócios internacionais.

Rubia Wegner é doutoranda em economia da indústria e tecnologia no Programa de Pós-Graduação em Economia do Instituto de Economia da Universidade Federal do Rio de Janeiro (IE/UFRJ). É professora do Departamento de Ciências Econômicas da Universidade Federal Rural do Rio de Janeiro (UFRRJ).

Esta obra foi produzida nas
oficinas da Imos Gráfica e Editora na
cidade do Rio de Janeiro